DIE SCHLEIMHÄUTE
DES
OHRES UND DER LUFTWEGE

BIOLOGIE UND KLINIK

VON

DR. MAX SCHWARZ
EHEM. O. PROF. AN DER J. W. GOETHE-UNIV. FRANKFURT/M
STÄDTISCHE HALS-NASEN-OHRENKLINIK
KARLSRUHE

MIT 57 ABBILDUNGEN

BERLIN · GÖTTINGEN · HEIDELBERG
SPRINGER-VERLAG
1949

ISBN-13: 978-3-642-92539-9 e-ISBN-13: 978-3-642-92538-2
DOI: 10.1007/978-3-642-92538-2

SOFTCOVER REPRINT OF THE HARDCOVER 1ST EDITION 1949

HERRN PROFESSOR DR. W. ALBRECHT
ZU SEINEM 65. GEBURTSTAG
IN STETER DANKBARKEIT GEWIDMET

Vorwort.

Kriegs- und Nachkriegszeiten haben der Veröffentlichung dieser Mitteilung große Hindernisse bereitet und sie um Jahre verzögert. Das nahezu fertige Manuskript wurde eines Tages, nicht ohne Lebensgefahr, von Assistenten der Frankfurter Klinik in aufopfernder Weise aus Trümmern geborgen. Dann gebot der Papiermangel unserer Tage eine möglichst gedrängte Form der Darstellung. Wegen der Unzugänglichkeit des notwendigen Schrifttums mußte auch leider mancher Autor unberücksichtigt bleiben. Dies möge heute zur Entschuldigung dienen. Umstände dieser Art dürften jedoch insofern weniger ins Gewicht fallen, als diese monographische Bearbeitung der Schleimhäute des Ohres und der Luftwege dadurch einhelliger zum Ausdruck kommt. Zwar stand noch in Absicht, manche Lücke durch eigene Forschung zu schließen, doch waren die Voraussetzungen dazu für nicht absehbare Zeit verloren gegangen.

Zu ganz besonderem Dank fühle ich mich Herrn Dr. FERDINAND SPRINGER verpflichtet für die Bereitwilligkeit, den Verlag zu übernehmen, wie für die vortreffliche Wiedergabe auch der Abbildungen, trotz widrigster Zeitverhältnisse.

Karlsruhe, Sommer 1948.
Moltkestraße 14.

M. SCHWARZ.

Inhaltsverzeichnis.

Hauptteil.

Die Mittelohrschleimhaut.

Wie an dem Tag, der dich der Welt verliehen,
Die Sonne stand zum Gruße der Planeten,
Bist alsobald und fort und fort gediehen,
Nach dem Gesetz, wonach du angetreten.
So mußt du sein, dir kannst du nicht entfliehen,
So sagten schon Sibyllen, so Propheten;
Und keine Zeit und keine Macht zerstückelt
Geprägte Form, die lebend sich entwickelt.

J. W. Goethe.

Einleitung.

Den Schleimhäuten kommt in der Medizin ganz allgemein, vor allem aber in der Hals-Nasen-Ohrenheilkunde eine überragende Bedeutung zu. Ist hier davon die Rede, so weniger unter Berücksichtigung ihrer Erkrankungen, als vielmehr der Voraussetzungen dazu, soweit sie die Schleimhäute selbst betreffen. Im komplexen Begriff der Schleimhautkonstitution stehen Anlagefaktoren weit im Vordergrund. Deren erste Ergründung verdanken wir W. Albrecht. Damit wurde eine Basis geschaffen, auf der weitergebaut und Einzelergebnisse gesammelt werden konnten, wie sie hier folgerichtig aneinander gereiht, ein harmonisches Ganzes zu geben vermögen.

Auch hier war die Forschung zunächst und wie immer im Anfang eine rein analytische. Daraus ergibt sich die unvermeidliche Aufgliederung der Schleimhaut nach Aufbau, wie auch nach Verrichtung. Die Analyse konnte jedoch allein nicht befriedigen, die Erkenntnis eines anlagebedingt wechselnden Charakters der Schleimhaut blieb ihr verschlossen. Vielmehr müssen wir uns hier eines Wortes von J. W. Goethe erinnern, wonach diese allein nicht auf dem rechten Wege ist, da nur Analyse und Synthese zusammen, wie Ein- und Ausatmen, das Leben der Wissenschaft ausmachen.

Die anfänglich fast ausschließlich geübte pathologisch-anatomische Gewebeanalyse mit ihren zwar gewiß unbestreitbaren, aber einseitig, mehr auf Umwelteinflüsse gerichteten Erkenntnissen, wurde ergänzt durch die Synthese. Sie beschränkte sich zunächst auf die Familien- und Zwillingsforschung. Da aber auf solche Art die Kette der Beweise nicht geschlossen werden konnte, wurde die synthetisch-morphologische Betrachtungsweise, die wir M. Heidenhain verdanken, herangezogen. Damit ließ sich die Entwicklungsfunktion des Epithels, vor allem in ihrer Bedeutung für die Pneumatisation der Mittelohrräume, sowie ihre tatsächliche Verankerung in der erblichen Anlage, wie ihre wechselnde Potenz nachweisen. Weiterhin mußte das Verhalten des ungeformt-lockerfibrillären Bindegewebes im Schleimhautgrundstock zur Klärung einer Reihe noch unbeantworteter Fragen berücksichtigt werden. Erstmalig gelang es, den Nachweis einer individuellen Morphologie des Bindegewebes am Beispiel der Mittelohrschleimhaut zu führen. Auf solchem Wege ließen sich ferner die inneren Beziehungen zwischen der Schleimhaut und dem Körperbau klären, wie sie Goethe bereits intuitiv erkannt hatte, wenn er sagt: „Es ist nichts in der Haut, was nicht im Knochen ist." Was aber für die Haut gilt, muß auch für die Schleimhaut gelten, der Knochen aber gehört zu den Bindesubstanzen. Reihenuntersuchungen, die sich auf diese Voraussetzungen stützen und in Anlehnung an die bekannten Erkenntnisse von Kretschmer rund eintausend anthropometrische Einzelmessungen umfassen, haben schließlich gezeigt, daß eine individuell wechselnde Aktivität des gesamten Mesenchyms bei der entzündlichen Erkrankung der Schleimhäute entweder eine produktive oder eine exsudativ-alterative Reaktion bewirkt.

So konnte eine rund zwanzigjährige Forschung die Anlageverhältnisse der Schleimhaut in ihren Einzelheiten ergründen. Jene Ergebnisse aber, in zusätzlichen Reihenuntersuchungen geprüft, erbrachten schließlich die Merkmale, die die Eigenart der Schleimhaut ausmachen. Letztere muß im Erkrankungsfall in erster Linie Gegenstand einer kritischen Beurteilung sein. Darauf soll mit Nachdruck hingewiesen werden, da die bakteriologische Ära das ärztliche Denken immer noch zu einseitig beeinflußt.

Die Aufgabe, die dieser Mitteilung zugedacht ist, verlangt eine klinische Ausrichtung. Die Schleimhäute des Ohres und der Luftwege sind jedoch nicht nur ihres besonderen Interesses wegen genannt, vielmehr der eingehenden Erkenntnisse wegen, die hier gesammelt werden konnten. Deren Gültigkeit für die übrigen Schleimhäute des menschlichen Körpers aber ist mindestens wahrscheinlich.

Allgemeiner Teil.

Folgendes muß vorausgeschickt werden. Die Schleimhäute des Ohres und der Luftwege, einschließlich der paarig angelegten pneumatischen Räume des

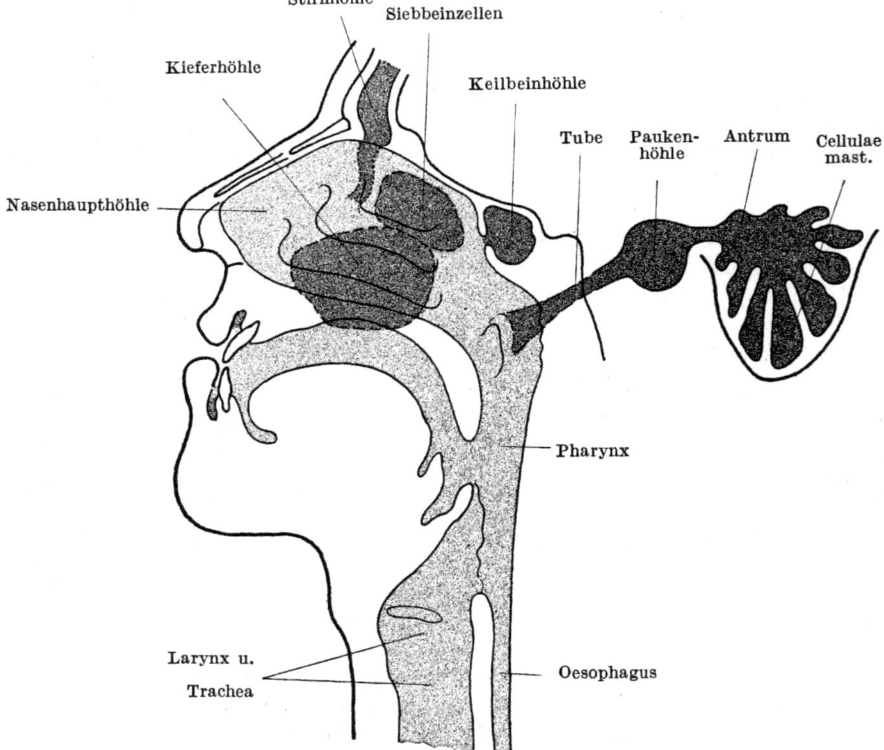

Abb. 1. Schematische Darstellung der Schleimhäute der Nase mit ihren Nebenhöhlen, des Nasenrachens, der Mittelohrräume, des Rachens und Kehlkopfes. Sie bilden einen zusammenhängenden Schleimhautsack.

Kopfes, bilden einen in sich zusammenhängenden großen Schleimhautsack, in dem sie entweder breit ineinander übergehen oder jedenfalls durch Kanäle und

Öffnungen in nächste Verbindung miteinander treten (s. Abb. 1). Dies ist von großer praktischer Bedeutung, trotz der weitgehenden Aufgliederung in Einzelorgane. Weitere innere Zusammenhänge finden sich zum Teil wenigstens bereits im Stadium der Entwicklung. Darauf kann hier nicht eingegangen werden. Ferner ist der Aufbau in mancherlei Hinsicht einheitlich, jedenfalls unter Berücksichtigung der oberen zwei Schleimhautschichten. Ihre physiologischen Aufgaben stimmen vielseitig überein, die pathologische Physiologie zeigt enge Abhängigkeitsverhältnisse, die sich nicht zuletzt aus der erblichen Anlage ergeben. Aus all dem aber läßt sich die *Einheit dieser Schleimhäute* herleiten, auf die noch öfter zurückzukommen sein wird.

I. Der Aufbau der Schleimhäute.

Die feingewebliche Struktur der Schleimhäute, die gemeint sind, muß als bekannt gelten. Nur soviel sei erwähnt, daß unser Augenmerk auf die zwei

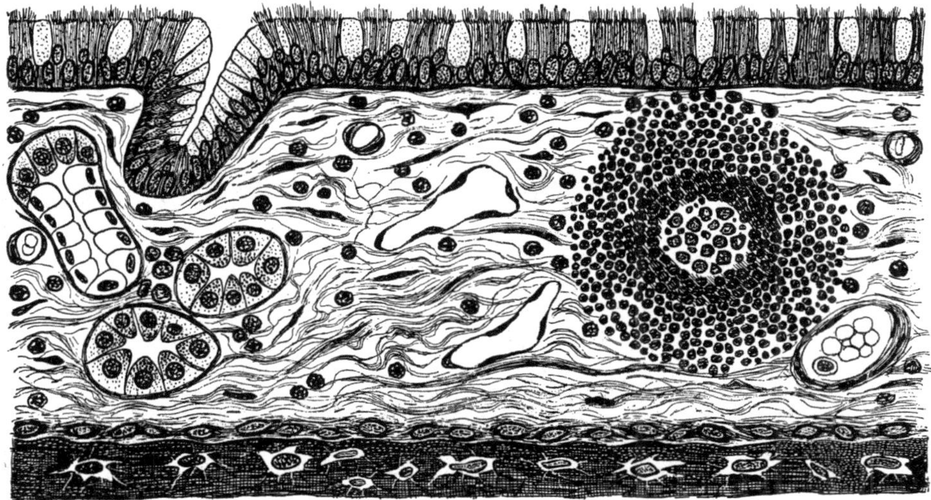

Abb. 2. Halbschematische Darstellung einer Schleimhaut mit den beiden Schichten, der Epithelschicht mit Flimmern und Becherzellen und dem bindegewebigen Grundstock, bestehend aus ungeformt-locker-fibrillärem Bindegewebe mit Blut- und Lymphcapillaren, Drüsengewebe und einem Lymphfollikel. Darunter Periost und Knochen.

grundsätzlich verschiedenen Bestandteile der Mucosa gerichtet sein wird, auf das Epithel, die sog. Tunica oder Lamina epithelialis und auf den bindegewebigen Grundstock, die Tunica oder Lamina propria (s. Abb. 2). Ihre Abgrenzung nach der Tiefe steht daneben im Hintergrund, wechselt übrigens in Einzelheiten von Organ zu Organ. Mit Rücksicht auf die Verrichtung der Schleimhäute sei ferner kurz daran erinnert, daß es sich nicht nur um Deckepithel, sondern auch um Drüsenepithel handelt, das in großer Menge vorkommt und eine besondere Rolle spielt. Die Tunica propria der Mucosa besteht aus ungeformt-lockerfibrillärem Bindegewebe, dessen Hauptmasse durch Bindegewebszellen und kollagene Fasern gebildet wird, während elastische Fäserchen örtlich in verschiedener Zahl eingestreut liegen. Einzelheiten über deren weitere cellulären Bestandteile hat Maximow im Handbuch der normalen mikroskopischen Anatomie von v. Möllendorf mitgeteilt.

Abgesehen von dem reichlich entwickelten Blut- und Lymphgefäßapparat findet sich noch ein Gewebe, das in den Schleimhäuten der Luftwege einen sehr bedeutenden, übrigens in den einzelnen Organen nach Art und Menge der Einlagerung verschieden großen Raum beansprucht: das lymphatische Gewebe. Lymphatische Zellen sind in wechselnder Menge in alle Schleimhäute eingelagert. RUNGE beschreibt eine in der Tunica propria unter dem Epithel gelegene, besondere lymphatische Schicht, die jedoch als normales Vorkommen von anderer Seite bezweifelt wird. Lymphatische Zellen finden sich vor allem aber in den stecknadelkopfgroßen Lymphfollikeln (Noduli lymphatici solitarii), wie sie an der hinteren Rachenwand im Kindesalter zu sehen sind, wie ferner in den lymphatischen Organen (Noduli lymphatici aggregati), in der Rachenmandel, der Tubentonsille, den Rachenseitensträngen, ferner in den Gaumenmandeln und in der Zungentonsille. Das lymphatische Gewebe aber entsteht durch entsprechende Differenzierung innerhalb der Tunica propria. Als Bestandteil der Schleimhäute muß es hier entsprechend berücksichtigt werden. Nach SCHUMACHER sind jedenfalls bindegewebiger Grundstock der Schleimhaut und lymphoretikuläres Gewebe als einander mindestens nahestehend anzusehen.

Wir haben in der Schleimhaut, und dies ist hier besonders zu beachten, teils Abkömmlinge des Ektoderms, teils Abkömmlinge des Entoderms vor uns, während der bindegewebige Grundstock mit seinem Gefäßapparat und dem lymphatischen Gewebe durchweg dem Mesoderm bzw. dem Mesenchym entstammt. Er bildet mit letzterem eine Einheit.

II. Die Verrichtung der Schleimhäute.

Ein ganz ähnliches Bild bietet sich uns, wenn es sich um die physiologischen Aufgaben der Schleimhäute handelt. Unter den Verrichtungen stehen zweifellos jene im Vordergrund, die der Erhaltung dienen, also die Schleimhäute vor abnormer Verschmutzung, vor Hitze und Kälte, vor allem aber vor Austrocknung und schließlich vor bakterieller Invasion und damit vor der Erkrankung schützen. Wenn hier also alle Funktionen, sowohl in gesunden wie in kranken Zeiten, berücksichtigt werden müssen, so ist es zunächst die entwicklungsphysiologische Leistung der Schleimhaut, die einer eingehenden Erläuterung bedarf.

A. Die Aufgaben des Epithels

1. als formbildendes Organ.

Die Leistungen des Epithels liegen keineswegs nur in seiner Eigenschaft als bedeckendem Organ begründet, es kommt ihm vielmehr während der Entwicklung eine sehr wichtige Aufgabe zu. Darüber wurde viel diskutiert, besonders im Fachgebiet der Hals-Nasen-Ohrenheilkunde, da der Wechsel in Größe und Gestalt gerade jener Organe, mit denen wir uns klinisch besonders häufig zu befassen haben, der Mittelohrräume und der Nebenhöhlen der Nase, bekanntlich außergewöhnlich ist. Bedeutet aber die große Variabilität allerorts in der belebten Natur, daß es für ihre Erklärung durchaus nicht nur äußerer Einflüsse bedarf, so soll im folgenden, und zwar in Anlehnung an die synthetisch-morphologische Forschungsweise von M. HEIDENHAIN, der Beweis für die formbildende Funktion des Epithels am Beispiel der Drüsenbeere geführt werden (s. Abb. 3).

In den Speicheldrüsen finden sich bekanntlich epitheliale Endabschnitte, die ihrer Form wegen als „Drüsenbeeren" bezeichnet werden. Sie bilden eine Einheit, nicht nur anatomisch, sondern auch physiologisch, indem ihre Bestandteile typisch vereinigte, sezernierende Epithelzellen sind.

Gibt die Struktur der Drüsen allein schon einen Hinweis auf die formbildende Funktion des Epithels, so ist es vor allem die Drüsenbeere als entwicklungsphysiologische Einheit, aus der sich diese Auffassung beweisen läßt, denn auf ihrer Fähigkeit zur Zweiteilung führen sich Entwicklung und Wachstum zurück. Verfolgt man nämlich eine sich vermehrende Drüsenbeere in ihren einzelnen Stadien, so läßt sich nach M. HEIDENHAIN beobachten, daß dies nicht, wie sonst in der belebten Natur, einfach durch Teilung jeder einzelnen Zelle geschieht, vielmehr ist die Verdoppelung der ganzen Beere schon „ab statu nascendi" erkennbar, d. h. es liegt eine Teilung eines ganzen Gewebsverbandes vor (s. Abb. 4). Im Beginn dieses Vorganges läßt sich nämlich erkennen, wie am sezernierenden Endabschnitt, d. h. am Scheitel der Beere, ein zum Ausführungsgang quergerichtetes Wachstum einsetzt, das dem ganzen Gebilde eine Hammerform verleiht. Während der Scheitel stehen bleibt, schieben sich seitlich zwei neue Wachstumspole vor, womit sich gleichzeitig die Wachstumsrichtung ändert. Die Furchenbildung, die dabei zustandekommt, teilt schließlich die Beere völlig durch.

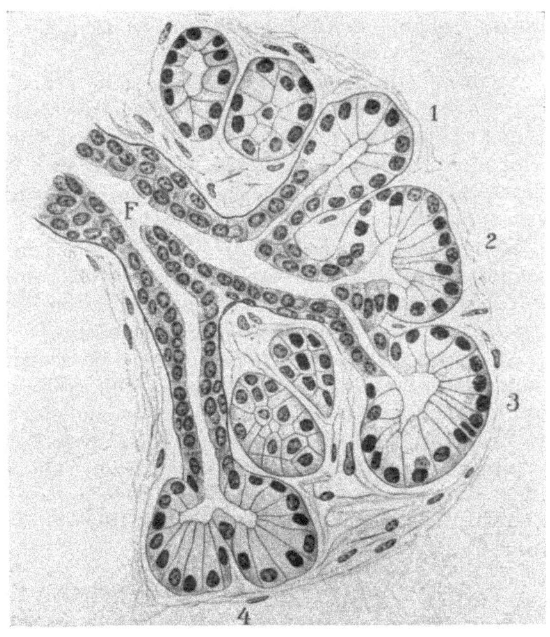

Abb. 3. Stenosche Drüse der Katze (Vergr. 575 f.), Adenomeren (1—4), in transversaler Verbreiterung (2 und 3,) in Teilung (4), Gangsystem (F). (Nach M. HEIDENHAIN).

Dieser Entwicklungsvorgang, nämlich die Teilung eines ganzen typisch geordneten Verbandes von Zellen „in toto", besagt nach M. HEIDENHAIN, daß wir eine Systemfunktion vor uns haben müssen. Beliebig zusammengefügte Zellen sind zu solch übergeordneten Leistungen nicht fähig, vielmehr ist ein celluläres und ein genetisches System, ein „Histosystem" nach der Bezeichnung der synthetischen Morphologie unbedingte Voraussetzung. Solche Histosysteme bestehen also aus gesetzmäßig im Verband straff geordneten Zellen. Sie sind einer bestimmten inneren Organisation unterworfen, also

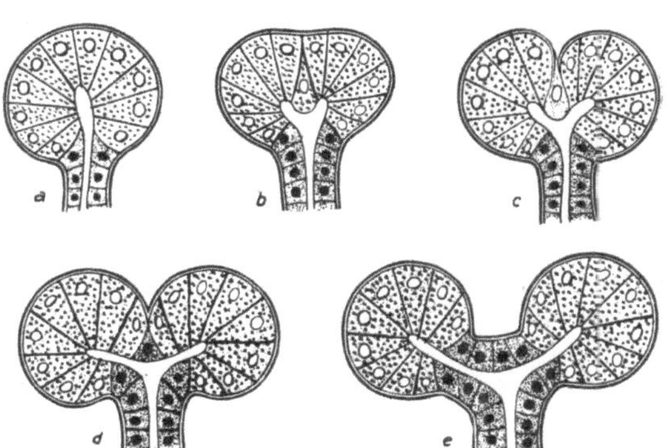

Abb. 4. Halbschematische Darstellung der Teilungsstadien einer Drüsenbeere („Adenomere"). Bei b transversales Wachstum, bei c beginnende Teilung mit Trennungszelle. Aus der letzteren entstehen die Zellen des präterminalen Ganges bei d und e. (Nach M. HEIDENHAIN.)

irgendeine aktive Bedeutung beim Teilungsvorgang zukommt, denn dessen Zellen sind ungeordnet und willkürlich gefügt. Zeigen sich dort Strukturveränderungen im Augenblick der Teilung, so sind sie gewiß rein passiver Natur, stehen jedenfalls in einem Abhängigkeitsverhältnis zu den Wachstumsvorgängen des Epithels.

Solche Teilungsvorgänge lassen sich ferner in durchaus übereinstimmender Weise auch an den epithelialen Gewebssystemen anderer Organe nachweisen, z. B. an den Lungenbläschen, den sog. „Pneumomeren“ (BENDER), an den Acini des Pankreas, den sog. „Adenomeren“, an den Talgdrüsen der Haut (NEUBERT) und schließlich, wie noch gezeigt werden wird, an den Siebbeingängen, den sog. „Ethmomeren“ (M. SCHWARZ).

Diese Gesetzmäßigkeit im Wachstum kann aber gewiß nur durch ein epitheliales Histosystem gewährt werden, und somit sind die genetischen Systeme, wie M. HEIDENHAIN sagt, die unmittelbaren Träger der Form, da ihre Organisation in der äußeren Gestalt in Erscheinung tritt.

An dieser Stelle muß ferner an die bemerkenswerten Versuche von CAFFIER erinnert werden, da sie zweifellos einen weiteren Beweis für die formbildende Funktion des Epithels bzw. seiner Zellen geliefert haben. CAFFIER ist es gelungen, aus Teilen fetaler Lungenbläschen in der Gewebskultur ein Wachstum zu erzielen, das durchaus dem der Norm entspricht. Aus wenigen im Verband gelagerten Zellen bilden sich vollständige Bläschen, zudem in eben derselben Gesetzmäßigkeit des Wachstums, wie es BENDER für die wachsende Lunge als typisch erkannt hat.

2. als bedeckendes Organ.

Der Atmungstrakt ist bekanntlich, jedenfalls zum größeren Teil, von mehrreihigem Flimmerepithel ausgekleidet, das zwischen sich massenhaft Becherzellen führt. Dieses Flimmerepithel muß unser ganzes Interesse beanspruchen, denn es ist an der ständigen Reinigung der Schleimhautoberfläche von corpusculären Beimengungen der Atmungsluft und damit in ausschlaggebender Weise am Oberflächenschutz beteiligt. Wie groß diese Aufgabe ist, ergibt sich aus den Berechnungen von ZWAARDEMAKER, wonach in der Minute rund 9 l Luft durch die Atemwege des Erwachsenen einströmen. PEYSER aber hat weiterhin festgestellt, daß in einem Kubikmeter im Freien etwa 0,5 mg, bei längerer Trockenheit bis 6 mg, in industriellen Betrieben aber 150—200 mg Staub enthalten sein können, während THOMSON und HEWLETT die eingeatmeten Keime auf 1500 je Stunde schätzen. Trotzdem aber ist die ausgeatmete Luft rein und wenig bakterienhaltig (MARX, KLEMPERER, KÜSTER), ja überhaupt keimfrei.

Die größte Aufgabe kommt zweifellos dem Flimmerepithel der Nase, dem natürlichen Schutzorgan am Eingang der Luftwege zu. Dies ergibt sich aus der Filterwirkung, die nach Messungen von G. LEHMANN dort bis zu 70% beträgt. Über die Reinigungsvorgänge sind die Auffassungen allerdings geteilt, auch ist ihre Wirksamkeit im einzelnen unterschiedlich beurteilt worden.

Die außerordentliche Leistung des Flimmerepithels beweisen vor allem die jüngsten Untersuchungen von HERRMANN, wie auch die von LAUTENSCHLÄGER und RENWALL. Die Flimmern bewirken durch eine fortwährende Bewegung, vergleichbar einem im Winde wogenden Getreidefeld, einen ununterbrochenen Oberflächenstrom des Sekretes, der in der Nase, wie im Kehlkopf rachenwärts gerichtet ist und wie ein Kehrbesen wirkt. HERRMANN konnte übrigens in der Trachea eine Beförderungsgeschwindigkeit von 1 cm in der Minute nachweisen.

Ein wesentlicher Faktor erwächst dem Oberflächenschutz der Schleimhaut aus der Befeuchtung Vor allem ist auch die Flimmerfunktion davon abhängig, sie erliegt jedenfalls um so mehr, je trockener die Schleimhaut wird. Eingedicktes Sekret muß diese feinste Organtätigkeit behindern und schließlich aufheben. Somit ist auch die Funktion des Drüsenapparates für den Oberflächenschutz von großem Einfluß.

Der Reinigungsmechanismus der Schleimhäute bei gut erhaltenem Flimmerbesatz kann als recht aktiv genannt werden. Trotzdem ist er, falls größere Mengen von corpusculären Elementen oder Bakterien der Atemluft beigemengt sind, selbst bei gesunder Schleimhaut kein absoluter (BLOCH, KAYSER, v. SKRAMLIK). Unter solchen Umständen leidet die Flimmerfunktion mehr und mehr, während die Schleimhaut dadurch immer weniger widerstandsfähig wird und erkrankt.

B. Die Aufgaben des bindegewebigen Grundstockes

1. als Organ der Erhaltung.

Der bindegewebige Grundstock ist durch seinen Gefäßreichtum in erster Linie das Organ der Ernährung. Als Organ der Erhaltung erwachsen ihm aber aus dem stark wechselnden Feuchtigkeits- und Wärmegrad der Atmungsluft weitere Aufgaben. Würde ein Ausgleich nicht geschaffen, d. h. würde die Luft nicht erwärmt und auf ihrer Bahn durch die Luftwege völlig mit Wasserdampf gesättigt werden, so wären die Schleimhäute immer wiederkehrenden Abkühlungen, auch Überwärmungen, vor allem aber der Gefahr der Austrocknung ausgesetzt.

Eine Vorstellung von der Größe der damit verbundenen physiologischen Leistung der Schleimhäute ergibt der Umstand, wonach in der Minute 9 l Luft die Atemwege passieren, während PERWITZSCHKY für den gesamten Respirationstrakt eine Abdunstungsmenge von 30 g Wasser auf den Kubikmeter Luft berechnet hat. Davon werden, als eindeutiger Beweis für die ihr gestellte Aufgabe, allein von der Nasenschleimhaut 15 g geliefert. Schließlich erfährt dadurch die Atmungsluft auf ihrem Weg eine völlige Sättigung mit Wasserdampf, die im Nasenrachenraum 79% (BLOCH, HELLMAN) und 95—98% in Kehlkopf und Trachea (PERWITZSCHKY) erreicht.

Für diese Versorgung der Einatmungsluft stehen verschiedene Quellen zur Verfügung. Zunächst ist es die in die Nase abfließende Tränenflüssigkeit und auch das Wasser, das aus der Atmungsluft wieder gewonnen wird. MINK sieht das lymphatische Gewebe als besonders wichtig für den Feuchtigkeitshaushalt der Schleimhaut an. Es ist ferner das Drüsensekret der Glandulae nasales, das gleichzeitig auch einen Schutz gegen Austrocknung bietet. Dem bindegewebigen Grundstock, d. h. seinem Gefäßapparat kommt wohl die größte Arbeitsleistung zu. Plasmatische Flüssigkeit strömt aus dem Capillarnetz durch die Kanälchen der Basalmembran an die Oberfläche der Schleimhaut (SCHIEFFERDECKER, SCHUMACHER, LAUTENSCHLÄGER u. a.).

Der ständig erhaltene, bestimmte Feuchtigkeitsgrad der Schleimhaut sorgt also für die genügende Befeuchtung der Atmungsluft und schützt insbesondere die Schleimhaut selbst vor Austrocknung. Damit aber erwächst gleichzeitig ein äußerst wirksamer Schutz gegen alle Umwelteinflüsse.

Auch die Erwärmung der Einatmungsluft auf Körpertemperatur geschieht vom bindegewebigen Grundstock aus und zwar durch seine reichliche Gefäßversorgung, vor allem wieder im Bereich der Nase. Leitung und Strahlung sind es (JANSEN, HELLMANN, ZWAARDEMAKER), begünstigt durch die Wirbelbildung, die in der Nase beim Einatmen auftritt (PERWITZSCHKY, JANSEN). Auch die Verdunstung des Nasensekretes wirkt dabei mit (JANSEN). Auf Kältereiz werden ferner die Blutgefäße in der Nase erweitert, auch das Schwellgewebe füllt sich.

(Zwaardemaker, Unterberger). Derselbe Reiz führt reflektorisch zu einer vermehrten Sekretion aus den Drüsen, wie wohl auch aus dem Capillarnetz (Mink, Treer, v. Skramlik).

All diese Verrichtungen der Schleimhaut genügen den alltäglichen Anforderungen, versagen aber bei Überlastung etwa in zentral geheizten Räumen, wenn bei einer relativen Feuchtigkeit von 35% bis zu 19 g Wasser pro Kubikmeter von der Nasenschleimhaut ausgedunstet werden müssen (Perwitzschky). Die Austrocknung aber beeinflußt, wie erwähnt wurde, die Flimmerfunktion mehr und mehr. Damit bleibt nicht nur aller Staub an der Schleimhautoberfläche liegen, auch das Sekret trocknet ein. So bilden sich Krusten und Borken, welche die Lymphstomata und Drüsenausführungsgänge verlegen (Diebold) und damit weiterhin den Flüssigkeitshaushalt stören. Allerlei Saprophyten und pathogene Erreger finden dann einen vorzüglichen Nährboden und ihrem Eindringen stehen nun Tür und Tor offen.

2. als Organ der Abwehr.

Der bindegewebige Grundstock der Schleimhaut, darauf muß in diesem Zusammenhang noch einmal hingewiesen werden, stammt vom Mesoderm ab. Dies ist in verschiedener Hinsicht zu beachten, da sich auf diesem Wege die mancherlei inneren Zusammenhänge erklären, auf die wir stoßen werden. Zunächst einmal ist von Nauss die Auffassung vertreten worden, daß Veränderungen eines bestimmten Keimblattes zu bestimmten Konstitutionsstörungen führen können. Auch Pfaundler faßt alle Erscheinungen, die für die exsudative, lymphatische und arthritische Diathesengruppe charakteristisch sind, als eine primäre angeborene Minderwertigkeit und Abnutzbarkeit der Mesenchymderivate auf. Hier allerdings ist es in erster Linie die Bedeutung des bindegewebigen Grundstockes als Abwehrorgan, die einer eingehenden Erörterung bedarf.

Über die einseitig mechanische Auffassung des Mesenchyms, d. h. des lockeren Bindegewebes, ist zeitweilig, worauf Pfeiler mit Nachdruck hinweist, „der ganze Komplex der Funktion dieses Gewebes vergessen worden“. So dient das lockere Bindegewebe dem Nahrungsaustausch und dem Stoffwechsel zwischen den Blutgefäßen und den Zellen, wie dem Wasserhaushalt. Eine ganz besondere Bedeutung kommt ihm jedoch als *Schauplatz der Entzündung* zu.

Nach Lubarsch ist die Entzündung eine Summe komplexer örtlicher Vorgänge, die sich nicht nur am Organparenchym, vielmehr vor allem am gefäßführenden Stützgewebe abspielen. Es sind Vorgänge der Wanderung, Absonderung, Speicherung, Neubildung und des Zerfalls. Rössle sieht in den Veränderungen am Gefäßapparat die ersten eigentlichen Zeichen, doch stellt er sämtliche Veränderungen des Bindegewebes histiogener und hämatogener Art diesen als gleichwertig zur Seite. Damit ist die Entzündung funktionell eine Leistung des Bindegewebs- und Gefäßsystems, örtlich deren krankhaft gesteigerte Funktion, im weiteren Verlauf aber eine Systemerkrankung des gesamten mesodermalen Apparates.

Während die sog. physiologische Entzündung durch Bindegewebszellen bestritten wird, besteht nach Rössle auch bei der exogenen, z. B. infektiösen, ein ähnliches Verhalten. Letztere zeigt eine erhöhte Abwehrleistung durch Phagocytose, hauptsächlich durch Histiocyten und Leukocyten. Die örtliche Abwehr erfolgt durch mesenchymale Zellen. Die Entzündung ist sonach eine krankhaft gesteigerte Funktion bestimmter mesodermaler Abkömmlinge, die befähigt sind, das Bindegewebe der Organe von Fremdstoffen zu reinigen (Borst, Lubarsch, Pfeiler). Dabei findet sich eine erhebliche Neubildung retikulo-endothelialer Zellelemente, wie Sauerbruch im Parabioseversuch nachweisen konnte. Auch hier ist es die Funktionssteigerung und Hyperplasie der mesenchymalen Zellen.

So erfolgt bei Schädigungen aller Art schließlich immer eine Aktivierung des Mesenchyms, dessen Zellen höchst reizbar sind.

Die überragende Bedeutung des Bindegewebs-Gefäßsystems geht daraus klar und eindeutig auch für die Schleimhäute hervor. So konnte CANNON die Widerstandskraft des Respirationstraktes durch bakterielle Vaccinen heben, wodurch eine Mobilisation bzw. Vermehrung phagocytärer Zellen, besonders der Makrophagen erfolgte, übrigens gleichzeitig mit einer Zunahme der Antikörper. Die Abwehrfunktionen des bindegewebigen Grundstockes ergeben sich aus diesen Verhältnissen ohne weiteres.

III. Die Variabilität der Schleimhäute.

Kein Mensch gleicht dem anderen, weder in seinen körperlichen noch in seinen seelischen Eigenschaften, auch die Organfunktionen zeigen ein individuell unterschiedliches Verhalten. So versteht es sich von selbst, daß die Einwirkungsmöglichkeiten äußerer Einflüsse ebenso verschieden sein müssen, wie schließlich die Art der cellulären, wie humoralen Beantwortung. Daraus ergibt sich die geradezu ungeheuere Vielfältigkeit der Erscheinungen am kranken Menschen und zwar am Einzelorgan, wie am Gesamtorganismus. Dies bedeutet aber für das ärztliche Denken eine große Aufgabe, denn jeder Kranke verlangt während der Untersuchung und Beobachtung und schließlich bei der Behandlung ständige und eingehende Überlegungen, weil sich jeder Schematismus der Krankheitsbeurteilung von vornherein von selbst ausschließt. Lassen sich nun aber angesichts einer derartig verwirrenden Fülle der Erscheinungen lehrhafte Erkenntnisse gewinnen und vermitteln, die ein gesichertes Urteil im Einzelfall zulassen?

A. Die Analyse der Einzelfaktoren.

Fragen wir uns zunächst, worauf das verschiedene Verhalten der Schleimhäute, der gesunden wie der kranken beruht, so ist von vornherein sicher, daß es sich um morphologische und um physiologische Bedingungen handelt. Die Eigenart einer Schleimhaut beruht nicht nur allein auf ihrer Struktur, d. h. auf dem wechselnden anatomischen Aufbau ihrer Schichten, sondern auch auf der verschiedenen Leistungsfähigkeit.

Die Erforschung des individuellen Schleimhautcharakters, d. h. der Versuch, die Schleimhauteigenart aus ihren Einzelfaktoren zu erklären, ist ursprünglich von der morphologischen Seite her erfolgt und hat in erster Linie das anatomische Substrat berücksichtigt. Da eine Beurteilung für diese Zwecke durch die Endoskopie nicht ohne weiteres gegeben ist, die pathologische Anatomie auch beherrschend im Vordergrund steht, verdanken wir die ersten Erkenntnisse den histologischen Untersuchungen von WITTMAACK an der Schleimhaut des Mittelohres. Daher sind es morphologische Eigenschaften, durch die die individuelle Eigenart der Schleimhäute zunächst gekennzeichnet worden ist.

ALBRECHT hat nun nicht nur den Aufbau berücksichtigt, sondern auch die Bedeutung der im Einzelfall verschieden gearteten Verrichtungen der Schleimhaut erkannt. Damit wurde die Forschung wesentlich gefördert.

Der Nachweis der Einzelfaktoren, aus denen sich die Variabilität der Schleimhäute erklärt, ist schließlich nur durch eine strenge Analyse möglich. Es kann sich dabei naturgemäß nicht nur um eine solche morphologischer Art handeln, vielmehr ist die Funktion mindestens als gleichwertig zu nehmen. Da aber dem Epithel und dem bindegewebigen Grundstock der Schleimhaut eine eigene Bedeutung zukommt, müssen diese beiden Schichten, trotz der genannten Einheit die sie bilden, getrennt berücksichtigt werden.

1. Die morphologischen Faktoren der Variabilität.

a) Die Bedeutung des Epithels der Schleimhaut.

Das Schleimhautepithel findet sich nicht nur als bedeckende Schicht an der Oberfläche, es senkt sich auch als sezernierendes Organ in stark verzweigten Drüsentubuli und -acini in den bindegewebigen Grundstock ein. Seine Eigenart wirkt sich demnach nicht nur im Oberflächenbild der Schleimhaut, sondern auch im Gesamteindruck aus. Jedenfalls ist so viel zu erwarten, daß etwa eine stärker als gewöhnliche Entfaltung des drüsigen Gewebes, unter sonst gleichen Verhältnissen eine Veränderung des Schleimhautvolumens bedingen muß.

Über das individuelle Verhalten des Drüsenparenchyms in der Schleimhaut sind unsere Erkenntnisse eingehender. So konnte RUNGE eine Vermehrung in der hyperplastischen Schleimhaut feststellen, FLEISCHMANN eine Verminderung bis zum völligen Ausfall bei der Anidrosis hypotrichotica, einem im wesentlichen anlagebedingten Leiden. Schließlich haben die Vergleiche von ISSELSTEIN an histologischen Serienschnitten durch die Nase von menschlichen Neugeborenen eindeutig ergeben, daß an übereinstimmenden Stellen eine individuell verschiedene Entfaltung besteht.

b) Die Bedeutung des bindegewebigen Grundstockes der Schleimhaut.

Ist unser Wissen über das individuelle Verhalten des Epithels noch unzureichend, so sind wir neuerdings über den Schleimhautgrundstock, nämlich das ungeformt- lockerfibrilläre Bindegewebe um so eingehender unterrichtet. In dem Bestreben, die Variabilität der Schleimhäute von der morphologischen Seite her zu erfassen, steht die Aufgabe weit im Vordergrund, näheren Einblick in das Wesen der individuellen Anatomie bzw. Histologie dieses Gewebes zu gewinnen. Schon vordem hat K. H. BAUER auf diesen Mangel in seiner Konstitutions- und Individualpathologie der Stützgewebe hingewiesen. Auch SAUERBRUCH macht auf die Bedeutung der Anlage und Lebenskraft des Mesenchyms als Grundlage körperlicher Konstitution und Disposition aufmerksam. Ein variables Verhalten müßte sich also auch an den Schleimhäuten auswirken.

Um die Eigenart der Schleimhaut aus dem wechselnden Verhalten ihrer bindegewebigen Bestandteile zu erklären, sind zwei Methoden herangezogen worden (M. SCHWARZ): die vergleichende Gewebsanalyse und die Reihenuntersuchung gesunder Menschen gleichen Alters, letztere unter exakter Berücksichtigung des Körperbaues. Darauf muß näher eingegangen werden.

α) Vergleichende Gewebsanalyse.

Die korrelative Forschung, d. h. die Gegenüberstellung, ist eine der geeignetsten Methoden, die individuelle Variabilität und ihre Genese zu erkennen. Dies trifft nicht nur für die grobmorphologischen, sondern auch für die Eigenschaften zu, die auf dem histologischen Schnitt erkennbar sind.

Für eine vergleichende Gewebsanalyse bietet das Bindegewebe ganz besonders günstige Verhältnisse. Dreierlei Bestandteile stehen dabei im Vordergrund: die fixe Matrixzelle, der sog. Fibroblast, die kollagene Faser und die Intercellularsubstanz. Während das ausgereifte Bindegewebe dem Vergleich viel weniger zugänglich ist, sind es die entwicklungs- und wachstumsbedingten Formveränderungen, wie die Art und Masse der Einlagerung der typischen Bestandteile des heranwachsenden Gewebes, die durchaus exakt beobachtet werden können.

Während der Entwicklung verändert sich die Gestalt des Fibroblasten bekanntlich recht wesentlich, (s. Abb. 5). In der frühen Embryonalzeit liegt er als relativ große und von der Fläche gesehen als unregelmäßig sternförmige Zelle im Gewebe. Diese Jugendform wird einerseits bestimmt durch den Plasmareichtum und andererseits durch die langen, sich verjüngenden Zellausläufer, die nach allen Richtungen ausstrahlen und an wechselnd vielen Enden mit Nachbarzellen in Verbindung stehen. Dadurch entsteht das typische Zellsyncitium. Im wachsenden und ausreifenden Bindegewebe geht, wenn aus dem embryonalen, das sog. ungeformt-lockerfibrilläre und schließlich das geformte kollagene Bindegewebe wird, der große Plasmamantel mehr und mehr verloren, während der Kern spindel- und schließlich stäbchenförmig wird. Inzwischen entwickeln sich feine kollagene Fasern, die sich ständig vermehren. Ihre Einlagerung in die Grundsubstanz ist zunächst ganz regellos, ordnet sich aber zu lockenartigen Bündeln, um schließlich breite Bänder zu bilden.

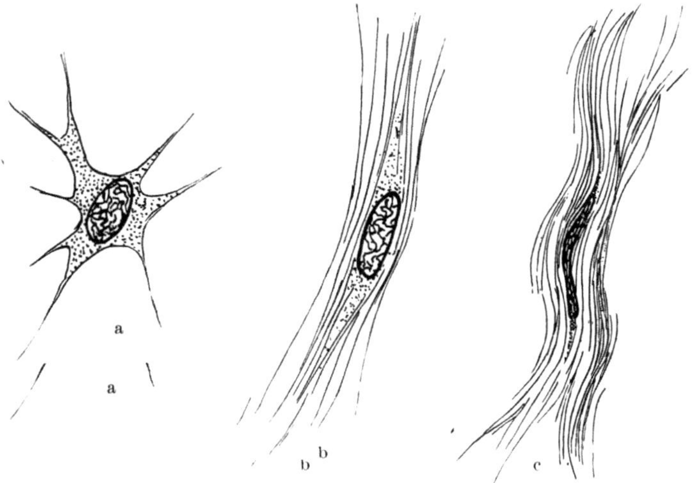

Abb. 5. Ausreifungsformen der Fibroblasten, von der embryonalen, sternförmig-syncitialen Zelle bei a, bis zur sog. Matrixzelle bei c. Gleichzeitig geht damit die Einlagerung kollagener Fäserchen einher. (Nach M. SCHWARZ).

Für die genannten Vergleiche ist der bindegewebige Grundstock der Mittelohrschleimhaut des menschlichen Fet bzw. Neugeborenen herangezogen worden. Dieser eignet sich insofern besonders gut, als das embryonale Gewebe ursprünglich das Mittelohr gänzlich erfüllt und in einer so großen Menge auch die Beobachtung erleichtert (s. Abb. 6). Ferner wandelt es sich allmählich in ungeformt-lockerfibrilläres Bindegewebe um (s. Abb. 7). Diese Ausreifung ist etwa zur Zeit der Geburt abgeschlossen. Stellt man also an einem großen Untersuchungsgut (es hat sich um über 100 Feten gehandelt) Vergleiche an und zwar an beiden, der rechten und der linken Seite, so läßt sich nachweisen, was RÜEDI bestätigt, daß diese Ausreifung individuell ganz verschieden rasch erfolgt. Dies zeigt sich nicht nur an den Fibroblasten, sondern in gleicher Weise auch in der Einlagerung der kollagenen Fäserchen. Im einzelnen ist zu beobachten, daß z. B. im 4.—6. Schwangerschaftsmonat, in einer Zeit also, in der gewöhnlich rein embryonales Bindegewebe das Mittelohr erfüllt, gelegentlich schon eine deutliche Reifung eingesetzt hat. Bei den reifen Früchten aus dem 10. Schwangerschaftsmonat findet sich in einigen Fällen, während in der größeren Zahl eine Ausreifung, wenn auch verschiedenen Grades unverkennbar ist, typisches embryonales Gewebe, also ein Zustand, wie er dem 4.—5. Schwangerschaftsmonat normalerweise entspricht (s. Tab. auf S. 13). Dies erscheint um so bedeutungsvoller, als ein selbst

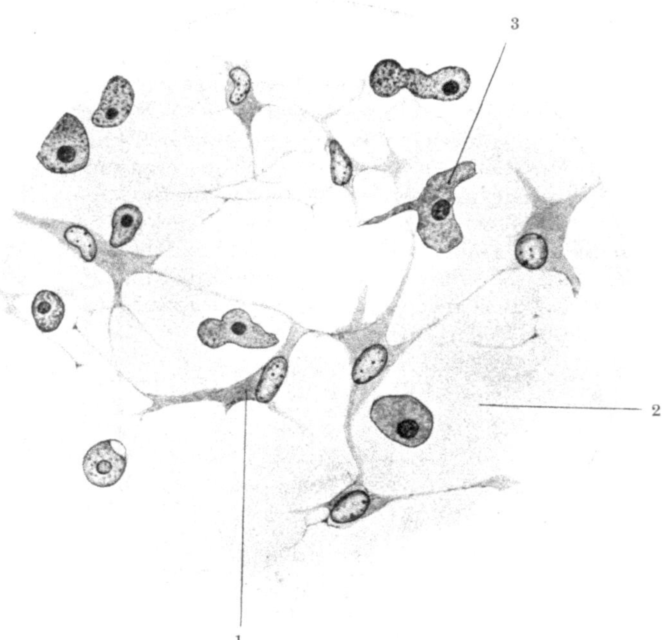

Abb. 6. Embryonales Bindegewebe aus dem Mittelohr vom menschlichen Fet des 5. Schwangerschaftsmonates Man beachte das Syncitium aus großen, embryonalen Fibroblasten mit großem rundlichen Kern (1), eingelagert in homogene Intercellularsubstanz (2) und dazwischen Wanderzellen (3).

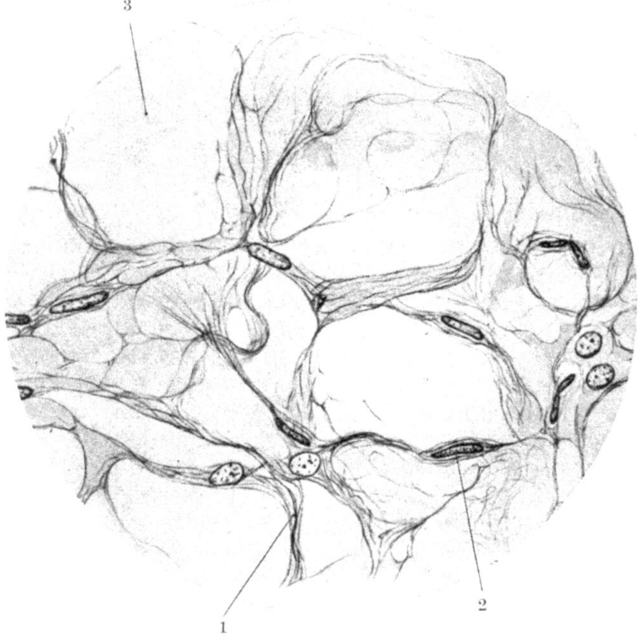

Abb. 7. Weiterentwickeltes, ungeformt-locker-fibrilläres Bindegewebe aus dem Mittelohr des menschlichen Fetus vom 10. Schwangerschaftsmonat. Beim Vergleich mit Abb. 6 ergibt sich ohne weiteres die fortgeschrittene Ausreifung des Gewebes und zwar an der Einlagerung der kollagenen Fäserchen (1), wie an der Verringerung des Plasmamantels und der Veränderung der Kernform der Fibroblasten (2). Die homogene Intercellularsubstanz ist kaum verändert (3). (Vergl. dazu den Text.)

beobachtetes eineiiges Zwillingspaar und Drillinge an allen 4 bzw. 6 Ohren ein völlig übereinstimmendes Verhalten zeigen.

An der Schleimhaut des Mittelohres ergibt sich also ein durchaus wechselndes Verhalten der heranreifenden Bindegewebszelle, wie ferner auch ihrer Abkömmlinge, der kollagenen Faser und der Intercellularsubstanz. Dies aber bedeutet, daß die ganze Gewebsformation in der endgültigen Gestalt des bindegewebigen Grundstockes der Schleimhaut sich schließlich im histologischen Aufbau verschieden verhält und zwar aus der Anlage her.

Schwangerschaftsmonat	in der Schleimhaut in %	
	embryon. Zellen	Übergangsformen und ausentwickelte Fibroplasten
3.—4.	55	44,4
8.—9.	33,9	66,1
10.	15	85,1

Die vergleichende Gewebsanalyse bedurfte aber weiterhin einer wesentlichen Ergänzung, denn der Nachweis, daß sich das Bindegewebe individuell verschieden verhält, genügt für klinische Belange keineswegs. Um für ihre Zwecke schließlich im Einzelfall zu einer verwertbaren Beurteilung zu kommen, wurde in anthropometrischen Reihenuntersuchungen der Körperbau mit dem individuellen Verhalten der Schleimhaut verglichen.

β) Anthropometrische Reihenuntersuchungen.

Körperbau und Schleimhaut. Der bindegewebige Grundstock der Schleimhaut entstammt dem Mesenchym, damit ist er von gleicher entwicklungsgeschichtlicher Herkunft, wie das gesamte Stützgewebe des menschlichen Körpers und teilt dessen Eigenschaften. Macht weiterhin das Binde- und Stützgewebe, wie es VIERORDT und SCHADE festgestellt haben und wie es sich von vornherein aus seiner weiten Verbreitung im menschlichen Körper, als ungeformtes und geformtes Bindegewebe, als Knorpel und Knochen ergibt, einen ganz beträchtlichen Anteil der Substanz aus, so muß seine Eigenart im Körperbau zum Ausdruck kommen. Dies wurde schon früher erkannt, als SPIESS und WUNDERLICH von einer schlaffen und straffen Faser, wie von einer schlaffen und straffen Konstitution gesprochen haben. Auch BOGOMOLEZ hat mesenchymale Konstitutionstypen aufgestellt. Schließlich wurde von HUECK die Auffassung geäußert, daß das *genotypisch festgelegte Stützgewebe die Form und Gestalt des Individuums bestimmt.* Bei der gleichen Herkunft und dem durchgehend gleichen Verhalten einer Gewebsformation, die im menschlichen Organismus besonders verbreitet ist, muß aber erwartet werden, daß eine enge Beziehung, ja eine Übereinstimmung der Art des Körperbaues mit dem Charakter der Schleimhäute besteht. Wie eingehend dargelegt, ist für beide die Eigenart des Bindegewebes von besonderer Bedeutung. Daraus ergibt sich aber eine weitere Möglichkeit die Variabilität der Schleimhäute zu bestimmen.

Auf Grund dieser Überlegungen sind an der Tübinger und an der Frankfurter Klinik (M. SCHWARZ) Reihenuntersuchungen größeren Umfanges durchgeführt worden. Die Beurteilung des Körperbaues — um darüber aus praktischen Gründen zu berichten — erfolgte dabei nach einem Meß- und Beobachtungsblatt, das in enger Anlehnung an MARTIN, KRETSCHMER und HENKEL aufgestellt (wiedergegeben in der Dissertation von A. MAYER, Tübingen 1936) und später durch MICHELS (Dissertation H. OTT, Frankfurt/M., 1942) ergänzt wurde. Die Erfahrungen haben dann auch gezeigt, daß dieses Vorgehen richtig war, denn die Beurteilung des Körperbaues nach KRETSCHMER, auch die Berechnung des Index nach PIGNET deckt sich nicht ganz mit unserem Begriff der mesenchymalen Habitusformen. Die Bestimmung des Körperbaues nach dem PIGNETschen

Index[1], dem «coéfficient de la robusticité» geschah deshalb, weil nach den Untersuchungen von HENKEL dieser Index dort den stärksten Ausschlag gibt, wo er sich für unsere Zwecke zeigen muß. Da aber der metrischen Bestimmung gewisse Fehlerquellen anhaften, wurde auch der Aspekt im Sinne KRETSCHMERs beurteilt, denn das entsprechend geschulte Auge sieht oft mehr als sich durch Zahlenwerte ausdrückt. Dabei ist zu bedenken, daß für die Beurteilung der Schleimhaut mittels der Endoskopie keine exakten Methoden zur Verfügung stehen, die der metrischen Bestimmung des Körperbaues gegenüber gestellt werden könnten.

Mit Rücksicht auf die praktische Verwendbarkeit unserer Ergebnisse sind die Körperbauformen von KRETSCHMER in den Vordergrund gestellt worden, auch weil sie mehr und mehr zum Allgemeingut ärztlichen Wissens geworden sind. Unsere mesenchymalen Körperbauformen decken sich jedoch nicht ganz mit den Typen von KRETSCHMER. Dieser Umstand hat dazu veranlaßt, eine Einteilung in eine hypoplastische (asthenische), eine mesoplastische und eine hyperplastische Form durchzuführen. Die erstere, und darauf kommt es im besonderen an, ist bindegewebsarm und bindegewebsschwach, die letztere bindegewebskräftig und -reich. Diese Auffassung ergibt sich aus den mesenchymalen Elementen des Körperbaues, dem Bindegewebe, der Muskulatur und vor allem dem Knochengerüst. Allerdings ist hinzuzufügen, daß der Pykniker wohl kaum ein vollwertiges Bindegewebe besitzt, wie die Neigung zur Verfettung, wahrscheinlich als Folge frühzeitiger Abnutzung und die statischen Veränderungen am Körper im Laufe des Lebens (vgl. die Schulter-Brust-Halsproportion und die große Bauchhöhle) ergeben. Der eigentliche Stheniker dagegen ist ein kräftig gebauter, muskel- und knochenstarker Mensch ohne übermäßige Entfaltung der Körperhöhlen und ohne Neigung zu stärkerem Fettansatz. Er besitzt einen durchaus harmonisch-gebauten, kräftigen und widerstandsfähigen Körper. Damit läßt sich folgendes Schema begründen:

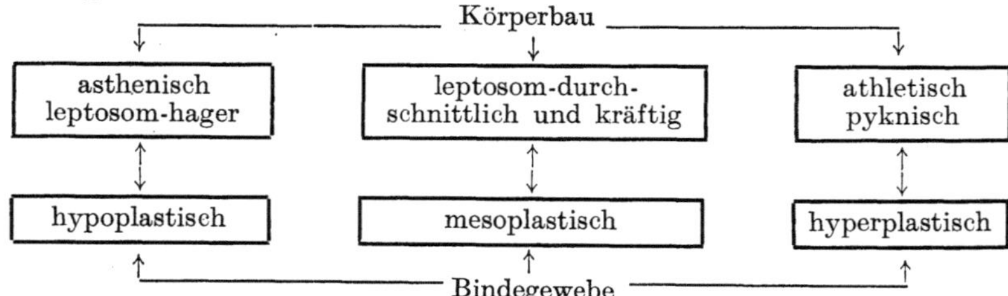

Aus einer Gegenüberstellung von Körperbau und Schleimhautcharakter an 250 Studenten im Alter von 19—22 Jahren, wobei krankhafte Veränderungen mit aller Sorgfalt ausgesondert worden sind, hat sich einwandfrei folgendes ergeben. Die Schleimhaut des Asthenikers bzw. des hypoplastischen Menschen unterscheidet sich ganz deutlich von der des Sthenikers bzw. des Hyperplastikers (s. Abb. 8). Leider kann diese Tatsache an metrisch bestimmten Werten nicht erhärtet werden, weil wir an den Hohlorganen des Menschen, wie gesagt, keine exakten Messungen durchführen können. Dieser Mangel fällt jedoch gegenüber der Beurteilungsfähigkeit durch das geschulte ärztliche Auge um so weniger ins

[1] Der PIGNETsche Index wird berechnet aus:
Körpergröße in Zentimeter abzüglich dem Gewicht in Kilogramm, samt Brustumfang in Zentimetern. Dabei ergeben sich Zahlenwerte zwischen —0 und mehr als +35. Allerdings sind in unseren Untersuchungen 5 Unterteilungen durchgeführt worden und zwar: —x—0, 1—10, 11—20, 21—30, und 31—x.

Gewicht, als ein weitlumiges Organ auf eine dünne und zarte, ein englumiges auf eine dicke und kräftige Schleimhaut hinweist.

Unsere Vergleiche zeigen nun folgendes: Die Schleimhäute des Asthenikers bzw. hypoplastischen Menschen sind relativ dünn, sehr zart, auch weniger gut durchblutet, daher etwas blaß und vielleicht auch etwas trocken. Sie stehen mit den Eigenschaften der äußeren Haut, die KRETSCHMER als dünn, zart, schlaff, saftlos, blut- und fettarm beschrieben hat, durchaus in Übereinstimmung. Die Schleimhäute des Hyperplastikers sind dagegen dicker als in der Norm, besser durchblutet, daher meist saftreicher und stärker gerötet. Es handelt sich wieder um dieselben Eigenschaften wie an der Haut, die KRETSCHMER besonders im Gesicht dick und derb, von gutem elastischem Turgor und gut gerötet nennt. So nehmen sie an der allgemeinen Hypertrophie teil und sind oftmals pastös.

Obwohl die Schleimhäute gesunder Menschen naturgemäß alle Übergänge zeigen, lassen sich die drei näher beschriebenen Formen, nämlich die durchschnittliche von einer dünnen zarten bzw. einer dicken und kräftigen Schleimhaut gut unterscheiden. Direkte Beziehungen zum Körperbau bestehen demnach insofern, als die durchschnittlich aufgebaute Schleimhaut dem Mesoplastiker, die dünne dem Astheniker, die dicke dem Hyperplastiker zukommt. Damit aber drückt sich in diesen Formen nichts anderes aus, als die Eigenart des Körperbaues, d. h. der individuelle Charakter der Mesenchymabkömmlinge und damit auch des Bindegewebsapparates. Ist aber der Körperbau erblich, so muß es ebenso die Eigenart des Bindegewebes und schließlich in dieser Hinsicht auch der Schleimhautcharakter sein.

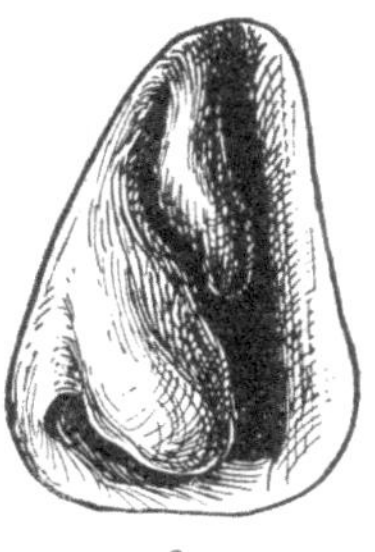

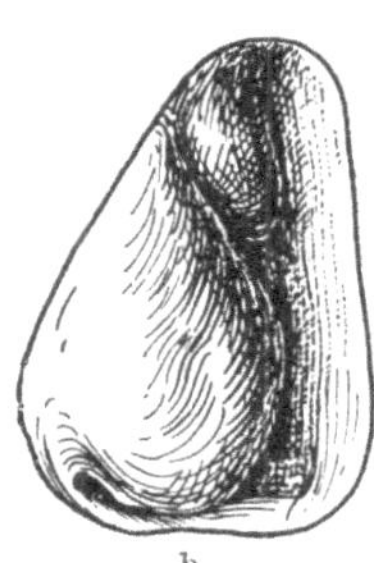

Abb. 8. Nasenlumen bei hypoplastischer Schleimhaut (a) und bei hyperplastischer Schleimhaut (b). Für die übrigen Schleimhäute gilt sinngemäß dasselbe (vgl. den Text).

Körperbau und Trommelfell. Als recht geeignet für die Beurteilung der Eigenart des Bindegewebes hat sich auch das Trommelfell erwiesen. Die Pars tensa besitzt bekanntlich eine recht ansehnliche membranöse Schicht in Form der Membrana propria, daher erklärt sich ihre Prüfung im Rahmen der genannten Reihenuntersuchungen.

Unter einer größeren Zahl von Studenten wurden 96 ausgewählt, die beiderseits ein ganz einwandfrei-normales Trommelfell zeigten. Beim Vergleich dieser Trommelfelle hat sich dann ergeben, daß ein nicht unerheblicher Wechsel in ihrem individuellen Verhalten besteht, der unter anderem auch in der Schichtdicke zum Ausdruck kommt. Zwar sind die Epithelschichten des Trommelfells innen und außen nicht belanglos, doch kann deren Variabilität, jedenfalls am normalen Trommelfell, ohne nennenswerten Fehler vernachlässigt werden. Tatsächlich ließ sich nachweisen, daß die verschiedene Schichtdicke dem Habitus entspricht. Die folgende Tabelle auf S. 16 zeigt ganz eindeutig ein Abhängigkeitsverhältnis, das sich aus den Beziehungen zwischen dem Körperbau und dem Bindegewebscharakter erklärt.

Diese Reihenuntersuchung hat eine weitere Bestätigung unserer Auffassung erbracht. Bei den bindegewebsschwachen Asthenikern, d. h. den hypoplastischen Menschen, finden sich nämlich so gut wie ausschließlich ganz zarte Trommelfelle, während im Gegensatz dazu bei den bindegewebsstarken bzw. -reichen

Hyperplastikern, also den Leptosom-kräftigen, den Athletischen und auch den Pyknikern der KRETSCHMERschen Einteilung, immer kräftige Trommelfelle zu beobachten sind (s. Abb. 9).

Trommelfelle von 96 einwandfrei ohrgesunden Studenten.

Körperbau	Trommelfelle in %		
	zarte	mittlere	kräftige bzw. dicke
hypoplastisch	100	—	—
vorw. hypoplastisch . . .	94,7	(5,3)	—
mesoplastisch	27,7	48,1	24,1
vorw. hyperplastisch . . .	(14,3)	—	85,7
hyperplastisch	—	—	100

Auch die jüngsten Untersuchungen von LÜSCHER an Zwillingen beweisen, daß der Bindegewebsapparat des Trommelfells ganz ebenso wie es für den Habitus zutrifft, anlagebedingte Eigenschaften besitzt. Vergleicht man seine Beobachtungen, soweit sie die Transparenz, auch die Dicke der Membrana propria im Trommelfell betreffen, berücksichtigt man in gleicher Weise vor allem das Verhalten der Grenzstreifen und des Randstreifens, als besondere bindegewebige Einlagerungen, so zeigt sich bei den erbgleichen eineiigen Zwillingen eine auffallend große, bei den weniger erbgleichen zweieiigen Zwillingen eine viel geringere Übereinstimmung.

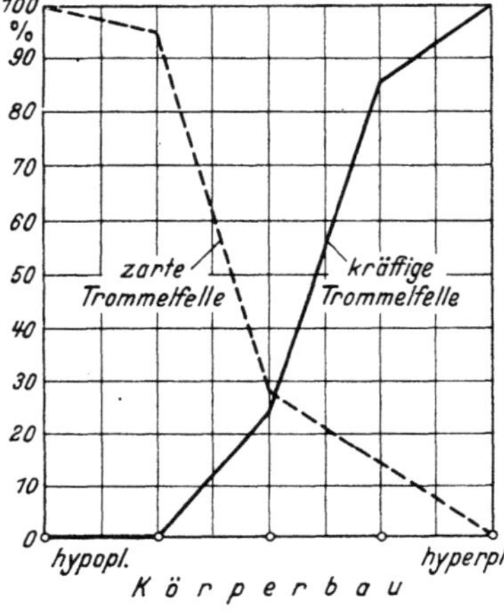

Abb. 9. Schichtdicke des Trommelfells und Körperbau.

Leider ist über den Habitus dieser Zwillinge nichts vermerkt. Ist aber das Verhalten des Bindegewebes am Trommelfell erbbedingt, dann darf mit Fug und Recht angenommen werden, daß das gleiche für die gesamten Stütz- und Bindesubstanzen des menschlichen Körpers gilt, und damit auch für den Habitus. Letzterer verhält sich bei eineiigen Zwillingen bekanntlich ausgesprochen konkordant.

2. Die Leistungsfaktoren der Variabilität.

Die Einzelfaktoren der Leistung, die sich in der Schleimhautvariabilität auswirken, sind im großen Ganzen von zweierlei Art. Sie ergeben sich nicht nur einerseits aus der Entwicklung und dem Wachstum, sondern zum anderen auch aus der Erhaltung und der Funktion der Schleimhaut. Dies gilt für die Epithelschicht im anderen Sinn, als für den bindegewebigen Grundstock.

a) Die Bedeutung des Epithels.

Die Leistungsfaktoren des Epithels leiten sich zunächst aus dessen formbildender Funktion her. Da die Natur jedoch nicht nach einem bestimmten Modell arbeitet, sind Form und Gestalt als Endprodukte der Entwicklung individuell in außerordentlichem Grad verschieden. Somit versteht es sich von selbst, daß auch die Entwicklungskräfte verschieden sein müssen, jedenfalls wenn zunächst Umwelteinwirkungen außer acht bleiben. Zweifellos stehen hier Anlagefaktoren im Vordergrund. Dabei vererbt sich nach M. HEIDENHAIN jedoch nicht die bestimmte Gestalt und Organisation eines Organes, sondern die Potenz der Entwicklungsfunktionen. Auf ihrer zwingenden Dynamik beruhen die Varianten. Unser Interesse richtet sich auf jene Variabilität in besonderem Maß, da sie in gleicher Weise an den pneumatischen Zellen des Warzenfortsatzes und den Nebenhöhlen der Nase besteht. In Analogie zu den genannten Erkenntnissen der synthetischen Morphologie ist anzunehmen, daß jene individuell verschiedene

Entfaltung also auf die wechselnde Entwicklungspotenz des Schleimhautepithels in erster Linie zurückzuführen ist.

Dies beweisen die weiteren Untersuchungen von M. Heidenhain, soweit sie die Aufspaltungstendenz der Blätter und Blüten betreffen. Letztere muß zunächst in der erblichen Veranlagung begründet sein, wenn sich Zwillings- und Mehrlingsbildungen von Blättern und Blütenständen und schließlich auch von Früchten immer nur bei ganz bestimmten Pflanzen finden. Auch unsere Beobachtungen am menschlichen Siebbein, über die im besonderen Teil dieser Mitteilung ausführlich berichtet wird, sprechen in gleichem Sinn.

Die Variabilität betrifft nun aber zweifellos nicht allein die äußere, sondern auch die innere Struktur und so wird auch durch die Entwicklungspotenz der Charakter der auskleidenden Schleimhaut bestimmt, denn was für das Epithel gilt, muß auch für dessen Abkömmlinge, also für die kleinen subepithelialen Drüsen zutreffen. Da letztere aus dem Oberflächenepithel hervorgehen, sind bei vollwertiger Entwicklungspotenz auch vollwertige Drüsen, bei geringer Entwicklungspotenz ein entsprechend gegenteiliges Verhalten zu erwarten. Schließlich aber handelt es sich nicht allein um den Grad der Entfaltung und damit um den rein morphologischen Ausdruck der Entwicklungspotenz, vielmehr auch um die Funktion. Wir müssen annehmen, daß eine gut entwickelte Drüse mit entsprechend vielen Acini mehr zu leisten imstande sein wird, als eine Drüse geringerer Entfaltung.

Die individuell verschiedene Leistungsfähigkeit der Schleimhaut des Menschen ist bekannt. So haben Dreschke, Koelsch, Menzel u. a. nachweisen können, daß bei den Belegschaften bestimmter Fabrikbetriebe, die mit einer starken Staubbildung einhergehen, an der Nasenschleimhaut nicht bei jedem Arbeiter die gleichen Berufsschäden nachzuweisen sind, daß diese dem Grade nach wechseln, auch wenn die Einwirkungsdauer dieselbe ist. Somit ist nicht nur der Zeitpunkt der ersten krankhaften Erscheinungen, sondern auch ihr schließliches Ausmaß beim einzelnen Arbeiter verschieden, während damit umgekehrt Anhaltspunkte für die Beurteilung der physiologischen Leistungsfähigkeit der Schleimhaut gewonnen werden können. Nach alledem besteht auch ein reziprokes Verhältnis zwischen dem Ausmaß der Peristase und dem Grad der Schleimhautreaktion. Mit anderen Worten, eine physiologisch hoch leistungsfähige Schleimhaut wird sich auch bei starker Beanspruchung gesund erhalten können, eine leistungsschwache dagegen schon bei geringer Beanspruchung mehr oder weniger früh erkranken.

Unter den Leistungsfaktoren, die den Charakter der Schleimhaut ausmachen, sieht Fleischmann die abhängige Differenzierung und den Oberflächenschutz als durchaus übergeordnet an, weil Infektionen, welche die Schleimhaut beeinflussen, die Epithelschicht, einen allerdings beachtenswerten Abwehrwall, zuerst einmal durchdringen müssen. Dem bindegewebigen Grundstock wird nur die Aufgabe der endgültigen Beseitigung trotzdem eingedrungener Erreger zugebilligt.

Die Bedeutung des Epithels für den Schleimhautcharakter in dieser Weise aus dem Oberflächenschutz herzuleiten, kann nicht richtig sein, aus folgenden Gründen. Fleischmann sieht die Ursache der Ozaena, die sich bei der Anidrosis hypotrichotica findet und aus der die genannten Rückschlüsse gezogen werden, ausschließlich in der minderwertigen Epithelschicht. Zum Epithel gehören entwicklungs-physiologisch jedoch auch die Drüsen der Schleimhäute. Wie demnach nicht anders zu erwarten ist und was Fleischmann auch selbst nachgewiesen hat, zeigt sich bei der Anidrosis hypotrichotica jedoch vor allem ein ausgesprochener Drüsenmangel. Die mit dieser Erkrankung einhergehende

Ozaena erklärt sich demnach mit größerer Wahrscheinlichkeit aus entwicklungsgeschichtlichen Zusammenhängen. Ohne weiteres muß geschlossen werden, daß die mangelhafte Verfassung des Drüsenparenchyms für den Feuchtigkeitshaushalt der Schleimhaut von größtem Nachteil ist.

Der Variabilität der Schleimhaut liegen also verschiedene Leistungsfaktoren zugrunde. Sie kann nicht aus dem Oberflächenschutz allein erklärt werden. In erster Linie ist es die individuell verschiedene Entwicklungspotenz, die sich nicht nur in der endgültigen äußeren und inneren Gestalt der Organe, sondern auch an der Schleimhaut und ihren Anhangsgebilden, d. h. in der Entfaltung der Drüsen auswirkt. Letztere aber ist für die Funktion von größtem Einfluß,

b) Die Bedeutung des bindegewebigen Grundstockes und das gesamte Mesenchym.

α) Aktives Mesenchym oder Retikuloendothel.

Der individuelle Charakter der Schleimhaut wird nicht nur vom Epithel, vielmehr auch und besonders vom Verhalten des bindegewebigen Grundstockes bestimmt. Das geht aus folgendem hervor.

Den Binde- und Stützsubstanzen des menschlichen Körpers und damit dem aktiven Mesenchym (sog. von JAFFE und GERLACH) bzw. Retikuloendothel (ASCHOFF und LANDAU) kommt eine ganz ausschlaggebende Bedeutung für die natürliche Widerstandskraft gegen exogene und endogene Schäden, wie vor allem bei der Abwehr von Infektionen zu (ASCHOFF, BREINDL, RÖSSLE, SIEGMUND, STANDENATH u. a.). So konnte auch SCHULJAK bei artifiziellen Entzündungen eine stark ausgeprägte Mobilisation der Elemente des retikuloendothelialen Systems nachweisen. Diese Binde- und Stützsubstanzen bilden nicht nur den Grundstock der Schleimhaut, sondern bestimmen auch, nach dem was vorausgeschickt worden ist, die Art des Körperbaues. Da aber ferner alle Abkömmlinge des Mesenchyms von gleichartiger Beschaffenheit sind (K. H. BAUER, HUETER), besitzen Bindegewebe und Stützsubstanzen dieselben individuellen Eigenschaften im gesamten Organismus. Diese aber wirken sich nicht nur in gesunden, sondern auch in kranken Zeiten aus. Darin liegt die Begründung für die Gegenüberstellung von Schleimhautverhalten und Art des Körperbaues in anthropometrischen Reihenuntersuchungen.

Ein Vergleich dieser Art liegt nahe, wenn man sich der ganz geläufigen Erfahrung erinnert, nach der asthenische Menschen mit sog. STILLERschem Habitus häufiger an Tuberkulose erkranken und darüber hinaus auch ungünstigere Verlaufsformen erleben als sthenische Menschen. FRÄNKEL hat weiterhin beobachtet, daß die aktiv-immunisatorischen Zellfunktionen bei der asthenischen Bindegewebskonstitution leicht versagen. Ferner konnte VOGEL zeigen, wie die allgemeine Bindegewebsdyskrasie bzw. mangelhafte Wiederherstellungsenergie bei der Wundheilung aus einer Koinzidenz zu einer ganzen Reihe von Erscheinungen nachweisbar ist, die auf eine Bindegewebsschwäche hindeuten. All dies beweist die große Aufgabe, die dem aktiven Mesenchym bei der Reizbeantwortung, bei der Abwehr und schließlich auch bei der Heilung zukommt.

Allerdings soll nicht vergessen werden, daß die Reaktion im Einzelfall nicht ausschließlich vom individuellen Charakter des Bindegewebes und seinen Fähigkeiten abhängt, daß auch weitere Umstände eine Rolle spielen, so das Alter, der gesamte Gesundheitszustand, die Art und Menge körperlicher Antigene und andere. Zu berücksichtigen ist ferner die örtlich verschiedene Abwehrfähigkeit, d. h. Reaktionsbreite, denn es ist wahrscheinlich der Reichtum an mesodermalen Zellen, wie vor allem die bessere Blutversorgung, wodurch solche Verhältnisse bedingt werden. Vor allem gilt dies für die Schleimhäute der Luftwege. Auf die Bedeutung der Hormone und Vitamine sei nur hingewiesen.

An anderer Stelle ist bereits der Nachweis geführt worden, daß das morphologische Verhalten des Bindegewebes anlagebedingt verschieden ist und ferner, daß dies auf seiner individuell wechselnden Entwicklungs- und Wachstumspotenz beruht. Gehen wir einen Schritt weiter, dann muß auch die Reaktionsfähigkeit des aktiven Mesenchyms bzw. Retikuloendothels, d. h. seine histiogenetische Energie nach der Ausdrucksweise von Rössle eine durchaus entsprechende sein. Es sind jedenfalls die gleichen Elemente, die das Bindegewebe aufbauen und die die Entzündung bestreiten. Schließlich aber besteht die Beantwortung des Reizes in einer Vermehrung der Mesenchymderivate und diese muß in ihrem Ausmaß von der Entwicklungspotenz abhängen.

Wie erörtert, kommt der wechselnde Charakter des Bindegewebes bzw. der Stützsubstanzen im Habitus zum Ausdruck. Somit wird der Hyperplastiker äußere Einflüsse mit Wahrscheinlichkeit anders beantworten, als der Hypoplastiker bzw. Astheniker. Nach allem ist schließlich anzunehmen, daß im allgemeinen letzterer, der geringen biologischen Leistungsfähigkeit seines Mesenchyms wegen, durch peristatische Einflüsse aller Art, eher eine ungünstige Beeinflussung, also eine Verminderung der Lebensäußerungen, ja ein Absterben und einen Verlust an Bindegewebszellen erfährt. Er reagiert mit einer alterativen Entzündung, die eine Verminderung der Substanz bedingt, d. h. zu einer Atrophie des Bindegewebes und damit der Schleimhaut führt. Beim Hyperplastiker aber läßt sich, mit eben derselben Begründung das Gegenteil annehmen. Sein Bindegewebe besitzt eine relativ hohe histiogenetische Energie, antwortet auf einen Reiz positiv, im Sinne der Anregung und Wachstumssteigerung, mit Vermehrung der Bindegewebsbestandteile, also mit einer Gewebsneubildung (Marchand), einer produktiven Entzündung. Eine Reihenuntersuchung müßte demnach im Falle entzündlicher Einflüsse bei hyperplastischen Menschen eher eine Neigung zur Hypertrophie ergeben. Werden umgekehrt entzündlich erkrankte Schleimhäute zum Ausgangsobjekt, so müssen sich unter Fällen mit chronisch-hyperplastischen Schleimhautkatarrhen eher Hyperplastiker, unter solchen mit chronisch-atrophischen Katarrhen eher Astheniker finden. Die folgenden Ergebnisse zweier Reihenuntersuchungen zeigen dies tatsächlich.

In 61 Fällen genuiner Ozaena wurde der Habitus bestimmt (Zinser). Sind zwar die Meinungen über die Genese dieser Erkrankung unter den Autoren sehr geteilt und wissen wir aus der Stammbaumforschung (W. Albrecht) nicht viel mehr als daß sie sich vererbt, so steht doch die entzündliche Atrophie der Schleimhaut der Nase und in ausgesprochenen Fällen auch der tieferen Luftwege im Vordergrund. Dieser Schwund betrifft ohne Zweifel zum überwiegenden Teil den Grundstock der Schleimhaut, d. h. den Bindegewebs-Gefäßapparat, schließlich auch den darunter gelegenen Knochen, wenn auch dem Drüsenapparat eine nicht unbedeutende Rolle zukommt.

In dieser Reihenuntersuchung von Ozaenakranken findet sich, ganz unseren Erwartungen entsprechend, ein der Zahl nach erhebliches Überwiegen der Hypoplastiker (s. Tabelle). Dieser Umstand tritt besonders in Erscheinung, wenn die Werte in Vergleich gestellt werden mit der genannten Untersuchungsreihe an gesunden Studenten. Die graphische Darstellung (Abb. 10) zeigt schließlich die Ergebnisse in voller Eindeutigkeit, wenn die Werte der normalen Vergleichsreihe, für jeden der verschiedenen Körperbautypen getrennt, gleich Hundert gesetzt werden.

In einer weiteren Reihe sind 49 Fälle von Polyposis nasi berücksichtigt (A. Mayer). Zwar ist die Genese auch dieser Krankheit umstritten. Erfolgt jedoch eine Gegenüberstellung mit der genuinen Ozaena, so geschieht dies aus folgenden Gründen. Das Leiden betrifft nicht nur beide Hälften der Nase, sondern auch ihre Nebenhöhlen und ist so gut wie unbeeinflußbar. Ursächlich muß also zweifellos ein Anlagefaktor der Schleimhaut, wie entsprechende Stammbäume beweisen, von Bedeutung sein. Zum anderen handelt es sich um einen chronisch-entzündlichen Prozeß, wie der Verlauf der Erkrankung und das pathologisch-histologische Bild solcher Fälle ergeben. Es handelt sich um eine produktive Entzündung und damit muß unter den Erkrankten, wenn jene Voraussetzungen gelten, der hyerplastische Habitus entsprechend überwiegen. Tatsächlich sind die Pykniker und Muskulären, und zwar solche mit ausgesprochen pastöser Haut in dieser Reihe ganz erheblich in der Überzahl (s. Tabelle und Abb. 10).

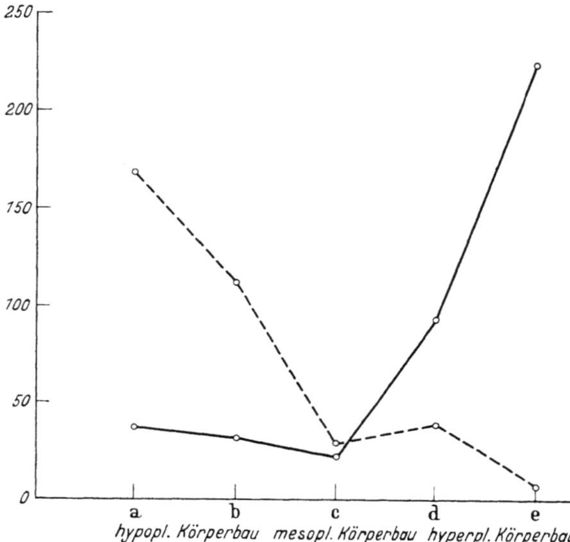

Abb. 10. Graphische Darstellung der Beziehungen zwischen dem Habitus einerseits und der Ozaena bzw. Polyposis nasi andererseits. Es sind von links nach rechts 5 Formen berücksichtigt: a) der hypoplastische, b) der vorwiegend hypoplastische, c) der mesoplastische, d) der vorwiegend hyperplastische und e) der hyperplastische Habitus (vgl. im übrigen den Text).
Polyposis nasi: ———; Ozaena: — — —.

Diese im wesentlichen jedenfalls gegensätzliche Verteilung der Habitusformen bestätigt unsere Annahme, wonach der Hypoplastiker der geringen histiogenetischen und reaktiven Eigenschaften seines Bindegewebes wegen — falls er erkrankt — eher zu einer alterativen Entzündung und zum Schwund der Schleimhaut neigt. Für den Hyperplastiker bzw. Pykniker und Muskulären, besonders wenn er eine pastöse Haut besitzt, gilt das Gegenteil. Er neigt zur chronisch-hyperplastischen Reaktion. Selbstredend, und darauf braucht kaum noch einmal hingewiesen zu werden, kann dies nicht heißen, daß jeder Astheniker mit der Zeit an einer Ozaena, ebensowenig wie jeder Hyperplastiker an einer Polyposis nasi erkranken muß. Dies widerspricht von vornherein jeder Erfahrung. Es muß vielmehr ein chronischer Entzündungsprozeß bestehen, dessen Ursache zunächst in einer entsprechenden Schleimhautminderwertigkeit zu suchen ist.

Reihen	Beurteilung des Habitus nach	Körperbau in %				
		hypoplast.	vorw. hypoplast.	meso-plastisch	vorw. hyperplast.	hyper-plastisch
Normale Vergleichsreihe	Kretschmer	5,0	28,0	49,0	12,0	10,0
	Pignet	3,3	20,8	48,0	21,8	5,6
Ozaenareihe	Kretschmer	16,4	34,4	24,6	9,8	11,5
	Pignet	11,6	29,8	29,8	16,6	12,2
Polyposis nasi	Kretschmer	2,0	6,1	20,4	32,5	38,8
	Pignet	4,1	12,2	22,5	30,6	30,6

Angesichts dieser Ergebnisse, die ferner in diesen Tagen durch eine weitere Untersuchungsreihe (H. Ott) erneut eine Bestätigung gefunden haben, erklärt Fleischmann, daß hier nur eine Erfahrung der Massenzählung zum Ausdruck komme. Dabei beruft er sich auf Scheidt und bezeichnet unsere Resultate kurzerhand als Zufall. Wäre nur eine einzige Reihenuntersuchung zur Beweisführung herangezogen worden, so könnte ein solcher Vorwurf allenfalls gelten. Es handelt sich jedoch um mehrere, insgesamt sieben Reihen, die in engster Anlehnung an durchaus anerkannte anthropometrische Methoden durchgeführt worden sind. Von vornherein wurden für diese Vergleiche ferner zwei verschiedene, man kann sagen ihrer Art nach diametral entgegengesetzte Leiden ausgewählt, mit dem Erfolg, entsprechend entgegengesetzter Ergebnisse. Demnach wäre es nicht ein Zufall, es müßte sich um eine ganze Reihe solcher handeln. Als ebensowenig stichhaltig kann der Einwand von FLEISCHMANN gelten, unsere Schlußfolgerung wäre nur dann verständlich, wenn jeder Astheniker eine atrophische, jeder Pykniker eine polypöse Schleimhaut besitzen würde. Im gleichen Atemzug aber werden die Ergebnisse der Gegenüberstellung von Körperbau und Charakter durch KRETSCHMER als richtig anerkannt, ja unseren Resultaten als Gegenbeweis entgegengestellt. Dies aber heißt doch mindestens mit zweierlei Maß messen. Mit derselben Begründung, nämlich der, daß nicht jeder Astheniker an einer Schizophrenie, nicht jeder Pykniker an einem manisch-depressiven Irresein erkrankt, müßte nach solchen Argumenten von FLEISCHMANN aus KRETSCHMER abgelehnt werden. Schließlich ist aber die Gegenüberstellung von Körperbau und Schleimhautcharakter unter genügend begründeten Voraussetzungen erfolgt und zwar in einer großen Zahl exakt durchgeführter Messungen bzw. Beobachtungen. FLEISCHMANN kann sich demgegenüber nur auf ganz wenige Fälle von Anidrosis hypotrichotica berufen, von denen er nur einen einzigen selbst untersucht hat.

Aus diesen Reihenuntersuchungen sei noch über folgendes Ergebnis berichtet, da es mit den genannten Beobachtungen übereinstimmt. Dabei handelt es sich noch einmal um die Schichtdicke des Trommelfells, die auch bei diesen Ozaena- und Polyposiskranken geprüft wurde. Zwar muß zugegeben werden, daß es sich nur um Beobachtungen handelt, die die Endoskopie zuläßt. Ein Anspruch auf eine absolute Exaktheit, wie sie direkte Messungen beanspruchen können, ist also nicht gegeben. Immerhin kann soviel behauptet werden, daß ein geschultes Auge zwischen einem normalen, einem leicht und einem stark verdickten Trommelfell zu unterscheiden weiß. Selbstverständlich sind dabei alle Umstände berücksichtigt worden, die die Beurteilung täuschen konnten.

Das Ergebnis zeigt folgende Tabelle:

Trommelfell	Ozaena in %	Polyposis nasi in %
Normal	40,6	4,3
Leicht	53,2	15,2
Stark verdickt .	6,2	81,5

Während die Gegenüberstellung normaler Trommelfelle mit dem Körperbau zeigt, wie sich die zarten bei den Hypoplastikern, die dicken bei den Hyperplastikern finden, ergibt dieser Vergleich der Ozaena mit der Polyposis, daß die Membranen der ersteren normal bis mitteldick, die der letzteren dagegen ganz überwiegend dick sind. Fragen wir uns nach der Bedeutung dieser Verhältnisse, so läßt sich nur eine Erklärung aus der geringen bzw. ausgesprochenen Einlagerung von Bindegewebe herleiten. Zwar spielt mit einiger Wahrscheinlichkeit auch das Verhalten der Mittelohrschleimhaut eine Rolle, da sie bei Ozaenakranken wohl dünner, bei Polyposiskranken eher dicker ist. Zum wesentlichen Teil dürfte sich aber die verschiedene Schichtdicke aus der Membrana propria selbst erklären. Wie die hohe Zahl der von der Norm abweichenden Trommelfelle sowohl bei der Ozaena (59,4%) wie bei der Polyposis nasi (95,7%) beweist, sind beide Erkrankungen von erheblichem Einfluß auch auf die Mittelohrschleimhaut. Zweifellos handelt es sich um wiederholte katarrhalische Schübe, die auf dem Weg über die Tube zustandekommen, um so mehr als in beiden Fällen eine Schleimhautminderwertigkeit aus der Erbanlage vorliegt. Diese Katarrhe bewirken bei der Neigung zu alterativen bzw. produktiven Prozessen bei der Ozaena nur eine geringe, dagegen bei der Polyposis eine erhebliche Verdickung der Trommelfellmembran, wobei noch zu berücksichtigen bleibt, daß Organisationsvorgänge in den Mittelohrräumen besonders günstige Verhältnisse finden. So läßt sich aus dieser weiteren Gegenüberstellung nicht nur die Anfälligkeit auch der Mittelohrschleimhaut bei den beiden Erkrankungen, sondern auch die Abhängigkeit der bindegewebigen Reaktion, der alterativen bzw. der produktiven, vom Körperbau beweisen.

Einer näheren Erklärung bedarf schließlich die Beobachtung, nach der unter den Ozaenakranken nicht nur Astheniker und unter den Polyposiskranken nicht nur Pykniker, sondern auch andere, ja entgegengesetzte Habitusformen, wenn auch in entschieden geringerer Zahl, vorkommen. Bekanntlich hat KRETSCHMER bei seinen sehr umfassenden Untersuchungen ganz analoge Beobachtungen gemacht, wonach trotz der erhöhten Affinität zwischen dem asthenischen Körperbau einerseits und dem schizophrenen Formenkreis andererseits in einzelnen Fällen ganz typische Pykniker unter den Schizophrenen zu beobachten sind. Dasselbe gilt für den pyknischen Körperbau und den zirkulären Formenkreis, auch hier findet sich einmal ein typischer Astheniker. Ohne Zweifel ist KRETSCHMER beizustimmen, wenn er diese Verhältnisse auf biologische Zusammenhänge zurückführt, die vor allem Vererbungsprobleme betreffen.

Die atypische Beziehung zwischen Körperbau und Charakter ergibt sich aus der Vererbung insofern, als dadurch die Anlagen eine ständige Mischung erfahren. KRETSCHMER spricht von einer „konstitutionellen Legierung“, wonach ein über mehrere Generationen vererbter, zunächst ausgesprochen pyknischer Körperbau durch Einheirat asthenische und athletische Elemente bekommen kann, so daß also kein ganz reiner Typus, vielmehr eine individuelle Spielart, vermischt mit heterogenen Erbeinschlägen, mit allen Konsequenzen zustandekommen muß. Daher sind auch die ausgeprägten Typen keine reinen Formen im strengen Sinn. Man müßte also, um einigermaßen sicher zu gehen, die ganze Familie jeweils berücksichtigen.

Eine weitere Erklärung für die atypischen Kombinationen sieht KRETSCHMER in der „Überkreuzung“ als Folge der genannten Vermischung von Erbanlagen. Zur Erläuterung dessen, was gemeint ist, stellt er folgendes Schema auf, wobei die Klammer den latenten, das übrige den manifesten Teil der Gesamtkonstitution umschließt:

asthenisch (= schizophren) + (pyknisch =) zirkulär. In unserem Falle würde das bedeuten:

asthenisch (= alterative Reaktion) + (pyknisch =) produktive Reaktion.

KRETSCHMER betont aber in diesem Zusammenhang mit Recht, daß die Neigung zu Varianten eine der wichtigsten biologischen Regeln ist, während starre, variationsunfähige Gesetzmäßigkeiten die Ausnahme bilden.

HOFFMANN hat ferner nachgewiesen, daß nicht alle Stigmen eines Körperbautypes in allen Lebensphasen erkennbar sind, er nennt dies „Erscheinungswechsel“. So ist z. B. die pyknische Stammfettsucht öfter nur in einer bestimmten Lebensphase vorhanden, während in der Pubertät vorübergehend Einschläge anderer Körperbautypen deutlicher in den Vordergrund treten können. Unter Erscheinungswechsel ist also ein „nicht gleichzeitiges, sondern sukzessive sich ablösendes, phänotypisches Hervortreten von Merkmalen gemischter Erbanlagen im Verlauf des Lebens gemeint“. Schließlich kann der Körperbau durch verschiedene exogene Faktoren, durch chronische Krankheiten, durch die Ernährung und durch die Art der Arbeit allerlei Veränderungen erfahren, die die Einordnung im Einzelfall erschweren.

In Analogie zu dieser Auffassung KRETSCHMERs muß geschlossen werden, daß das aus der Anlage des Mesenchyms bedingte, im allgemeinen gleichgerichtete Verhalten zwischen Körperbau und Schleimhautbindegewebe unter bestimmten Voraussetzungen nicht zutrifft.

β) Mesenchym und Immunität.

Da die Abwehrvorgänge äußerer, vor allem bakterieller Einflüsse auf die Schleimhaut sich jedenfalls im Beginn und weiterhin zum Teil im bindegewebigen Grundstock abspielen, muß hier auch mit einigen Worten auf die Immunität eingegangen werden. METSCHNIKOFF sieht bekanntlich das Wesen letzterer in der Aufnahme und Verdauung der Krankheitserreger durch polymorphkernige Leukocyten (Mikrophagen) und besonders durch große, einkernige, zirkulierende oder fixe Zellen (Makrophagen). Seinen Beobachtungen nach können die mesenchymalen Derivate, ausgezeichnet durch eine ausgeprägte Fähigkeit zur Phagocytose, zu einem Makrophagensystem zusammengefaßt werden. Diesem entspricht, einige Erweiterungen ausgenommen, das retikuloendotheliale System von ASCHOFF. Übrigens können deren Zellen ineinander übergehen, so Lymphocyten, wie Fibroblasten in Makrophagen usw.

Nach der heute aus Beweisen der Gewebszüchtung (A. FISCHER) allgemein gültigen Auffassung ist das Makrophagensystem bzw. Retikuloendothel der Sitz der Antikörperbildung, also der Stoffe, die sich eben gegen jene Krankheitserreger richten, die ihre Entstehung veranlaßt haben. Da die Elemente des Makrophagensystems in der Kultur jene Antikörper bilden, sind also die Immunitätsvorgänge auf Zellfunktionen zurückzuführen. Neuerdings hat KALLOS darüber zusammenfassend berichtet.

Die Schutzstoffe, die sich bilden, sind also Zellprodukte; sie entstehen nicht in den Körperflüssigkeiten. Der Streit um die humorale oder celluläre Bedingtheit der Immunität ist daher von untergeordneter Bedeutung. Auch KALLOS weist darauf hin, daß eine humorale Immunität eigentlich niemals festgestellt worden ist.

Von vornherein muß es als wahrscheinlich erscheinen, daß die Fähigkeit des Organismus gegebenenfalls Schutzstoffe zu bilden, als erblich anzusehen ist. Beweisen dies die Beobachtungen von BROCKMANN, HIRSFELD, DE RUDDER, OTTO, v. VERSCHUER u. a., so läßt sich dieser Umstand auch aus der Eigenart des Retikuloendothels ohne weiteres herleiten. Letzteres ist von der Anlage nicht nur im Aufbau, sondern auch in seiner physiologischen Leistungsfähigkeit abhängig und damit eben auch in der Schutzstoffbildung. Daher der individuelle Wechsel der Immunität.

Stehen damit erbbiologische Faktoren im Vordergrund der Immunität, so sind doch all die anderen Umstände zu berücksichtigen, durch die sie beeinflußt werden kann. Darauf wurde bereits hingewiesen, ergänzend aber erwähnt: schlechter körperlicher Allgemeinzustand, wie auch höheres Alter, Erkältungen, Übermüdung, Entbehrungen, Überanstrengung, ungeeignete vitaminarme Kost, innersekretorische Störungen u. a. Wird daher ein Infekt begünstigt, so ist zu bedenken, daß durch solche Umstände vor allem auch das Retikuloendothel und damit gleichzeitig die Bildung von Schutzstoffen beeinträchtigt wird.

γ) Mesenchym und Gefäßsystem.

Die Herkunft und Zugehörigkeit des Gefäßapparates zum Mesenchym gibt Veranlassung auf sein individuelles Verhalten kurz einzugehen, und zwar unter Voranstellung der morphologischen Eigenart. Eingehende Kenntnisse liegen über eine Gefäßanomalie an der Nasenscheidewand vor, über die Venektasien am Locus Kießelbach. Das Nasenbluten, das dadurch bedingt ist, ist ein Symptom, das schon aus der Familienanamnese mit einiger Sicherheit erfaßt werden kann. G. REICHMANN hat, von 23 Merkmalsträgern ausgehend, nachweisen können, daß sich die Teleangiektasien im Nasenvorhof dominant vererben.

Es gilt also eigentlich dasselbe wie für die OSLERsche Krankheit, die Teleangiectasia haemorrhagica hereditaria, wie sie auch v. GILSE an 5 holländischen Familien beobachten konnte. Inzwischen sind im Schrifttum über 500 Kranke bekannt geworden, die zu 85 Familien gehören. Unter Berücksichtigung sehr umfassender Beobachtungen erklärt CURTIUS die Varicenbildung als Folge einer erblichen, allgemeinen Venenwanddysplasie, die er als scharf umschriebene, einheitliche Konstitutionsanomalie, als „Status varicosus“ bezeichnet. Die Phlebektasien verhalten sich, wie er mitteilt, durchaus analog, insofern als sie gleichzeitig auch an anderen Organen auftreten, also eine allgemeine Neigung zur Varicenbildung besteht. Schließlich wird daher der Status varicosus in Übereinstimmung mit K. H. BAUER und HANHART als Ausdruck einer allgemeinen Insuffizienz des Mesenchyms aufgefaßt, die sich daher vererbt.

Bei der großen Bedeutung, die dem Gefäßsystem für die Entzündung zukommt, ist noch folgendes zu berücksichtigen. KRETSCHMER hat festgestellt, daß die Gesichtsfarbe der Circulären vorwiegend gerötet ist, sie zeigen auch eine stark vasomotorische Ansprechbarkeit. Die Gesichtsfarbe der Schizophrenen ist vorwiegend blaß. Bei letzteren findet sich oft eine auffallende Zartheit sowie eine geringe Pulswellenhöhe der Radialgefäße. Bei unseren Reihenuntersuchungen ließ sich dasselbe feststellen.

Das Gefäßsystem ist bisher fast ausschließlich nach dem Erscheinungsbild beurteilt worden. In Reihenuntersuchungen versucht neuerdings GRUNER auch die funktionelle Seite zu erfassen und dies unter der Voraussetzung, daß das Bindegewebe und das Gefäßsystem gleiche Eigenschaften besitzen, daher in ihren Funktionen bei der Abwehr endogener und exogener Schäden wohl kaum getrennt werden können. Aus dem Verhalten des Bindegewebes der Schleimhaut wurde, unter Auswertung der Art des Körperbaues, auf die Reaktionsfähigkeit des Gefäßsystems geschlossen. GRUNER bestimmt die Gefäßreaktion experimentell und stellt sie dem pathologisch-histologischen Bild der chronisch-entzündlichen Schleimhaut gegenüber.

3. Form und Funktion.

Sind jene Einzelfaktoren, die in ihrer Gesamtheit die Eigenart einer Schleimhaut bedingen, ohne eingehende Analyse nicht zu erfassen und muß mit Rücksicht darauf zwischen Aufbau und Leistung unterschieden werden, so ergibt sich doch eindeutig, daß ihre Methoden den Verhältnissen nicht gerecht werden können und die Synthese folgen muß. Dies besagt vor allem auch das Abhängigkeitsverhältnis zwischen Formbildung und Funktion. Auch nach der Auffassung von W. ALBRECHT stehen Funktion und Morphologie gleichwertig nebeneinander, denn die persönliche Eigenart der Schleimhaut äußert sich sowohl im morphologischen Aufbau wie in der Funktion der Gewebe. Auch CONRAD erklärt Form und Funktion der Organe als eine untrennbare Einheit. Nach KRETSCHMER schließlich ist die menschliche Körperform nichts Starres, vielmehr eine langsam verlaufende Bewegung, d. h. also in Wirklichkeit eine Funktion des lebendigen Organismus. Sie ist „festgewordene Funktion“ — wie er hervorhebt —, ein greifbarer und zum Teil meßbarer Niederschlag einer großen Menge trophischer Impulse oder lebendig gesteuerter Wachstumsvorgänge.

Diese engen Beziehungen zwischen Form und Funktion, aus denen sich auch das Abhängigkeitsverhältnis der Organgestalt von der Entwicklungspotenz erklärt, lassen es von vornherein als wahrscheinlich erscheinen, daß auch Bindungen anderer Art unter den Einzelfaktoren des Schleimhautcharakters bestehen. Darauf muß näher eingegangen werden.

B. Die Synthese der Einzelfaktoren.

Als bekannt darf vorausgesetzt werden, daß die Neigung zu Katarrhen und Entzündungen der Schleimhäute der Mittelohrräume und der oberen Luftwege individuell sehr verschieden groß ist, daß ferner dadurch, wie durch ungünstige Einflüsse verschiedener Art, Veränderungen von wechselndem Ausmaß entstehen. Während es Menschen gibt, die nie oder nur unter besonders schwerwiegenden Umständen erkranken, kennen wir dagegen andere, die häufig und schon auf ganz unbedeutende Erkältungen mit Schnupfen, Halsschmerzen, Ohrreißen, Ohrlaufen usw. antworten.

Zu dieser verschiedenen Neigung zu erkranken, kommt noch ein recht wesentlicher Umstand hinzu. Patienten, die häufig von solchen Katarrhen heimgesucht werden, zeigen meist, daß der einzelne Erkrankungsschub recht lange anhält, ja gelegentlich in einen über Monate dauernden Katarrh übergeht. Oft setzen die ersten Schübe schon in früher Jugend ein. Im Gegensatz dazu stehen jene Menschen, die so gut wie nie erkranken, und wenn dies der Fall ist, eine rasch vorübergehende Attacke erleben, die einer völligen und dauernden Heilung weicht.

Über dieses wechselvolle Verhalten der Schleimhäute und seine Ursache ist viel nachgeforscht worden. Wird berücksichtigt, daß den Einflüssen der Umwelt, von besonderen Umständen abgesehen, alle Menschen ausgesetzt sind, so muß die Frage, ob in dieser verschiedenen Erkrankungsneigung und in der Art des Erkrankungsablaufes eher die Peristase oder eher die anlagebedingten Eigenschaften der Schleimhaut zum Ausdruck kommen, von vornherein zugunsten der letzteren entschieden werden. Anfälligkeit und geringe Reaktionskraft sind zweifellos nicht primär umweltbedingt. Stehen sie in einem Abhängigkeitsverhältnis, dann muß eine ganze Reihe von Faktoren ursächlich im Spiel und also die Eigenart der Schleimhaut ein komplexer Begriff sein. Dies ergibt sich allein schon aus den Beziehungen zwischen Form und Funktion. Hat die analytische Forschung aber bisher nur die Einzelfaktoren erkennen lassen, so wird erst eine synthetische Betrachtung der Verhältnisse die inneren Bindungen der Anlagefaktoren und ihre Auswirkung auf den Schleimhautcharakter erweisen können.

Zum besseren Verständnis dessen, was hier gemeint ist, soll eine dem Ohrenarzt durchaus alltägliche Erscheinung vorausgeschickt werden. In Fällen von chronischer Mittelohreiterung findet sich auf dem Röntgenbild des Schläfenbeines, entgegen der normalerweise guten Entfaltung der pneumatischen Zellen, regelmäßig ein kompakter oder jedenfalls gering pneumatisierter Warzenfortsatz. Wittmaack hat diesen Umstand aus der Einwirkung der Peristase in früher Jugend erklärt. Albrecht konnte jedoch aus erbbiologischen Untersuchungen nachweisen, daß die Neigung zu chronischen Katarrhen der Mittelohrschleimhaut in bestimmten Familien dominant auftritt. Damit können Umwelteinflüsse als Erklärung für diese Beziehungen mindestens nicht ausschließlich beschuldigt werden. Es müssen vielmehr die Entwicklungs- bzw. Pneumatisationspotenz der Schleimhaut einerseits und ihre Widerstands- bzw. Erhaltungskraft andererseits in Beziehung zueinander stehen. Diese Auffassung aber wird aus der Beobachtung, nach der sich bei normaler Schleimhaut im Mittelohr auch meist eine gute Pneumatisation im Warzenfortsatz nachweisen läßt, noch wahrscheinlicher. Letzteres bestätigen auch Diamant und B. Lilja.

Die genannten Beziehungen sind aus den Anlagefaktoren der Schleimhaut ohne weiteres zu erklären, und zwar wie folgt (vergl. Schema auf S. 26). Eine vollwertige Schleimhaut besitzt eine gute Entwicklungspotenz. Diese schafft nicht nur geräumige pneumatische Höhlen im Warzenfortsatz und im Gesichtsschädel, sondern bewirkt auch eine gute Entfaltung und Funktion der subepithelialen Drüsen. Die Leistungsfähigkeit der Schleimhaut, die auf letzterer, jedenfalls im Bereich des Respirationstraktes zum nicht geringen Teil beruht, ist aber für den Oberflächenschutz von großer Bedeutung. Mit Wahrscheinlichkeit muß angenommen werden, daß aber nicht nur die Drüsen, sondern auch die Flimmerfunktion des Epithels, wie bei einer vollwertigen Schleimhaut nicht anders zu erwarten, eine gute ist. Die Entwicklungspotenz des Epithels, wie der Oberflächenschutz und damit die Widerstandsfähigkeit und Erhaltungskraft der Schleimhaut stehen also in einem direkten Abhängigkeitsverhältnis zueinander.

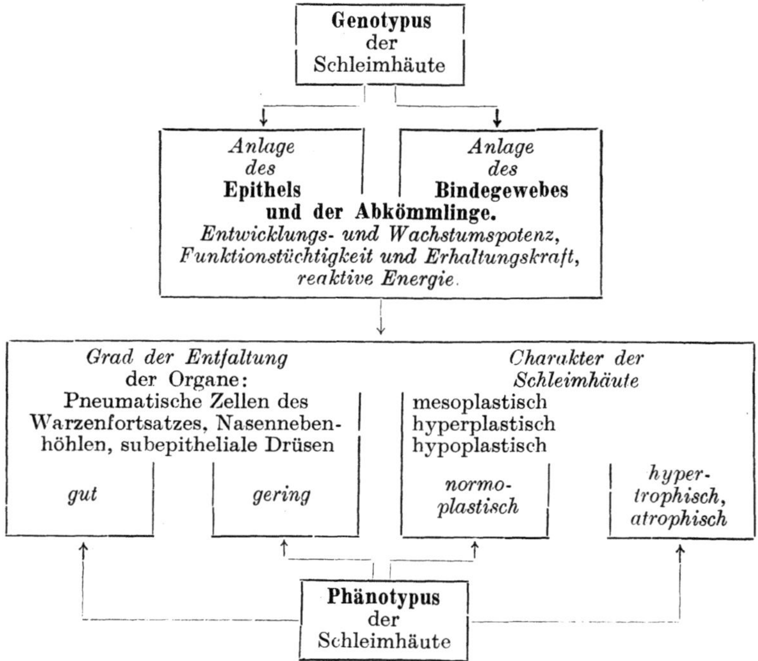

Eine vollwertige Schleimhaut besitzt ferner ein funktionstüchtiges Mesenchym. Wie vorausgeschickt wurde, sind damit Ernährung, Erwärmung und Befeuchtung als wesentliche Voraussetzungen für die Erhaltung der Schleimhaut gesichert. Ein anderes kommt hinzu. Wissen wir über die Schutzwirkung des Epithels nichts bestimmtes, so ist sie immerhin mit einiger Wahrscheinlichkeit auch bei vollwertiger Schleimhaut keine absolute. Pathogene Erreger werden immer wieder durch das Epithel in den bindegewebigen Grundstock eindringen. In diesem Augenblick tritt die Phagocytose und Antikörperbildung, wie erwähnt eine Aufgabe des Retikuloendothels, in Tätigkeit. Die hohe Aktivität, zu der ein vollwertiges Mesenchym und damit auch die Tunica propria der Schleimhaut fähig ist, wird also den Epithelschutz ergänzen und bewirkt zusammen mit anderen Faktoren, die hier nicht genannt werden können, die hohe Widerstandsfähigkeit. Kommt es einmal zur Invasion von Krankheitserregern, so wird, wie es der klinische Verlauf bei vollwertiger Schleimhaut beweist, infolge dieser hohen Reaktionsfähigkeit des aktiven Mesenchyms, ein rascher Ausgleich, wenn auch unter Umständen nach anfänglich stürmischen Erscheinungen, die Regel sein.

Aus der Aktivität des bindegewebigen Grundstockes, die sich ursprünglich aus der Entwicklungspotenz herleitet, erklärt sich die gleichartige Abwehrfähigkeit, wie schließlich die davon abhängige Heilungsneigung.

Das obengenannte Beispiel besagt, daß in jenem anderen, entgegengesetzten Fall nicht nur das Epithel, sondern auch der bindegewebige Grundstock der Schleimhaut leistungsschwach sein muß. Demnach ist die Entwicklungspotenz des Epithels gering, daher bleiben also die pneumatischen Höhlen klein. Aber auch die übrigen Funktionen sind unterwertig, also die natürliche Widerstandsfähigkeit und Erhaltungskraft. Dazu kommt die geringe Aktivität des Retikuloendothels und als Folge davon die Anfälligkeit und Erkrankungsneigung der Schleimhaut. Der geringen Reaktionsfähigkeit des aktiven Mesenchyms entspricht aber weiterhin auch eine schlechte Heilungstendenz. Unter diesen Voraussetzungen ist eine chronische Entzündung unausbleiblich und diese wird schließlich je nach der Reaktionsart des bindegewebigen Grundstockes eine produktive oder alterative sein.

Die Leistungsfähigkeit des Epithels steht aber wohl der des aktiven Mesenchyms nicht in jedem Fall gleichwertig gegenüber. Zwar kommt ersterem durch die abhängige Differenzierung ein Einfluß auf den bindegewebigen Grundstock der Schleimhaut zu, dieser aber ist in erster Linie ein formaler. Als zugehörig zum Retikuloendothel bzw. aktiven Mesenchym besitzt letzteres dagegen seine eigenen, vom Epithel unabhängigen Eigenschaften, hat auch durchaus andere Aufgaben zu erfüllen. Theoretisch könnte also in ein und derselben Schleimhaut das Epithel unterwertig, die Leistungsfähigkeit des bindegewebigen Grundstockes aber vollwertig sein und umgekehrt. Daraus ließe sich erklären, warum bei geringer Entfaltung der pneumatischen Höhlen, d. h. bei einer geringen Entwicklungspotenz auch normale Schleimhautverhältnisse anzutreffen sind. Bekanntlich findet sich nicht bei jedem kompakten Warzenfortsatz eine chronische Mittelohrentzündung. Die Höhlengröße gibt also zunächst nur einen Anhalt für den Grad der Entwicklungspotenz der Schleimhaut, nicht unbedingt auch für die Leistungsfähigkeit des bindegewebigen Grundstockes. Meist ist sie allerdings gleichgerichtet.

Diese biologische Wertigkeit, nach der Ausdrucksweise von W. ALBRECHT, beruht nach alldem auf verschiedenen anlagebedingten Einzelfaktoren, die sich teils vom Epithel, teils vom bindegewebigen Grundstock herleiten und die, wie erwähnt, in bestimmter Weise aneinandergekoppelt sind. Ohne weiteres muß angenommen werden, daß in einer hochwertigen Schleimhaut durchgehend vollwertige und in einer minderwertigen Schleimhaut mindestens zum wesentlichen Teil unterwertige Eigenschaften vereinigt sind. Hängt davon in hohem Grad die Funktionstüchtigkeit und Erhaltungskraft und damit auch die Widerstandsfähigkeit äußeren Einflüssen gegenüber, wie die Art ihrer Beantwortung, d. h. die Reaktionsfähigkeit ab, so wird erstere gesund bleiben, letztere leicht und häufig erkranken. Da aber nach langanhaltender und vor allem chronischer Erkrankung bleibende Veränderungen der Schleimhaut die Regel sind, tritt die klinische Beurteilung durch die Endoskopie beherrschend in den Vordergrund. Das morphologische Verhalten der Schleimhaut erlaubt unter diesen Voraussetzungen tatsächlich weitgehende Rückschlüsse auf die physiologische Leistungsfähigkeit und damit auf die Anlagefaktoren. Allerdings können — das soll nicht bestritten werden — Umwelteinflüsse, wie sie von anderer Seite stark in den Vordergrund gestellt wurden, die Entwicklungspotenz und die davon abhängigen Eigenschaften der Schleimhaut ungünstig beeinträchtigen. Das Ausmaß der Peristase ist dann aber meist klinisch faßbar.

Die biologische Wertigkeit einer Schleimhaut beruht nicht nur allein auf den oben geschilderten lokalen Abwehrfaktoren, es sind noch verschiedene Umstände allgemeiner Art, die zur Geltung kommen können. So müssen die immunbiologischen Kräfte des gesamten Organismus auf Infektionen der Schleimhaut ebenso von Einfluß sein wie auf jede andere Entzündung. ALBRECHT weist ferner auf das Gefäßsystem und seine nervöse Steuerung für das Zustandekommen von Katarrhen hin. Vasolabile Menschen, die viel an kalten Füßen und Händen leiden, neigen bekanntlich sehr zu Erkältungen. Auch hormonalen Störungen, wie dem Vitaminmangel, kommt eine nicht untergeordnete Bedeutung zu. Darauf ist bereits hingewiesen worden.

Die rezidivierenden Katarrhe, als Ausdruck der Schleimhautminderwertigkeit, lassen schließlich noch eine Eigentümlichkeit erkennen, auf die hingewiesen werden muß. Immer wieder zeigt sich, wie der genannte Schleimhauttrakt nicht allerorts in gleicher Weise von Katarrhen und Entzündungen befallen wird, vielmehr oft ein bestimmter und umschriebener Abschnitt eine besondere Anfälligkeit zeigt. So kennt der Facharzt sehr wohl Patienten, die immer wieder und immer nur an einem Mittelohrkatarrh, andere, die immer nur an einem Schnupfen, wieder andere, die immer nur an einem Rachenkatarrh erkranken. Kommt hier auch die ungleichartige Belastung der Einzelabschnitte des Schleimhauttraktes durch die Peristase zum Ausdruck, so müssen auch Verhältnisse eine Rolle spielen, die wir noch nicht kennen.

IV. Die Typen der Schleimhautvariabilität.

Die naturwissenschaftliche Forschung sucht nach Gesetzmäßigkeiten und wird in dem Bestreben ihre Erkenntnisse zu ordnen, immer wieder ein unentbehrliches Hilfsmittel heranziehen müssen, nämlich die Aufstellung von Typen. Dieser Versuch kann zunächst von einem relativ begrenzten Gesichtskreis ausgehen, auch wird er an theoretische Erwägungen gebunden sein. Jede Ordnung dieser Art geht aber nicht ohne einen gewissen Zwang ab und niemand wird also eine Typenlehre erwarten können, die allen Anforderungen entspricht. Unzulänglichkeiten der Klassifizierung angesichts einer großen Zahl und Mannigfaltigkeit der Erscheinungen sind unausbleiblich. Oft wird eine Einreihung nicht gelingen, weil sich Merkmale finden, die verschiedenen Typen angehören. Jede Typenlehre damit von vornherein als untauglich zu erklären, wäre jedoch gewiß falsch. Die Gegenüberstellung von Körperbau und Charakter durch KRETSCHMER hat jedenfalls beweisen können, wie auf diesem Weg, d. h. durch eine korrelative Methode, die Individualpathologie mit Erfolg weiter erforscht werden kann. Das gilt auch für die Schleimhaut. Das beweisen die Arbeiten von ALBRECHT, GRUNER, RUNGE, M. SCHWARZ, STEURER, UFFENORDE, WITTMAACK u. v. a.

Ehe auf Einzelheiten eingegangen werden kann, ist noch folgendes vorauszuschicken. Das Erscheinungsbild der Schleimhaut wird hier im Sinn von W. ALBRECHT und ALVERDES aufgefaßt. Demnach umfaßt dieses die Gesamtheit der Eigenart, wie sie sich auf Grund des Erbgutes entwickelt, d. h. was ein Individuum von vornherein an Anlagen besitzt, vermag an Eigenschaften auch nicht zu entstehen. Allerdings vererbt sich nicht die Eigenschaft, sondern die Anlage dazu. Ist damit aber die Erscheinungsform stets abhängig von der Anlage, so wirkt die Umwelt nur mitbestimmend, sie spielt nur die zweite Rolle; in erster Linie entscheidet das Erbgut.

Wir haben es mit drei Phänotypen zu tun. Die normoplastische Schleimhaut ist die biologisch hochwertige. Ihre große Leistungsfähigkeit gibt volle Aussicht, ihren Bestand zu wahren und sich durchs ganze Leben hindurch, von Alterserscheinungen abgesehen, stets gesund und unverändert zu erhalten. Im Gegensatz dazu stehen die beiden anderen Formen, die hypertrophischen und die atrophischen Schleimhäute. Sie sind biologisch minderwertig, neigen infolgedessen zu häufigen Erkrankungen, die je nach der Reaktionsart des Mesenchyms eine

Vermehrung der Gewebssubstanz oder einen Schwund bedingen. Eine Restitutio ad integrum ist um so weniger zu erwarten, je länger der einzelne Erkrankungsschub anhält bzw. je öfter er sich wiederholt.

Der Vergleich zwischen Körperbau und Bindegewebseigenart hat ferner auch ein individuell verschiedenes Verhalten der normoplastischen Schleimhaut ergeben. Zu unterscheiden sind 3 Typen, die mesoplastische, die hyperplastische und die hypoplastische Schleimhaut. Gewiß ist es im histologischen Schnitt oft schwierig, die einzelne Schleimhaut unter eine dieser Typen einzuordnen. Mit Rücksicht auf klinische Erfordernisse, die immer in den Vordergrund der Forschung gestellt werden müssen, ist jedoch eine solche Einteilung notwendig.

Noch einige Bemerkungen zur Nomenklatur. Soll in Zukunft eine ersprießliche Diskussion, wie Erforschung des Schleimhautcharakters möglich werden, so ist eine eindeutige Erklärung notwenig, was darunter verstanden wird, auch empfiehlt sich nicht von „angeborenen", sondern von erblichen und erworbenen Eigenschaften zu sprechen. Am besten erfolgt die Benennung in enger Anlehnung an die pathologische Anatomie. Entsteht der Phänotypus aus der Anlage und durch die Auswirkung der Peristase, so handelt es sich im wesentlichen um Schleimhauttypen, bei deren Zustandekommen entzündliche Vorgänge im Spiele sind bzw. vorherrschen. Wir bezeichnen bisher die Ozaenaschleimhaut aber als „atrophisch" und nicht als hypoplastisch, die Schleimhaut der Polyposis nasi als hypertrophisch, nicht als hyperplastisch. Zwar macht die pathologische Anatomie keinen ganz klaren Unterschied zwischen den Begriffen Hyperplasie und Hypertrophie bzw. Hypoplasie und Atrophie. Soviel kann jedoch gesagt werden, daß mit dem Begriff der Hyperplasie eine nur zahlenmäßige Vermehrung der Gewebsbausteine gemeint ist, ganz so wie dies bei der hyperplastischen Schleimhaut unserer Bezeichnung der Fall ist. Die Hypertrophie setzt dagegen regenerative Vorgänge, von funktionellen abgesehen, voraus, eben das, was für die hypertrophische Schleimhaut gilt. Entsprechendes trifft für die Hypoplasie zu; sie beruht auf einer Unterentwicklung (so wie wir unter Aplasie nicht eine extreme Rückbildung, sondern eine „Nichtbildung" verstehen). Die Hypoplasie kommt also einer numerischen Minderung der Substanz gleich, im Gegensatz zur Atrophie, bei der es sich um einen Schwund eines bereits ausentwickelten Substrates handelt. Also liegt ein erworbener Zustand vor und zwar als Folge infektiösentzündlicher Erkrankung, auch anderer Schädigungen. Übrigens spricht man auch von Röntgenatrophie nicht von -hypoplasie.

Unsere Benennung der Typen ist eine entsprechende. Wie überall in der lebendigen Natur treten eindeutig ausgeprägte Merkmale gegenüber den Übergangsformen stark zurück. Dasselbe gilt von den Phänotypen der Schleimhaut. Für die klinische Verwertbarkeit unserer Erkenntnisse bedeutet dieser Umstand allerdings eine gewisse Einschränkung, doch hat die erbbiologische Forschung erwiesen, daß die Beurteilung eines Merkmals, d. h. ob es erblich oder erworben ist, mit der notwendigen Sicherheit nur aus der Familienuntersuchung, also nicht am Einzelindividuum allein möglich ist. Immerhin sind an den Schleimhäuten, trotz ihrer ausgesetzten Lage, überwertige, als solche jedoch erkennbare Einflüsse notwendig, ehe Veränderungen zustandekommen, wie sie bei erblichen Leiden anzutreffen sind. So entsteht z. B. das Bild, das die genuine Ozaena bietet, nur nach diphtherischer, tuberkulöser oder luischer Erkrankung, durch Röntgenstrahlen oder operative Eingriffe, falls dabei ausgedehnte Teile der Schleimhaut verloren gehen bzw. geopfert werden. In weniger ausgeprägten Fällen kann immerhin die Anamnese als recht verläßlich gelten. Sie muß sich daher auf alle äußeren Einflüsse, wie sie im Berufsleben besonders konstant und intensiv zur Einwirkung kommen können, wie auch auf das Alter erstrecken und die Familie eingehend berücksichtigen.

Hauptteil.

Die Mittelohrschleimhaut.

Allgemeines.

Über den feingeweblichen Aufbau sei nur erwähnt, daß sich in der Pauke und im retrotympanalen Raum kein Flimmerepithel findet, vielmehr nur ein einschichtiger, dünner Saum flachkubischer Zellen. Der bindegewebige Grundstock ist ganz auffallend zart und selbst im Mikroskop nur schwer vom Periost zu trennen. Obwohl die Bezeichnung als Schleimhaut üblich ist, finden sich keine Drüsen. Die Auskleidung der Pauke sowie der Warzenfortsatzzellen wäre bei diesem muco-periostalen Aufbau besser als Endothel zu bezeichnen, und dies um so mehr, als auch pathologisch-anatomisch eine Reihe von Gemeinsamkeiten, z. B. mit der Pleura nachzuweisen sind.

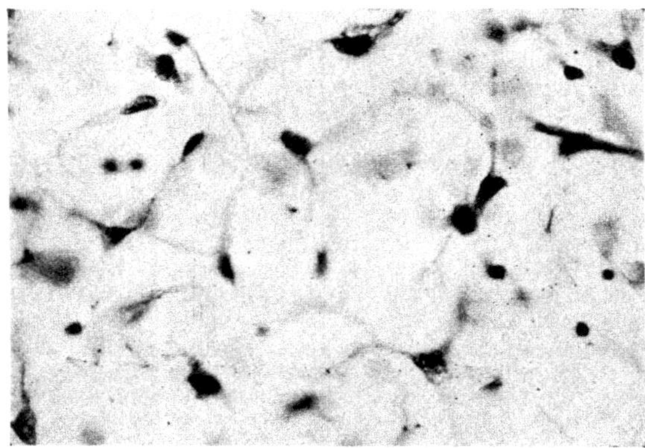

Abb. 11. Syncitiales, lockeres Bindegewebe aus einem primären Restpolster des PRUSSAKschen Raumes (vgl. Abb. 16).

Dem retrotympanalen Raum des Schläfenbeines kommt bekanntlich eine ganz besondere Bedeutung zu. Es handelt sich an dieser Stelle aber nicht etwa um seine grobanatomische Gliederung, vielmehr um das Zustandekommen der pneumatischen Zellen und vor allem um die große Variabilität im Grad ihrer Entfaltung, da der Schleimhaut hier eine besondere Aufgabe zufällt.

Über die Entwicklungsvorgänge, die sich bei der Entstehung der Mittelohrräume — Pneumatisation genannt[1] — abspielen, gehen die Auffassungen der Embryologen und der Otologen teils auseinander, teils ergänzen sie sich. Danach ist die Pauke im 3. bis 4. Fetalmonat von embryonalem Bindegewebe, das auch nicht ganz zutreffend als myxomatöses oder als Gallertgewebe bezeichnet wird, gänzlich ausgefüllt. Es besteht aus weitmaschig gelagerten, jungen Bindegewebszellen, zwischen denen sich reichlich homogene Grundsubstanz findet (s. Abb. 11). Dicht hinter dem Trommelfell reicht bis herauf zum kurzen Fortsatz des Hammergriffs ein capillärer Epithelspalt, der mit der Tube direkt in Verbindung steht. WITTMAACK nimmt an, daß vom Nasenrachen her die Einsprossung erfolgt ist. Seine Auffassung, die allgemein anerkannt wird, gewinnt noch an Wahrscheinlichkeit, da die Einwucherung des genannten Epithelsackes in den folgenden Schwangerschaftsmonaten noch weiter fortschreitet. Die histologischen Schnitte verschiedener Fetalmonate lassen ohne weiteres erkennen, daß das embryonale Bindegewebe aus der Pauke mehr und mehr verschwindet. An Stelle dessen bildet sich ein Lumen, das das Mesotympanum und schließlich das gesamte Epitympanum erfaßt. Einzelheiten ergeben sich aus den beigefügten Abbildungen (s. Abb. 12). Beim Neugeborenen ist dann das ganze Mittelohr in dieser Weise pneumatisiert, d. h. an seinen Wänden liegt eine dünne Schleimhaut auf und es bedarf nur noch der Geburt, damit das Fruchtwasser, übrigens samt seiner

[1] Von „pneuma" hergeleitet, denn es sind mit Luft gefüllte Hohlräume, die entstehen und damit ist auch sinngemäß die Paukenhöhle gemeint.

Bestandteile natürlicher Art, also Fruchtwasserschuppen und Lanugohärchen, durch Luft ersetzt wird, die nach der Geburt durch die Tube eindringt.

Die Pneumatisation der retrotympanalen Räume folgt unmittelbar auf die Lumenbildung in der Pauke, und zwar vom Kuppel- und Kellerraum der letzteren aus. Ihr geht eine Aufzehrung der Spangen des spongiösen Knochens durch

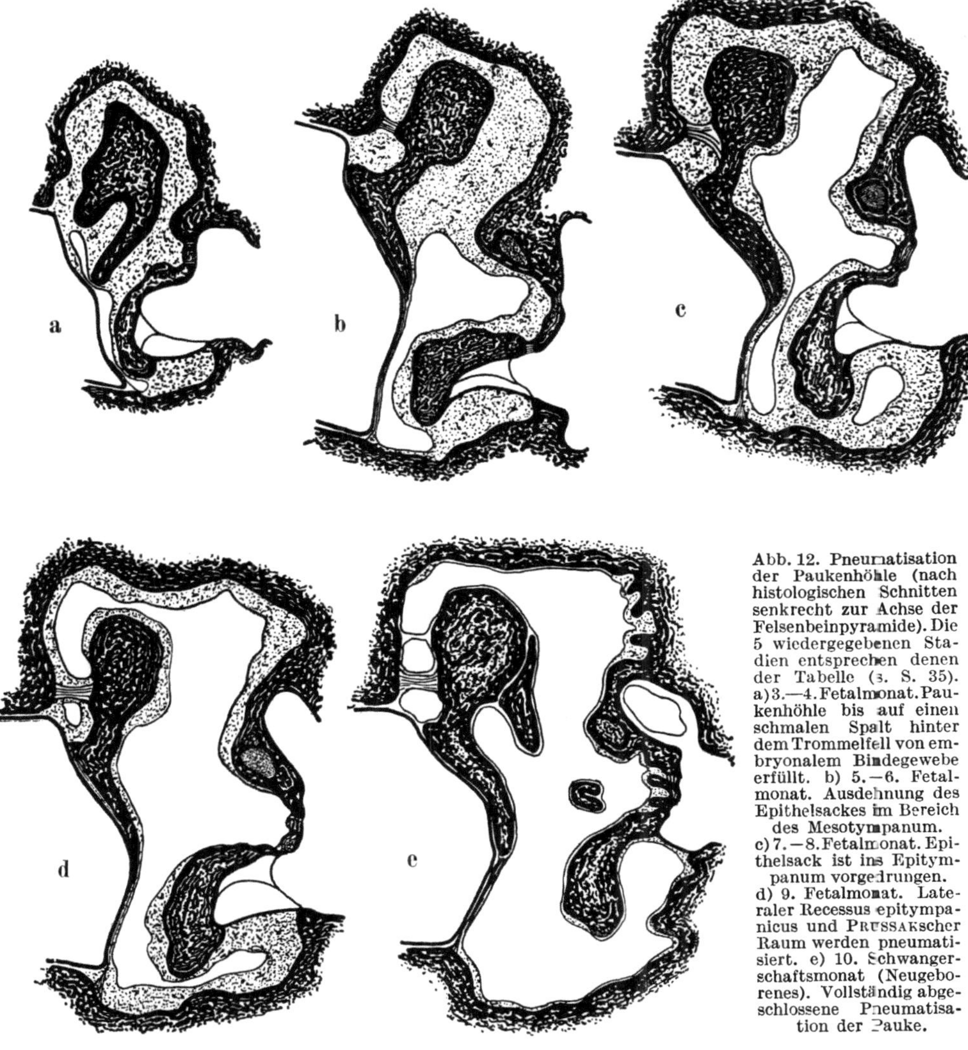

Abb. 12. Pneumatisation der Paukenhöhle (nach histologischen Schnitten senkrecht zur Achse der Felsenbeinpyramide). Die 5 wiedergegebenen Stadien entsprechen denen der Tabelle (s. S. 35). a) 3.—4. Fetalmonat. Paukenhöhle bis auf einen schmalen Spalt hinter dem Trommelfell von embryonalem Bindegewebe erfüllt. b) 5.—6. Fetalmonat. Ausdehnung des Epithelsackes im Bereich des Mesotympanum. c) 7.—8. Fetalmonat. Epithelsack ist ins Epitympanum vorgedrungen. d) 9. Fetalmonat. Lateraler Recessus epitympanicus und PRUSSAKscher Raum werden pneumatisiert. e) 10. Schwangerschaftsmonat (Neugeborenes). Vollständig abgeschlossene Pneumatisation der Pauke.

Osteoclasten bzw. HOWSHIPsche Lacunen voraus, wie es übrigens in gleicher Weise bei der Entfaltung der Nasennebenhöhlen nachweisbar ist. Vom Knochenmark bleiben schließlich nur noch die fixen Zellen stehen, wodurch ein Zustand erreicht wird, der dem der Pauke im Stadium der Pneumatisation entspricht, d. h. es bedarf dann nur wieder der Pneumatisation dieses bindegewebigen Syncitiums. Weitere Einzelheiten ergeben sich aus den beigefügten Abbildungen aus dem bekannten

Atlas von WITTMAACK (s. Abb. 13). Darauf soll nicht näher eingegangen werden.

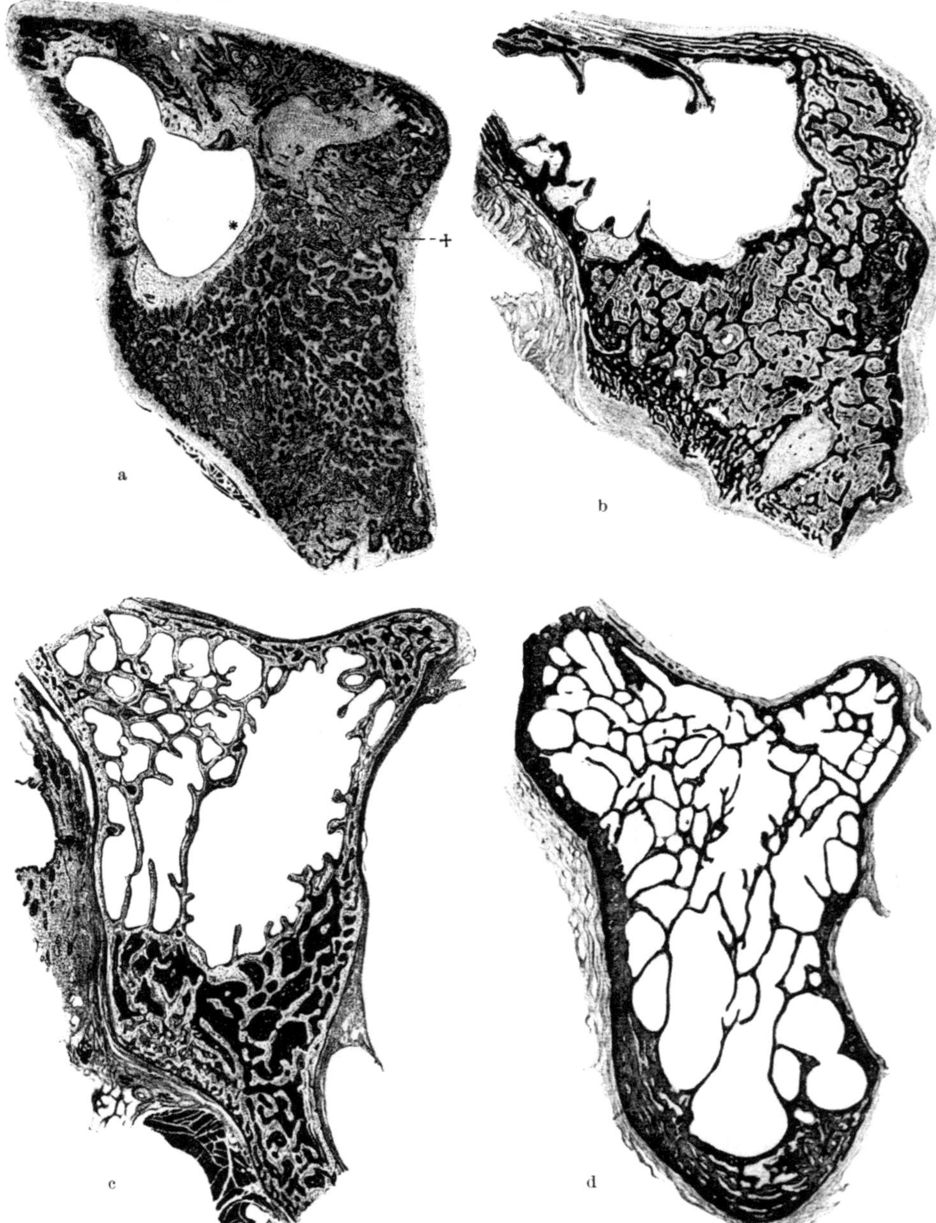

Abb. 13. Normale Entwicklung der pneumatischen Zellen des Warzenfortsatzes auf Sagittalschnitten (nach WITTMAACK). a) erster Beginn der Antrumpneumatisation, Warzenfortsatz diploetisch. b) beginnende Zellbildung. c) Warzenfortsatz zur Hälfte pneumatisiert. d) Warzenfortsatz voll pneumatisiert. Kleine Zellen in der Antrumgegend, große Zellen in der Warzenfortsatzspitze.

Leider ist übrigens in diesem Entwicklungsstadium der Pneumatisation noch vieles unbekannt und umstritten. Es wäre hier auch eine dankbare Aufgabe, durch die Wachsplattenmethode die Entwicklung und das Wachstum der pneumatischen Zellen zu verfolgen. Die von WITTMAACK beobachtete zentripetale Spangenbildung aber läßt eine gewisse Parallele in den Trennungszellen sich vermehrender Pankreastubuli erkennen, wie sie noch geschildert werden wird.

I. Die individuellen Eigenschaften der Mittelohrschleimhaut.

A. Die Varianten im Aufbau.

Den ersten Einblick in das wechselnde Verhalten der Mittelohrschleimhaut verdanken wir WITTMAACK. Bis dahin hatte sich die Pneumatisationsforschung des Ohres nur mit makroskopischen Vergleichen befaßt. Die ursprüngliche Aufstellung von Schleimhautformen aber beruht auf der histologischen Analyse der Gewebe, wobei die Beziehungen zwischen dem Verhalten der Mittelohrschleimhaut und dem Pneumatisationsprozeß eine besondere Berücksichtigung erfahren haben.

WITTMAACK stellte zunächst vier Formen auf, die mesoplastische, die hyperplastische, die fibrös-atrophische und die gemischt hyperplastisch-fibröse Schleimhaut. Später hat diese Einteilung durch ihn selbst eine gewisse Abänderung erfahren und so finden sich heute von ihm folgende Typen angegeben:

1. die mesoplastische Schleimhaut, die absolut normale Schleimhaut mit flacher, zarter, aber relativ gefäß- und zellreicher Grundlage,

2. die hyperplastische Schleimhaut mit mehr oder weniger hoher, noch ausgesprochen myxomatöser Gewebsgrundlage,

3. die hypoplastische (fibröse) Schleimhaut mit flacher, aber ausgesprochen fibröser, gefäß- und zellarmer Gewebsgrundlage,

4. die hyper-hypoplastische Schleimhaut mit ursprünglich sehr hoher rein myxomatöser Gewebeschicht, aber wohl sicherlich nachträglich eingelagerter fibröser Gewebsschicht bezw. gleichmäßig fibröser Gewebsdurchsetzung.

Nach der Auffassung, die WITTMAACK vertritt, ist die „Konstitution“ mit dem Gewebsaufbau der Schleimhaut in ihren verschiedenen Teilen und mit der endgültigen morphologischen Gestalt der Schleimhaut gleichbedeutend. Dementsprechend werden die eben genannten Formen in erster Linie nach anatomischen Gesichtspunkten geordnet. Tritt also die Morphologie in den Vordergrund des Vergleiches, so wird der funktionellen Komponente nur insoweit ein Einfluß zuerkannt, als sich der Genotypus der Schleimhaut in verschiedenartigen Reaktionen auf bestimmte Umwelteinflüsse äußert. Letztere aber sollen die Formen der Schleimhaut bestimmen. Kommt es nicht zur Einwirkung der Peristase, so bleibt also die Schleimhaut nach WITTMAACK mesoplastisch, während sie durch diese hyper- oder hypohyperplastisch wird. Eine solche Bezeichnung aber ist mindestens eigenartig, denn entweder ist eine Schleimhaut hyperplastisch oder hypoplastisch, beides kann sie doch wohl nicht zugleich sein.

Ein zweiter Umstand ist es also, der stark betont wird, der Umwelteinfluß und seine Folgen. Diese Auffassung aber schließt Schleimhautformen aus, die ausschließlich anlagebedingt sind. In Wirklichkeit wurde hier eine funktionelle Komponente der Variabilität, obwohl von sehr wesentlichem Einfluß, ganz vernachlässigt, nämlich die Entwicklungspotenz jener Gewebe, die die Schleimhaut zusammensetzen. Erinnern wir uns dessen, was über die anlagebedingten Schleimhautfunktionen gesagt wurde, so wird klar, daß die Typenlehre nicht nur ein morphologisches, sondern auch und vor allem ein formalgenetisches Problem ist. Damit steht zunächst die normale Entwicklung wieder im Vordergrund des Interesses.

1. Der Einfluß der Entwicklungspotenz.

a) Das Epithel.

Die Erklärung für das variable Verhalten der Mittelohrschleimhaut muß fürs erste in den Entwicklungsvorgängen der Paukenhöhle gesucht werden, wie sie sich während der Pneumatisation abspielen. Nach all dem, was vorausgeschickt wurde, steht ihr beherrschender Einfluß auf die Formbildung außer Zweifel. Auch die Lumenbildung der Mittelohrräume ist demnach von gleichartigen Kräften abhängig. Zwar steht der Nachweis eines genetischen Systems der obengenannten Art noch aus, was aber für die epithelialen Speicheldrüsen, Talgdrüsen, Lungen und das Pankreas gilt, muß wohl auch für die Mittelohrschleimhaut zutreffen. Die Meinung der Autoren über diese Auffassung ist allerdings geteilt, was folgende Erläuterung erfordert.

Auf histologischen Schnitten durch das Mittelohr von menschlichen Feten zeigt sich von einem mittleren Alter an der obengenannte Epithelsack. Dieser senkt sich seitlich und zwar zuerst im Hypotympanum in schmalen Furchen in das embryonale Gewebe der Paukenhöhle ein (s. Abb. 14). Hier besteht die Uneinigkeit. Während die eine Seite der Autoren der Auffassung ist, daß diese Einsenkungen der Ausdruck einer aktiven Sprossung des Epithels sind (Prysing, Wittmaack, M. Schwarz), werden sie von anderer Seite als Folge rein mechanischer Vorgänge, d. h. durch eine Reaktion des Bindegewebes, dem das Epithel zwangsläufig folgen soll, erklärt. Letzteres nehmen Rüedi und Singer an, weil sie in den Schnitten nur sehr selten Änderungen der Gewebsdichte feststellen konnten, die ihrer Meinung nach allein für eine aktive Funktion des Epithels beweisend sein sollen. Dem ist aber nach Albrecht entgegenzuhalten, daß man sich allenfalls flache Einsenkungen des Epithels im Bereich der Paukenhöhle als mechanisch bedingt vorstellen kann. Jene erste charakteristische und sehr tiefe Einsenkung entlang dem Trommelfell ist aber sicherlich nur als Folge eines aktiven Sprossungsvorganges und niemals aus einer sekundären Einwirkung auf das Epithel denkbar. In gleichem Sinne müssen dann auch die übrigen Einsenkungen gedeutet werden, da sie außerdem in einem Zeitpunkt einsetzen, an dem noch völlig unverändertes embryonales Bindegewebe, das noch keine Spur einer Ausreifung oder Retraktion erkennen läßt und übrigens homogen ist, in der Pauke vorliegt. Ferner sind die Furchen, die das Epithel bildet, sehr schmal und reichen in große Tiefen, während die Folgen einer Retraktion des Gewebes sich zweifellos viel diffuser auswirken müßte. Der Beweis für die aktive Sprossung des Epithels liegt aber in der genannten Analogie zum Wachstum anderer epithelialer Organe, wie sie eingehend genannt wurde.

Liegen also die Wachstumskräfte, d. h. die plastischen Funktionen im Epithel, so kann von vornherein zweierlei gelten. Bei der großen Variabilität lebendiger Formbildung, wie sie auch für das Mittelohr zutrifft, muß fürs erste die Entwicklungspotenz eine individuell verschiedene sein. Zum anderen aber darf angenommen werden, daß die plastische Kraft der Schleimhaut nicht nur ihrer *Intensität*, sondern auch ihrer *Permanenz* nach wechselt, d. h. sich während der Entwicklung frühzeitig oder erst später erschöpft.

Der Nachweis für die Richtigkeit jener Annahme konnte aus einer Reihenuntersuchung histologisch verarbeiteter Schnittserien durch das Schläfenbein von 130 verschiedenaltrigen menschlichen Feten geführt werden. Dabei wurde der Grad der Hohlraumbildung in der Pauke, d. h. die Ausweitung des genannten Epithelsackes dem Alter gegenübergestellt. Erstere beginnt, wie bereits erwähnt wurde, im 3.—4. Schwangerschaftsmonat und ist um die Zeit der Geburt in der Norm beendet. Wie unterschiedlich aber dieser Pneumatisationsvorgang in gleichen

Zeiträumen fortschreitet (vgl. auch RÜEDI), ergibt sich aus der folgenden Tabelle, deren 5 Pneumatisationsstadien den beigegebenen Abbildungen entsprechen (Abb. 12).

Besonders auffallend wird das Bild beim Vergleich der Neugeborenen untereinander (unterste Reihe der Tabelle), die 54 an der Zahl in dieser Reihe ausmachen. Von diesen zeigen nur rund die Hälfte eine völlig abgeschlossene Pneumatisation, d. h. die Schleimhaut liegt im ganzen Lumen direkt dem Knochen auf, ohne daß embryonales Bindegewebe in nennenswerter Menge dazwischen gelagert wäre. Die andere Hälfte verteilt sich recht verschieden auf die angenommenen fünf Pneumatisationsgrade, doch immerhin so, daß die Zahl der Fälle um so geringer wird, je mehr sich der Entwicklungsstand dem der frühesten Fetalmonate nähert. Rund 10% haben mit der Pneumatisation erst begonnen, während etwas weniger als die Hälfte einen mittleren Zustand erreicht hat. Ist zwar anzunehmen, daß sich die Entwicklung post partum noch vervollständigen wird, so bleibt doch immerhin diese auffallende Differenz im erreichten Pneumatisationsstadium unter den Neugeborenen, wie unter den Feten.

Alter in Schwanger-schafts-monaten	Pneumatisationsgrad in der Pauke in %				
	1.	2.	3.	4.	5.
3.	100,0	—	—	—	—
4.	100,0	—	—	—	—
5.	16,6	83,4	—	—	—
6.	33,3	16,7	16,7	16,7	16,7
7.	—	50,0	25,0	25,0	—
8.	10,7	25,0	39,3	21,4	3,5
9.	—	10,7	53,5	28,5	7,1
10.	1,8	7,4	12,9	30,5	47,2

Die Abb. 14 u. 15 sollen als weiterer Beweis dieser Beobachtung dienen, insofern, als zudem (und das erscheint in diesem Zusammenhang besonders beachtenswert) entzündliche Erscheinungen oder Residuen solcher gänzlich fehlen. Ein Umwelteinfluß, der im Sinne einer „Hemmung" die Raumbildung der Pauke verzögert hätte oder gar unterbinden konnte, fällt somit sicherlich weg. Besonders aber ist der Pneumatisationsgrad der Abb. 14 zu beachten, der dem 3.—4. Schwangerschaftsmonat entspricht, obwohl es sich um ein Mittelohr eines Neugeborenen aus dem 10. Schwangerschaftsmonat handelt, wie übrigens auch der Entwicklungszustand des Knochens erkennen läßt.

Ist die Pneumatisation der Paukenhöhle unvollständig, d. h. bleibt sie im Vergleich zum Durchschnitt mehr oder weniger weit zurück, so zeigen sich an ganz bestimmten Stellen mehr oder weniger große Überbleibsel, sog. Restpolster embryonalen Gewebes, und zwar bei reifen Früchten der genannten Reihe in 43% im lateralen Recessus epitympanicus, in 11% im ovalen Fenster, in 10,3% im runden Fenster und in 6,1% am Paukenboden (s. Abb. 16). Die Art dieser Verteilung ist sehr beachtenswert, auch aus klinischen Gründen. Sie besagt eindeutig, daß wir keine Zufälligkeit vor uns haben, vielmehr ergibt sich ihre Erklärung ohne weiteres aus den Entwicklungsvorgängen. Bei einem ungenügenden Fortschreiten der Pneumatisation werden selbstverständlich dort, wohin sich der Epithelsack zuerst ausdehnt, seltener Polster stehen bleiben, also im Kellerraum der Pauke, während für den zuletzt pneumatisierten Kuppelraum das Gegenteil gilt. Bleibt aber ein Restpolster im lateralen Recessus epitympanicus bzw. im PRUSSAKschen Raum in fast der Hälfte der Fälle bestehen, so ergeben sich daraus Konsequenzen für das spätere Verhalten der SHRAPNELLschen Membran, auf die eingehend zurückzukommen sein wird.

Die Ergebnisse dieser Reihenuntersuchung müssen als der zwingende Beweis dafür angesehen werden, daß das variable Verhalten der Pneumatisation in der Paukenhöhle der Ausdruck einer individuell verschiedenen Entwicklungspotenz der Mittelohrschleimhaut ist. Ist diese vollwertig, so wird die Pneumatisation

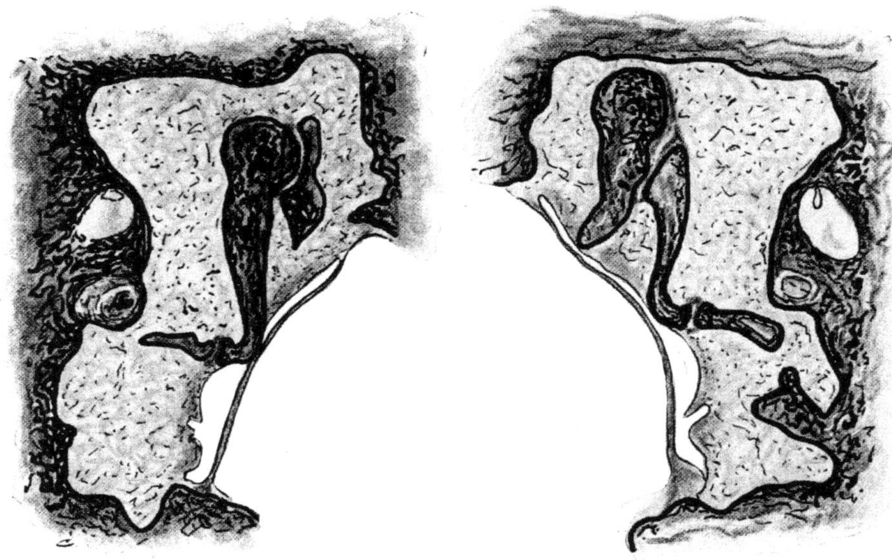

Abb. 14. Schnitt durch die Paukenhöhle senkrecht zur Pyramidenachse vom Neugeborenen aus dem 10. Schwangerschaftsmonat. Das ganze Lumen ist noch von embryonalem Bindegewebe erfüllt bis auf einen schmalen Spalt hinter dem Trommelfell. Das Entwicklungsstadium entspricht dem 3.—4. Fetalmonat der Norm. Bemerkenswert ist auch die gänzliche Übereinstimmung der rechten mit der linken Seite und das völlige Fehlen entzündlicher Erscheinungen.

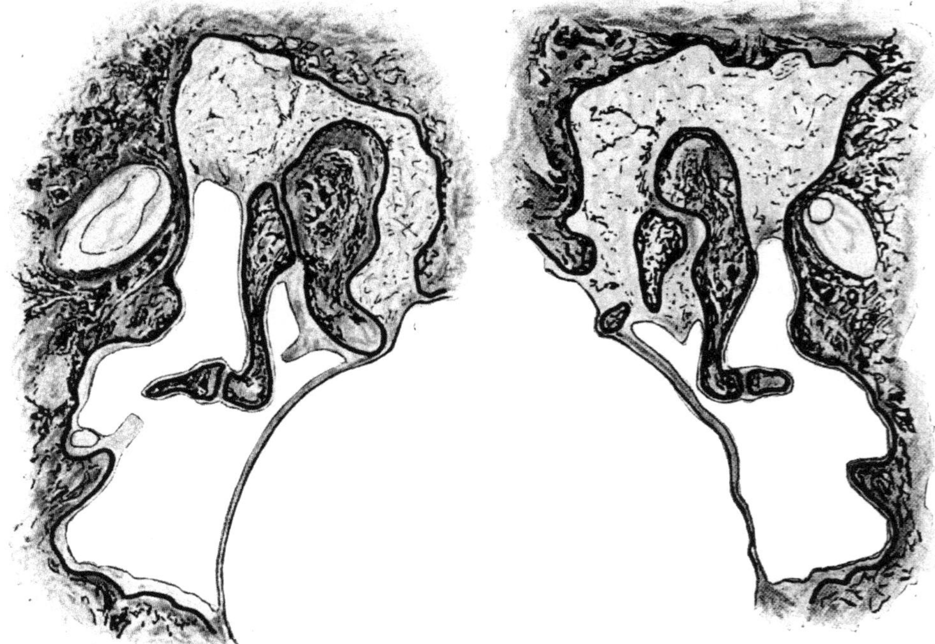

Abb. 15. Schnitt durch die Paukenhöhle wie auf Abb. 14. Der Zustand der Pneumatisation entspricht dem 8. bis 9. Fetalmonat der Norm. Der ganze Recessus ist auf beiden Seiten in gleicher Weise von embryonalem Bindegewebe erfüllt. Es handelt sich wieder um ein Neugeborenes aus dem 10. Schwangerschaftsmonat.

völlig zu Ende geführt, d. h. das Epithel legt sich dem Periost des umgebenden Knochens überall eng an. Es entsteht somit eine normoplastische, sog. mucoperiostale Schleimhaut. Eine geringe Entwicklungspotenz dagegen muß zur Folge haben, daß der genannte Epithelsack die knöcherne Grenze der Pauke nicht, jedenfalls nicht überall erreicht und dort bleiben dann Restpolster embryonalen Bindegewebes stehen. Dadurch aber kommt ein sehr unterschiedliches Verhalten zustande, denn im letzteren Fall, wenn das Epithel eben nicht bis an die knöcherne Begrenzung der Paukenhöhle vordringt, bleibt wechselnd viel embryonales Bindegewebe liegen. Ein solcher Zustand erinnert aber dann an das, was wir eine hyperplastische Schleimhaut nennen. Diese Tatsache besagt, daß das individuell wechselnde Verhalten der Schleimhaut zunächst von Anlagefaktoren abhängt, jedenfalls äußere Einflüsse allein zu ihrer Erklärung nicht notwendig sind.

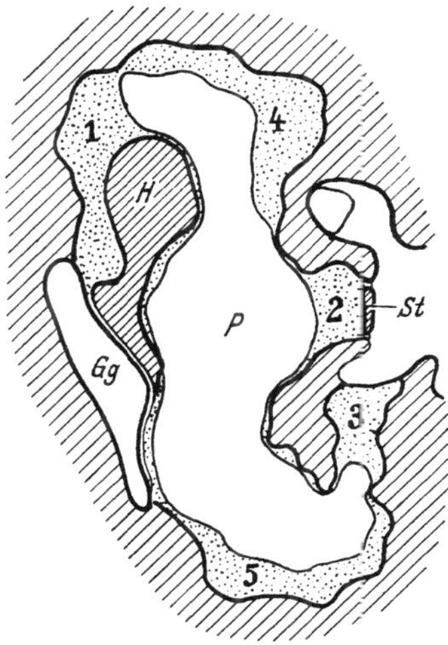

Abb. 16. Lagerung und Häufigkeit der primären Restpolster in der Paukenhöhle beim Neugeborenen. Halbschematisch; Knochen schraffiert, Schleimhaut punktiert (s. a. den Text). H = Hammer, Gg = äußerer Gehörgang, P = Paukenhöhle, St = Steigbügelfußplatte.

b) Der bindegewebige Grundstock.

Die anlagebedingte Variabilität der Schleimhaut erklärt sich jedoch nicht nur aus den genannten Faktoren, sondern auch aus der Eigenart des Bindegewebes. Die Restpolster von embryonalem Gewebe, die in der Paukenhöhle liegengeblieben sind, werden mit Wahrscheinlichkeit durch eine spätere, nach der Geburt fortschreitende Pneumatisation weggeräumt. In welchem Umfange dies geschieht, entzieht sich unserer Kenntnis, wir wissen vielmehr nur, daß die Polster auch zeitlebens bestehen bleiben können (W. Albrecht). Allerdings erfahren sie wohl mancherlei Veränderungen auch durch Umwelteinflüsse, um so eher als die geringe Entwicklungspotenz meist mit einer Anfälligkeit der Schleimhaut verbunden ist. Wir werden weiterhin in der Annahme einer unabhängig davon einsetzenden Ausreifung des Gewebes kaum fehlgehen. Letztere entspricht dem Charakter des Bindegewebes im Gesamtorganismus, also dessen Entwicklungs- und Ausreifungspotenz einerseits und den örtlichen Verhältnissen andererseits.

c) Die anlagebedingten Varianten der Mittelohrschleimhaut.

Der Beweis für das Vorkommen anlagebedingter Varianten im Aufbau der Mittelohrschleimhaut darf damit als erbracht gelten. Sie erklären sich also aus der individuell verschiedenen Entwicklungspotenz des Epithels, die eine rasche und vollständige Pneumatisation der Paukenhöhle bewirkt, wenn sie gut ist, während das Gegenteil der Fall ist, wenn sie gering ist. Es sind damit zwei anlagebedingte Extremvarianten der Schleimhaut zu unterscheiden, die mesoplastische und die hyperplastische Schleimhaut (wie anders sollte letztere angesichts der Schleimhautpolster genannt werden?). Zum anderen spielt die individuelle Eigenart des Bindegewebes insofern eine Rolle, als davon die Entwicklung und Ausreifung des Schleimhautgrundstockes abhängt. Wahrscheinlich kommt schließlich, wenn jene Umstände berücksichtigt werden, die im allgemeinen Teil genannt sind, auch eine hypoplastische Schleimhaut vor, doch ist ihr Nachweis schwierig.

2. Die Bedeutung der Umwelt.

Aus den Gesichtspunkten, die für die Einteilung der Schleimhautformen nach WITTMAACK maßgebend waren, ergibt sich ohne weiteres, daß jene zum großen Teil auf die Peristase zurückgeführt werden. WITTMAACK spricht von Konstitutionstypen, die sich zwanglos aus der Verschiedenartigkeit entzündlicher Vorgänge erklären. Somit unterbleibt eine Unterscheidung zwischen Formen, die sich ausschließlich aus Anlagefaktoren und damit aus der Erbmasse, und solchen, die sich aus Umwelteinflüssen herleiten. Beide werden in der gleichen Einteilung unmittelbar nebeneinandergestellt.

Auf die Auffassung von WITTMAACK, soweit sie Umwelteinflüsse für die Entstehung der Schleimhautformen beschuldigt, muß an dieser Stelle noch etwas näher eingegangen werden. Die individuellen Schwankungen in der fortschreitenden Mittelohrpneumatisation, wie sie als Ausdruck anlagebedingter Entwicklungsfaktoren erklärt worden sind, lehnt er ab, sieht vielmehr die großen Unterschiede, die hier zur Geltung kommen, als Folge „krankhafter Hemmungen" an. Ihre Ursache wird in der Säuglingsotitis gesucht, die in frühester Jugend als Folge einer Fremdkörperreizung durch Fruchtwasserschuppen, Vernix caseosa und Meconium auftritt (s. Abb. 17). WITTMAACK nimmt an, daß dadurch auch ferner eine besondere Disposition zu jedoch wenig virulenten, bakteriellen Erkrankungen entsteht. Mittelohrentzündungen dieser Art finden ASCHOFF, FULD und SOLOWZOV in 90%, GOEPPERT in 45—90% im ersten Lebensjahr auf dem Sektionstisch, KUTHIRT am Lebenden dagegen nur in rund 5%. Darin wird die Erklärung für die Art der Erkrankung gesucht, die als Folge konstitutioneller Unterschiede, wie PREYSING annimmt, in zwei Formen auftreten soll, und zwar nach WITTMAACK und GOEPPERT als schleichende, klinisch nicht erkennbare Otitis mit einer ausgesprochenen Neigung zu hyperplastischer (besser gesagt hypertrophischer) Umwandlung der Schleimhaut und als akut einsetzende, relativ schnell abklingende exsudative Otitis mit Neigung zu atrophisch-fibrösen Veränderungen. Daher soll schließlich ein „Konstitutionsumschlag" an der mesoplastischen Schleimhaut, wie WITTMAACK sagt, zustandekommen.

Die Bedeutung der Fruchtwasserschuppen und der Lanugohärchen als Ursache der Fremdkörperotitis und schließlich der Pneumatisationsstörungen wird von ALBRECHT und M. SCHWARZ bestritten. Letzterer hat an Serienschnitten von über 100 Feten und Neugeborenen den Inhalt der Paukenhöhle mikroskopisch untersucht. Das Ergebnis ist in der Tabelle zusammengestellt.

Fetalmonat	Fruchtwasserschuppen in der Pauke in %
3.—4.	0
5.—6.	66,7
7.	66,7
8.	85,7
9.	56,2
10.	97,9

Von dem Fehler der kleinen Zahl abgesehen, ergibt sich ohne weiteres, daß ein Inhalt genannter Art in der Pauke um so häufiger anzutreffen ist, je älter der Fet. Beim Neugeborenen sind Fruchtwasserschuppen ein regelmäßiger Bestandteil des Paukeninhaltes. Diese Tatsache erklärt aber diese Beimengungen als durchaus physiologisch. Störungen der Pneumatisation im Mittelohr müßten demnach unverhältnismäßig viel häufiger vorkommen, wenn die Auffassung von WITTMAACK zutreffen würde. In Wirklichkeit ist die Überzahl dieser Fälle gut pneumatisiert. Untersuchungen am fetalen Tränennasenkanal übrigens beweisen dasselbe. Auch dieser findet sich meist von Fruchtwasserschuppen in großer Menge angefüllt, ohne daß entzündliche Erscheinungen an der Schleimhaut oder gar deren Folgen nachweisbar wären.

Die Häufigkeit der Säuglingsotitis erreicht in eigenen Serien 20%. Inwieweit sie tatsächlich für das Ausmaß der Hemmung beschuldigt werden kann, läßt sich jedoch aus pathologisch-anatomischen Untersuchungen allein schwer bestimmen. Dies beweist das umfängliche Schrifttum über diese Frage. Nur soviel kann gesagt werden, daß die Entwicklungspotenz der Schleimhaut durch äußere Einflüsse wahrscheinlich beeinträchtigt wird, um so eher, je intensiver und nachhaltiger sie sind.

Die Säuglingsotitis muß noch in einer anderen Hinsicht genannt werden. WITTMAACK teilt die Auffassung, wonach jene nicht nur „eine Verlangsamung

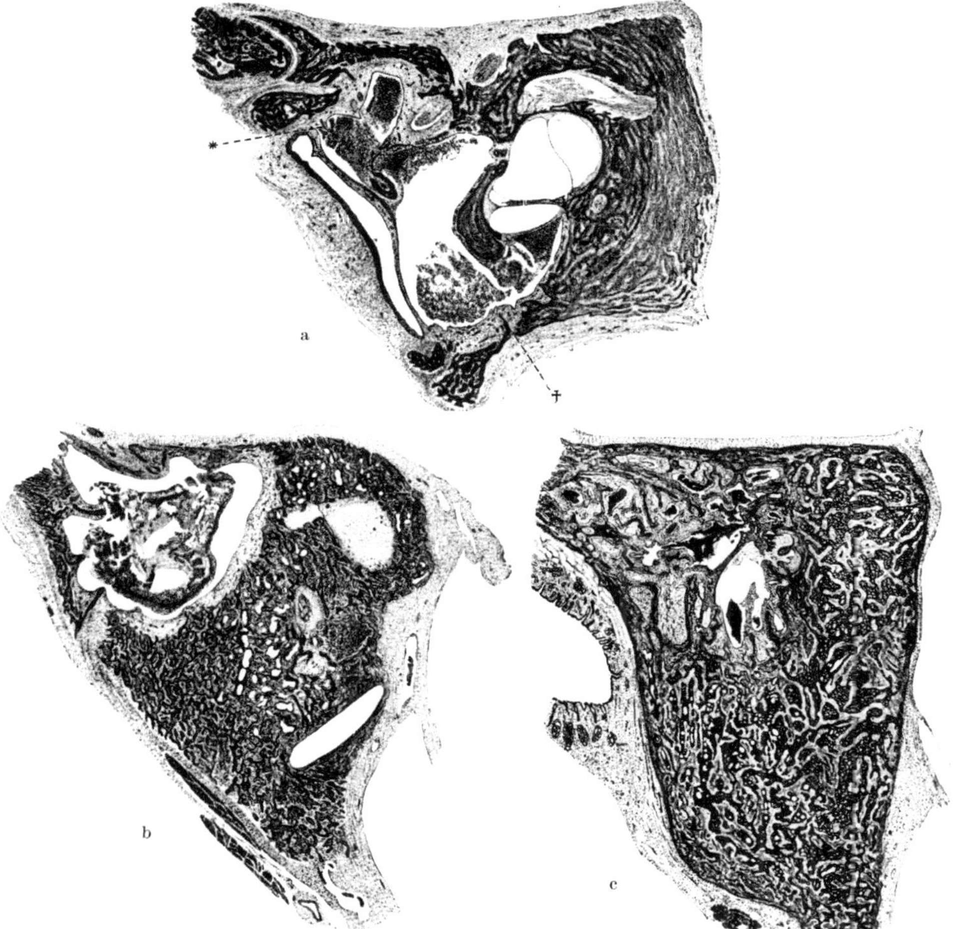

Abb. 17. a) Säuglingsotitis (Vertikalschnitt durch das Mittelohr senkrecht zur Pyramidenachse). b) Säuglingsotitis der Antrumgegend, c) durch Säuglingsotitis gestörte Pneumatisation des Warzenfortsatzes, sog. kompakter bzw. diploetischer Warzenfortsatz (nach WITTMAACK).

im Rückbildungsprozeß des embryonalen Gewebes der Paukenhöhle“ sondern auch „pathologisch-anatomische Veränderungen“ der Schleimhaut typischer Art bedingt und zwar verschieden, je nach den beiden genannten Formen der Entzündung (s. Abb. 18). Die oben erwähnten Restpolster sollen sich ferner verzögert zurückbilden, vor allem eine entzündliche Infiltration erfahren. Es wird somit zwischen einer „einfachen Persistenz“ der Restpolster und zwischen einer „pathologischen“ unterschieden. Besser würde man, nebenbei bemerkt, die Restpolster nach ihrer Genese als primäre und sekundäre benennen, da erstere von der Entwicklungspotenz, letztere von der Peristase abhängig, d. h. durch entzündliche Vorgänge entstanden sind. Übergänge aller Art, die bei dem großen Wechselspiel zwischen Anlage und Umwelt in großer Zahl zu erwarten sind, werden im Einzelfall die Entscheidung erschweren, ob es sich um die eine oder andere Form handelt oder ob die Genese eine doppelte ist. Wie WITTMAACK bemerkt, führen ausgesprochen produktive Vorgänge zu einer exquisit hyperplastischen Schleimhaut. Auch die exsudative Säuglingsotitis ist von Einfluß auf die Schleimhaut und verleiht ihr einen atrophisch-fibrösen Charakter.

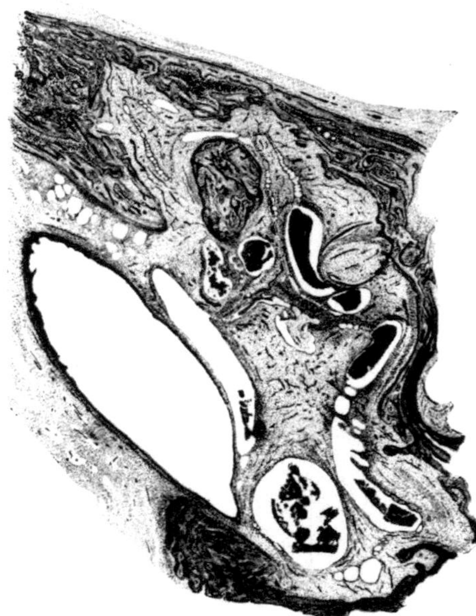

Abb. 18. Produktive Säuglingsotitis. Mittelohr fast vollständig von neugebildetem Bindegewebe erfüllt. Perlschnüre aus Epithelresten (nach WITTMAACK).

Demnach sind Umwelteinflüsse am Zustandekommen der Schleimhautformen, wie sie WITTMAACK unterscheidet, von der mesoplastischen abgesehen, maßgeblich beteiligt. Pathologisch-anatomische Vorgänge werden also vorausgehen und zwar in einer Art, wie sie bei den chronischen Schleimhautkatarrhen und -entzündungen vorkommen. Es handelt sich um hypertrophische und atrophische Formen, je nachdem ob produktive oder alterative Reaktionen vorherrschen.

Diese Phänotypen erklären sich unserer Meinung nach jedoch zwangloser aus einer anlagebedingten Schleimhautminderwertigkeit. Letztere äußert sich nicht nur in einer geringen Entwicklungspotenz, sondern auch in einer geringen physiologischen bzw. funktionellen Leistungsfähigkeit. Darauf beruhen sowohl die unzulängliche Pneumatisation in der Paukenhöhle und die primären Restpolster, als auch die schon in frühester Jugend auftretenden, häufig über längere Zeiträume bestehenden, u. U. latenten Katarrhe und Entzündungen, die produktive Vorgänge um so eher bedingen, als die anatomischen Verhältnisse im Mittelohr das Liegenbleiben von Exsudat begünstigen. So bleibt genügend Zeit zur Organisation. Die alterative Entzündung aber führt zur Schleimhautatrophie. Daraus aber müssen wir den Schluß ziehen, daß diese Phänotypen endlich auch der Ausdruck der funktionellenVariabilität der Schleimhäute sind, die alle Übergänge zeigt.

3. Die Schleimhauttypen im Mittelohr.

Unter den anlagebedingten Formen sind es die mesoplastische, die hyperplastische und die hypoplastische und unter den umweltbedingten die hypertrophische und die atrophische Mittelohrschleimhaut. Dies gilt allerdings mehr theoretisch als praktisch. Tatsächlich muß zugegeben werden, daß sowohl klinisch als auch pathologisch-anatomisch eine Unterscheidung im Einzelfalle sehr schwierig ist, solange kein Entzündungszustand besteht, der weitere Rückschlüsse erlaubt. Dies um so mehr, als alle Übergänge dieser Schleimhauttypen vorkommen. Von Unstimmigkeiten der Nomenklatur abgesehen, ist dies wohl der Grund dafür, daß die hyperplastische Schleimhaut von der hypertrophischen, die hypoplastische von der atrophischen bzw. fibrösen eben nicht unterschieden wird. Eine klare und eindeutige Benennung der einzelnen Formen ist jedoch mit Rücksicht auf Forschung wie Klinik ein erstes Erfordernis.

Die *mesoplastische Schleimhaut* besteht aus einer flach kubischen, einreihigen Epithelschicht und aus einem niederen Grundstock, der zwischen Epithel und Periost nur aus einer schmalen Gewebsschicht von voll ausdifferenziertem, ungeformtlocker-fibrillärem Bindegewebe besteht.

Die beiden weiteren idiotypisch bedingten Formen unterscheiden sich nicht nur in der numerischen Differenz der Gewebsbestandteile und damit in der verschiedenen Schichtdicke, sondern auch im Ausreifungsgrad der Gewebe. So erinnert der Grundstock der *hyperplastischen Schleimhaut* an das Füllgewebe des embryonalen Mittelohres. Die Zellen sind weitmaschig gelagert, sternförmig, relativ plasmareich und zeigen eine geringe Neigung zur Fibrillenbildung. Wie bereits erwähnt wurde, finden sich selbst beim Erwachsenen gelegentlich noch Restpolster von embryonalem Aufbau, wohl als Folge einer geringen Entwicklungspotenz, d. h. einem Beharren auf einem früheren Entwicklungsstadium, wie CONRAD dies für den pyknischen Habitus in gleicher Weise annimmt. Daraus könnte gleichzeitig die Erklärung für die nahen Beziehungen zwischen der hyperplastischen Schleimhaut und dieser Habitusform hergeleitet werden.

Die Phänotypen der Mittelohrschleimhaut, die hypertrophische und die atrophische Schleimhaut — WITTMAACK bezeichnet sie als „hyperplastisch“ bzw. „fibrös“ —, unterscheiden sich von den anlagebedingten Formen durch die Einwirkungsfolgen der Peristase. WITTMAACK spricht von „charakteristischen Umwandlungen, die die Mittelohrschleimhaut im Säuglingsalter unter pathologischen Bedingungen erfährt“ und von „Entwicklungsvarianten der Schleimhaut infolge pathologischer Pneumatisation“. Wie näher begründet wurde, muß aber angenommen werden, daß jedenfalls die mesoplastische Schleimhaut, infolge ihrer biologischen Hochwertigkeit kaum einmal einer Erkrankung, d. h. nur einem überwertigen Infekt anheimfällt, diesem auch gegebenenfalls gewachsen ist. So wird ein „Konstitutionsumschlag“ im Sinne von WITTMAACK, d. h. eine bleibende Änderung im Schleimhautaufbau und in der Leistung die Ausnahme sein.

Die Entstehung einer hypertrophischen bzw. atrophischen Schleimhaut ist aber nicht nur von der Art des Infektes, sondern wieder vom Grad der biologischen Schleimhautwertigkeit und also vom Reaktionstyp, d. h. von der Reaktionsfähigkeit des Gewebes abhängig. Letztere kann eine produktive, sie kann auch eine alterative sein, wie die Säuglingsotitis beweist. In ersterem Fall, wenn es sich um einen ausgesprochenen Grad handelt, nimmt endlich die Schleimhaut einen polypösen Charakter an.

Die hypertrophische Schleimhaut, unter den genannten Voraussetzungen entstanden und durch die Restpolster im Mittelohr charakterisiert, erfährt dann häufig verschiedene Veränderungen durch äußere Einflüsse. Durch eine besondere Neigung der Exsudatmassen im Mittelohr, sich bindegewebig zu organisieren, nimmt die Schichtdicke zu. Auf entsprechenden Schnitten läßt sich ohne weiteres verfolgen, wie durch Lücken an vielen Stellen des Epithels Fibroblasten auswandern (Abb. 19) und sich rasch im Exsudat des Lumens vermehren. Auf diese Weise entstehen segelartige und schwartenförmige Gewebslagen verschiedener Dicke, meist in den Nischen des Mittelohres, die dann zum dauernden Bestandteil der Schleimhaut werden. Neugebildetes Epithel überkleidet nicht nur diese Gewebspolster nach dem Lumen hin, es kleidet auch die Hohlräume aus, die sich zwischen dem ursprünglichen Schleimhautsaum und dem organisierten Exsudat finden. Dadurch entstehen eigenartige, an Perlschnüre erinnernde Einlagerungen im Gewebe. Sie lassen als solche die ursprüngliche Begrenzung der Schleimhautoberfläche wiedererkennen. Durch wiederholte Erkrankungen dieser Art können schließlich mehrere Gewebsschichten entstehen, jeweils geschieden durch diese Reste von epithelialem Gewebe. Ein Befund dieser Art im Mikroskop wird also die Entscheidung erleichtern, ob ein Restpolster im Mittelohr primärer oder sekundärer Natur ist, da erstere homogen aufgebaut sind.

Weitere Umwandlungen des Schleimhautcharakters zeigen sich nach WITTMAACK auch am Flimmerepithel, insofern als atypischerweise Schleim- und Becherzellen auftreten. Diese bedingen den Schleimgehalt des Mittelohrexsudates in solchen Fällen.

Alle diese pathologisch-anatomischen Veränderungen an der Schleimhaut des Mittelohres gehen nebeneinander her, wobei jeweils der Reaktion ent-

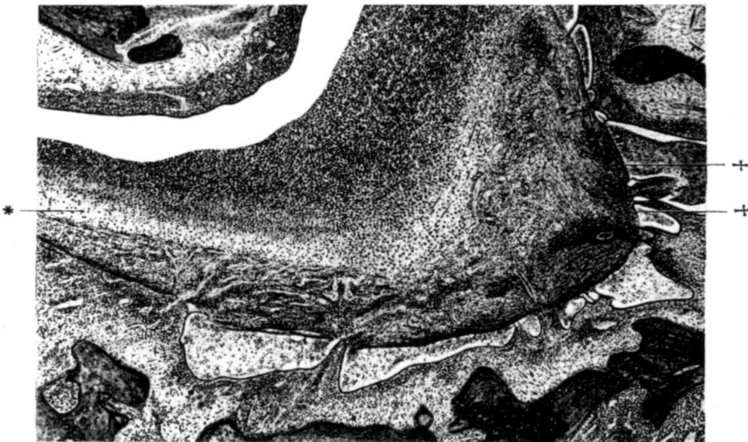

Abb. 19. Organisation von Mittelohrexsudat durch Überwanderung von Fibroblasten aus dem Schleimhautgrundstock (nach WITTMAACK).

sprechend, das eine Mal mehr die Schwartenbildung, das andere Mal mehr die gleichmäßige Hypertrophie überwiegt.

Neigt im anderen Fall eine hypoplastische Schleimhaut zu einer alterativen Reaktion, so muß ein entzündlicher Reiz zum Schwund führen. Es entsteht eine atrophische Schleimhaut, um so mehr, als dabei virulente Keime, wie sie WITTMAACK für die exsudative Säuglingsotitis annimmt, im Spiel sind. Diese atrophische Schleimhaut trägt die Merkmale der „fibrösen", wie sie WITTMAACK beschrieben hat, d. h. der bindegewebige Grundstock ist sehr dünn, relativ zell- und gefäßarm, ferner derbfibrillär. Man kann sagen, sie ist von narbenähnlicher Beschaffenheit, während Organisationsvorgänge bzw. Schwartenbildungen sich selten finden.

Dieser Auffassung scheint sich WITTMAACK anzuschließen, wenn er schreibt: „jedenfalls zeigen auch regulär ausgetragene, neugeborene Kinder unmittelbar post partum erhebliche Varianten im Schleimhautaufbau". Ferner wird eine „verschiedenartige Reaktion der Schleimhaut auf äußere Einflüsse" angenommen und der Säuglingskatarrh schließlich auf eine anlagebedingte Disposition der Schleimhaut zurückgeführt. Der Rückschluß, der gezogen wird, geht jedoch nicht dahin, die naheliegende Beziehung zwischen der Variabilität im Aufbau der Schleimhaut und der individuell verschiedenen Reaktion auf äußere Einflüsse zu suchen, vielmehr wird nur für letztere der Einfluß erblicher Disposition bejaht, erstere nach wie vor ausschließlich als umweltbedingt aufgefaßt. Damit aber erklärt sich auch der Umstand, warum WITTMAACK die individuell verschiedene

Pneumatisation des Warzenfortsatzes aus paratypischen Einflüssen erklärt und in Beziehung setzt zu einem gleichfalls umweltbedingten Schleimhautcharakter.

B. Die Varianten der Pneumatisation des Warzenfortsatzes.

Wird die Pneumatisation des Warzenfortsatzes bzw. des Schläfenbeines hier eingehend abgehandelt, so nicht nur mit Rücksicht auf die Klinik, sondern auch, weil sie sich aus Entwicklungsfunktionen der Schleimhaut erklärt. Die innere Struktur des Schläfenbeines, soweit durch die pneumatischen Räume bedingt, ist individuell in einer Weise verschieden, wie es im Vergleich zu anderen Organen, selbst zu den Nasennebenhöhlen, als durchaus ungewöhnlich bezeichnet werden muß. Bekanntlich erstreckt sich die Pneumatisation das eine Mal über den ganzen Warzenfortsatz und gelegentlich noch weit darüber hinaus in den anstoßenden Knochen hinein, während sie das andere Mal kaum über das Antrum hinausreicht. Dazwischen finden sich alle Übergänge, auch Irregularitäten der Anordnung. Dieser eigenartige Wechsel im anatomischen Bau hat naturgemäß nicht nur die Anatomen, sondern vor allem auch die Otologen und letztere um so mehr beschäftigt, als sich ferner bekanntlich jene eigenartigen, so gut wie gesetzmäßigen Beziehungen zwischen der Ausdehnung der pneumatischen Zellen und den verschiedenen Arten der genuinen Mittelohrentzündung ergeben haben. Trotz alledem hat die innere Struktur des Warzenfortsatzes relativ spät erst das Interesse gefunden, das diesem Gegenstand mit Rücksicht auf die Klinik zukommt.

Die Anatomen hatten verständlicherweise in erster Linie die für die Schallwahrnehmung wichtigen Teile des Ohres in den Vordergrund ihrer Forschung gestellt und den Warzenfortsatz kaum gewürdigt. Im älteren Schrifttum ist der innere Aufbau daher ungenügend beschrieben. Die Darstellung beschränkt sich meist auf das Vorkommen pneumatischer Zellen im Warzenteil selbst sowie in den angrenzenden Knochenbezirken der Squama temporalis und des Processus zygomaticus. Dann ist es ZUCKERKANDL, der die Zellen nach ihrer Größe beschreibt und auf ihr zuweilen recht ausgedehntes, zuweilen recht beschränktes Vorkommen hinweist, das auch LUSCHKA damals schon bekannt war. Recht bedeutungsvoll ist ferner die Beobachtung von ZUCKERKANDL über das Vorkommen pneumatischer Zellen neben zellfreien Abschnitten im Knochen und ihre Wechselbeziehungen, die im jüngeren Schrifttum eine Bestätigung und Ergänzung finden. Die 250 durch ihn untersuchten Schläfenbeine werden in 3 Gruppen eingeteilt und zwar in pneumatische in 37%, in gemischt diploetisch-pneumatische in 43% und in total diploetische in 20%. Die letzteren erklärt er als Hemmungsbildungen.

In den letzten Dezennien hat die Erforschung der Pneumatisation der Warzenfortsätze von Seiten der Otologen einen ungeahnten Aufschwung erfahren. Die Belange der operativen Therapie sind es gewesen, die eine weitere Klärung der anatomischen Verhältnisse erforderten. Unter den Erforschungen jener Tage verdienen die von EYSEL, SCHWARTZE und besonders SIEBENMANN genannt zu werden. Es sei an dieser Stelle daran erinnert, daß es die beiden ersteren waren, die zuerst festgestellt hatten, wie die Achsen der Zellen nach dem Antrum konvergieren. BEZOLD hat sich dann die Erforschung der Zellräume zur besonderen Aufgabe gemacht und zwar aus der Erkenntnis, wonach die Warzenfortsatzzellen auch für klinische Belange von großer Bedeutung sind. In seiner Korrosionsanatomie des Ohres vom Jahre 1882 sind erstmalig nähere Angaben über Form, Größe und Ausdehnung der Zellen zu finden. SIEBENMANN hat diese Untersuchungen weitergeführt und dabei den sehr verborgenen Cellulae tubariae besondere Aufmerksamkeit geschenkt. In jüngeren Tagen tritt dann MOURET mit seinen Anschauungen über das Wesen und die Bedeutung der inneren Struktur des Warzenfortsatzes hervor. Seine Ergebnisse aus allerdings ausschließlich makroskopisch-anatomischen Studien gehen dahin, den zellarmen Aufbau des Warzenfortsatzes als individuelle Erscheinung und seine Varianten überhaupt als idiotypisch bedingt aufzufassen.

Seitdem sind unsere Kenntnisse wesentlich vertieft worden und zwar durch die von WITTMAACK ins Leben gerufene Methode der mikroskopischen Erforschung histologischer Schnittserien durch das menschliche Felsenbein. Bis dahin fehlten systematische Untersuchungen über die normale Entwicklung des Zellsystems so gut wie vollständig. Erst jetzt wurden die näheren und gesetzmäßigen Beziehungen bekannt, die zwischen der Pneumatisation des Warzenfortsatzes und der Mittelohrschleimhaut bestehen. Den Grundpfeiler seiner Pneumatisationslehre bildet der Hinweis, daß der normalen Pneumatisation auch eine normale Schleimhaut im Mittelohr und in den Zellen des Warzenfortsatzes entspricht, während andererseits bei atypischer Struktur des Warzenfortsatzes, insbesondere bei ausgebliebener Zellbildung, eine in charakteristischer Weise veränderte Schleimhaut vorliegt. Damit wird mit MOURET die alte Auffassung bekämpft, welche die Varianten der Warzenfortsatzstruktur und vor allem die Sklerosierung als Folge einer Knochenapposition auffaßt. Kommt zweifellos ossifizierenden bzw. eburnisierenden Prozessen im Warzenfortsatz als Folge entzündlicher Erkrankung ein gewisser strukturändernder Einfluß zu, so ist ihre Bedeutung doch verhältnismäßig gering. Hervorgehoben muß auch werden, daß WITTMAACK durch seine Erkenntnisse unser klinisches Denken in grundsätzlicher Weise beeinflußt und auf ganz neue Basis stellt, indem er als erster die Zusammenhänge zwischen der Mittelohreiterung einerseits, dem Schleimhautverhalten und Aufbau des Warzenfortsatzes andererseits in Beziehung setzt und erklärt.

Den ersten Veröffentlichungen von WITTMAACK nach ist die verschiedene Ausdehnung der Pneumatisation in erster Linie, wenn nicht ausschließlich durch entzündliche Veränderungen der Mittelohrschleimhaut bedingt und zwar durch die wiederholt genannte Säuglingsotitis. Sie soll den Entwicklungsablauf der Pneumatisation stören. Diese Anschauung, die also die wechselnde Innenstruktur des Warzenfortsatzes aus der Umwelt erklärt, wurde von WITTMAACK selbst teilweise überprüft, nachdem W. ALBRECHT auf die Bedeutung der Anlagefaktoren hingewiesen hat. ALBRECHT ist der Auffassung, daß äußeren Einflüssen eine gewisse Rolle zufällt, daß jedoch die biologische Leistungsfähigkeit der Schleimhaut, die mindestens bis zu einem gewissen Grade vererbbar ist, im Vordergrund steht.

1. Die Ergebnisse der Zwillingsuntersuchungen.

Die anatomischen bzw. pathologisch-anatomischen Vergleiche, wie sie bis dahin angestellt worden sind, konnten die Ursache der variablen pneumatischen Struktur des Schläfenbeines bzw. Warzenfortsatzes keineswegs klären, dazu wurde das Problem zu einseitig aufgefaßt. Nur aus der Ausrichtung des ärztlichen Denkens durch die Cellularpathologie und bakteriologische Forschung jener Tage ist es zu verstehen, wenn den entzündlichen bzw. durch die Umwelt bedingten Faktoren ein viel größeres Gewicht beigelegt wurde als den ursprünglichen, wie sie sich aus der Erbmasse herleiten.

W. ALBRECHT hat sich als erster zur Aufgabe gemacht die Pneumatisation in Beziehung zu setzen zur Konstitution, um den Einfluß der Anlagefaktoren der Schleimhaut zu prüfen. Bis dahin waren die Einflüsse der Vererbung zwar immer wieder von WITTMAACK in Erwägung gezogen worden, es fehlte jedoch der eindeutige Nachweis für den Grad ihrer Wirksamkeit.

Um diese Frage zu entscheiden, hat ALBRECHT mittels Röntgenbild die pneumatische Zellbildung im Warzenfortsatz bei kräftiger, gesunder Schleimhaut einerseits, mit der bei minderwertiger Schleimhaut andererseits verglichen. Bei 10 gesunden Menschen mit vollwertigen Schleimhäuten hat sich beiderseits ohne Ausnahme eine gute Zellbildung ergeben, bei 10 Kranken mit exsudativer Diathese dagegen 12 mal eine sehr geringe, 5 mal eine mittelmäßige, allerdings auch 3 mal eine gute. Zweifellos konnten diese Ergebnisse nur als Folge einer Abhängigkeit der pneumatischen Zellbildung von der Konstitution gedeutet werden, doch verlangten die zuletzt genannten gut pneumatisierten Warzenfortsätze dieser Vergleichsreihe immerhin eine weitere Klärung. Für diesen Zweck hat ALBRECHT später einen grundsätzlich neuen Weg beschritten und zwar durch vergleichende Untersuchungen der pneumatischen Struktur bei Zwillingen. Es war bei eineiigen Paaren, da sie die gleiche Erbmasse besitzen, eine Übereinstimmung der Pneumatisation zu erwarten und damit der Beweis zu führen. So haben tatsächlich unter 22 eineiigen Zwillingen 16 Paare, das sind rund 73%, dieser Erwartung entsprochen, d. h. die innere Struktur war „zum Verwechseln gleich". Bei 6 Paaren fanden sich jedoch deutliche Unterschiede, teils einseitig, teils doppelseitig. Aus diesen Beobachtungen hat ALBRECHT den Schluß gezogen, „daß die Pneumatisation nicht allein durch individuelle Einflüsse zu klären sei, vielmehr auch erworbene Veränderungen eine nicht unwichtige Rolle spielen müssen" und dies um so mehr, als die diskordanten Paare chronische Katarrhe im Nasenrachen oder eine vergrößerte Rachenmandel zeigten, die bei den Partnern mit guter Pneumatisation fehlten.

Um den Einfluß der Vererbung auf die Pneumatisation zu prüfen hat LEICHER weitere Untersuchungen an eineiigen Zwillingen angestellt und dabei die pneumatischen Höhlen der Nase, d. h. die Stirnhöhlen, den Zellen des Warzenfortsatzes gegenübergestellt. Während ALBRECHT in seiner Untersuchungsreihe eine Diskordanz von rund 27% findet, zeigen in dieser Reihe von 39 Paaren 14 = 35% eine unterschiedliche Pneumatisation.

Es sind folgende:

1. Bei 2 Paaren waren beide Warzenfortsätze des einen Zwillings gut pneumatisiert und beide Warzenfortsätze des anderen Zwillings in der Pneumatisation gehemmt.
2. Bei 4 Paaren waren beide Warzenfortsätze des einen Zwillings gut pneumatisiert und *ein* Warzenfortsatz des anderen Zwillings in der Pneumatisation gehemmt.
3. Bei 5 Paaren war bei jedem Zwilling *ein* Warzenfortsatz in der Pneumatisation gehemmt (und zwar bei 3 Paaren auf der gleichnamigen, bei 2 Paaren auf entgegengesetzter Seite).
4. Bei 3 Paaren waren beide Warzenfortsätze des einen Zwillings und ein Warzenfortsatz des anderen in der Pneumatisation gehemmt.

Zu diesen 14 Paaren mit verschiedenartiger Pneumatisation tritt ein Paar hinzu, bei dem jeder Zwilling eine einseitige Pneumatisationshemmung der Warzenfortsätze aufwies.

LEICHER kommt darüber zu dem Ergebnis, daß der Pneumatisationszustand außer von paratypischen Einflüssen, von einem „keimvererbten, formgebenden Entwicklungsfaktor" abhängig ist, und daß nicht die „Hemmung" der Pneumatisation als solche vererbt wird, sondern die Disposition dazu.

Ist die Zwillingsforschung zweifellos die geeignetste Methode zum Nachweis der Erblichkeit einer Eigenschaft, so muß berücksichtigt werden, daß damit unsere Erkenntnisse nur durch die Zahl der Beobachtungen zu fördern sind. Die Vergleiche können sich auch nicht auf die eineiigen Zwillinge beschränken, vielmehr sind die zweieiigen mit einzubeziehen. In diesen Tagen hat v. VERSCHUER wieder darauf hingewiesen, daß die Erblichkeit eines Merkmals immer dann zu erkennen ist, wenn die Konkordanz bei den eineiigen Zwillingen, da sie erbgleich sind, größer ist als bei den weniger erbgleichen zweieiigen Zwillingen und daß die Umweltbedingtheit eines Merkmals sich aus gleicher Konkordanz bei eineiigen Zwillingen und zweieiigen Zwillingen ergibt.

Den Anforderungen an das Untersuchungsgut, die sich daraus ergeben, ist in einer dritten Untersuchungsreihe (M. SCHWARZ), die 59 eineiige und 35 zweieiige Zwillingspaare, dazuhin 3mal Drillinge umfaßt, entsprochen worden. Ihre relativ große Zahl von rund hundert Paaren, die sich vor allem gleichzeitig auf eineiige Zwillinge in genügendem Umfang erstreckt, erlaubt aber nicht nur eine Gegenüberstellung der Pneumatisation nach dem Gesamtbild, sondern auch eine besondere Berücksichtigung einzelner Pneumatisationsgrade. Dieser Umstand aber ist von besonderer Bedeutung.

Ehe auf die einzelnen Ergebnisse dieser Reihenuntersuchung eingegangen werden kann, muß folgendes vorausgeschickt werden. Das Röntgenbild erlaubt einen hinreichend exakten Nachweis der pneumatischen Struktur des Warzenfortsatzes, jedenfalls unter Verwendung verschiedener Aufnahmerichtungen. Also bleibt nur zu erörtern, welche Gesichtspunkte für die Beurteilung des Röntgenbildes im Einzelfall als maßgebend anzusehen sind. Das ist zunächst und in erster Linie die Ausdehnung des pneumatischen Zellfeldes im Warzenfortsatz, denn nach der Auffassung von WITTMAACK, STEURER u. a. bedingen die Einflüsse der Umwelt eine „Hemmung" der Pneumatisation in verschiedenem Grade, endlich einen so gut wie völlig zellfreien, sog. kompakten bzw. diploetischen Warzenfortsatz. Die Peristase bewirkt aber nach diesen Autoren eine Unregelmäßigkeit in der Lagerung der Zellen und eine wechselnde Zellgröße, so daß auch auf diese Einzelheiten, wie auf die Wanddicke der Zellen und auch auf das Verhalten des Sulcus sigmoideus geachtet werden muß. Es ist also nicht nur die Ausdehnung des pneumatischen Zellfeldes, sondern auch die Zellanordnung, die Zellgröße und das Strukturbild in seiner Gesamtheit zu berücksichtigen.

Zur Erleichterung solcher Vergleiche wurden 5 Pneumatisationsgrade angenommen, und zwar: I = sehr gut, II = gut, III = mittel, IV = gering, V = sehr gering.

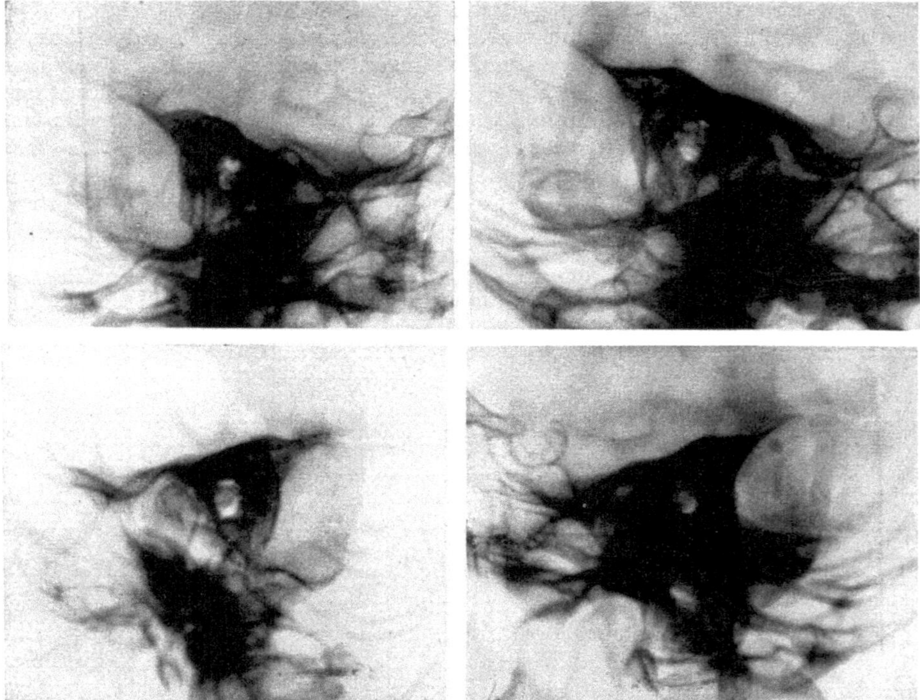

Abb. 20. Übereinstimmend kompakte Warzenfortsätze eines eineiigen Zwillingspaares.

Die Ergebnisse dieser Zwillingsreihe in ihrem ganzen Umfang wiederzugeben, ist nicht erforderlich, da für unsere Fragestellung das Verhältnis der Konkordanz der eineiigen Zwillinge im Vergleich zu dem der zweieiigen Zwillinge im Vordergrund steht. Auf einige bemerkenswerte Einzelheiten soll jedoch kurz eingegangen werden, und zwar soweit sie zunächst den sehr gering bzw. nicht pneumatisierten sog. kompakten Warzenfortsatz (Pn. Grad V) betreffen.

Unter 236 Warzenfortsätzen von 59 eineiigen Zwillingspaaren waren 60 nach dem Röntgenbild vollständig bzw. so gut wie vollständig zellfrei, das sind 25,5%, unter den 140 Warzenfortsätzen der Zweieiigen 17, das sind 12,1%, unter den 18 Warzenfortsätzen der Drillinge 8. Die Übereinstimmung dieser nicht pneumatisierten Warzenfortsätze erstreckt sich bis in alle Einzelheiten, betrifft also auch die Form des Felsenbeinschattens auf dem Film (s. Abb. 20). Von den 60 Warzenfortsätzen sind 40 paarweise verteilt und völlig gleich. Das sind

$66^2/_3$%. Diese Beobachtung fällt um so mehr ins Gewicht, als im allgemeinen paratypische Einflüsse nicht nur von sehr wechselndem Ausmaß sind, sondern an paarig angelegten Organen sich seitenverschieden auswirken. Hier aber finden sich, und dies in einer solch auffallenden Häufigkeit, durchaus übereinstimmende, ja *kongruente pneumatische Strukturen an allen vier Felsenbeinen* jener eineiigen Paare. Dieser Umstand weist um so mehr auf ursächlich erbliche Faktoren hin, als unter den zweieiigen Zwillingen, also den weniger erbgleichen Paaren, von 17 kompakten Warzenfortsätzen nur 4 paarweise verteilt sind. Schließlich darf nicht unberücksichtigt bleiben, daß in den Warzenfortsätzen Eineiiger das Zellfeld keinesfalls eine normale Ausdehnung erreicht, wenn beim Partner kompakte Warzenfortsätze vorliegen. Es ist also zweifellos eine Neigung zur Übereinstimmung erkennbar. Dieser Befund stimmt mit den Beobachtungen von HEINEMANN überein, wonach eine seitenverschiedene Pneumatisation bei gleichen Individuen wohl gradueller, selten aber prinzipieller Natur ist.

In diesem Zusammenhang sind auch die Drillinge zu nennen. Dabei hat sich beobachten lassen, daß die beiden eineiigen Partner an allen 4 Ohren einen kompakten Warzenfortsatz zeigen, während der eine zweieiige Drilling (von anderem Geschlecht) eine ordentliche Zellbildung besitzt.

Weiterhin ist das Verhalten der ungewöhnlich ausgedehnten Zellbildung, d. h. der sehr gut pneumatisierten Schläfenbeine (Pn. Grad I) bemerkenswert. Unter den eineiigen Zwillingen sind von 26 Warzenfortsätzen dieser Art 20 paarweise verteilt, das sind 92,2% (nach OKASAKI 91%). Unter den Zweieiigen ist die Übereinstimmung geringer und nur in 61,5% nachweisbar, auch erreicht das Zellfeld den Grad I nicht in durchgehend gleicher Weise, während im Gegensatz zu den eineiigen Zwillingen ferner das Strukturbild wechselt.

Die Zusammenfassung aller Ergebnisse (s. Tab.) besagt, daß die Pneumatisation der eineiigen Zwillinge insgesamt in 65% paarweise übereinstimmt, die der zweieiigen Zwillinge nur in 36,1% (OKASAKI findet 72% bzw. 37%). Es ließ sich ferner nachweisen, daß unter den eineiigen Zwillingen nicht nur die Ausdehnung und Gestalt der Pneumatisation die gleiche ist, sondern auch die Größe und Anordnung der einzelnen Zellen, wie die Dicke der Zellwände. Bei Zweieiigen trifft dies dagegen selten einmal zu.

Pneumatisationsgrade	Konkordanz in % bei E. Z.	Z. Z.
I. sehr gut	92,2	61,5
II. gut............	74,4	32,0
III. mittel	53,3	41,3
IV. gering	42,1	22,2
V. sehr gering	66,6	23,5
zusammen	65,7	36,1

Die Häufigkeit und Art der Übereinstimmung erbgleicher eineiiger Paare im Vergleich mit den zweieiigen gibt allein schon einen wichtigen Hinweis auf die Bedeutung der Vererbung beim Zustandekommen der pneumatischen Struktur des Schläfenbeines. Dabei ist zu berücksichtigen auf was schon hingewiesen wurde, daß die Autoren um WITTMAACK die Ursache für die individuell wechselnden Pneumatisationsgrade in der Peristase suchen. Bei der Willkürlichkeit, mit der paratypische Einflüsse zur Auswirkung kommen, ist aber, darauf sei noch einmal hingewiesen, schwer vorstellbar, daß bei den geringen Pneumatisationsgraden vor allem Übereinstimmungen, die als „kongruent" bezeichnet werden müssen (s. Abb. 21), in solcher Häufigkeit und zudem dann jeweils an allen 4 Ohren vorkommen. Selten erreicht die Mittelohrentzündung — und das gilt wohl in gleicher Weise für jede Otitis — den gleichen Grad an beiden Ohren. Sie tritt jedenfalls häufiger einseitig als doppelseitig auf und zwar im Verhältnis 72:28 nach einer unveröffentlichten Zusammenstellung von KLUGKIST. In Wirklichkeit müßten also, wenn der Peristase ein Einfluß nennenswerten Grades zukommen würde, auch bei eineiigen

Zwillingen ausgesprochene Unterschiede der pneumatischen Struktur des Warzenfortsatzes zu erwarten sein. Daraus muß geschlossen werden, daß für die Art und Ausdehnung der Pneumatisation in erster Linie idiotypische Faktoren maßgebend sind. Die Pneumatisation des Warzenfortsatzes muß also vor allem von erblichen Faktoren abhängig sein.

Die Übereinstimmung der Pneumatisation des Warzenfortsatzes allein ist es nicht, die entscheidet. Erst die Konkordanz bzw. Diskordanz der eineiigen Zwillinge im Vergleich mit den zweieiigen Zwillingen zeigt die Bedeutung von

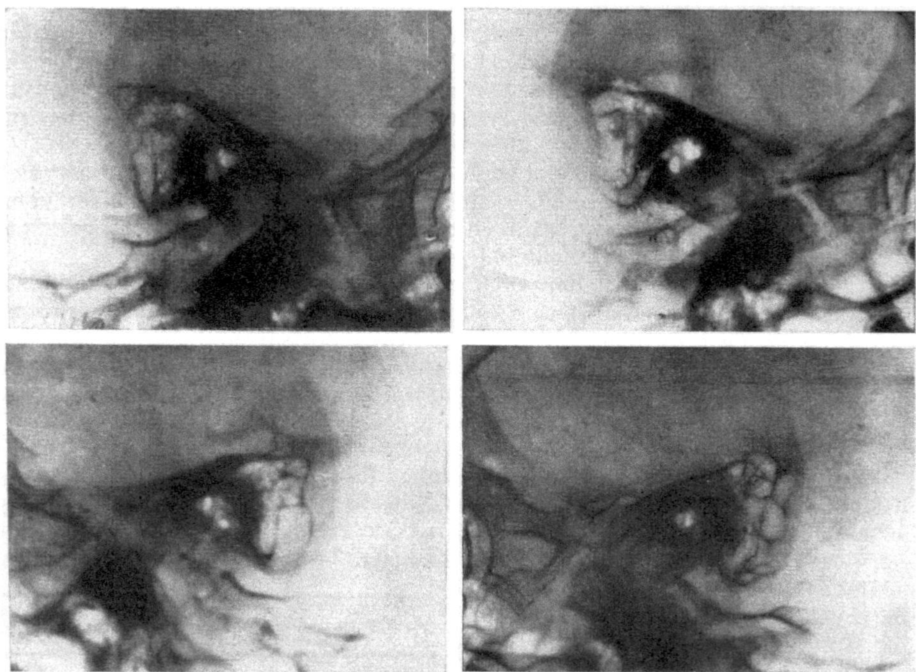

Abb. 21. Röntgenbilder der Warzenfortsätze eines eineiigen Zwillingspaares. Es stimmt nicht nur der Grad der Pnaumatisation überein, sondern in auffallender Weise auch die innere, durch die Lagerung der pneumatischen Zellen bedingte Struktur.

Erbe und Umwelt eindeutig auf. Läßt sich darin tatsächlich ein erheblicher Unterschied nachweisen, so geben die Konkordanzwerte der einzelnen Pneumatisationsgrade (s. Tab.) weitere, recht wichtige Aufschlüsse. Ein Vergleich der Kurven auf der graphischen Darstellung (s. Abb. 22) zeigt zunächst, daß die Häufigkeit übereinstimmender Pneumatisationen von Grad I bis Grad IV sinkt, um dann zu Grad V plötzlich und erheblich wieder anzusteigen. Die Kurve der zweieiigen Zwillinge verläuft tiefer, aber im wesentlichen parallel dazu, nur an einem, allerdings sehr wichtigen Punkt, nämlich bei mittleren Pneumatisationsgraden nähert sie sich nicht unerheblich. Bei der doch immerhin recht großen Zahl der beobachteten Zwillingspaare ist dies wohl kaum auf eine Zufälligkeit zurückzuführen. Das ergibt sich aus folgendem.

Die absolute Höhe der Konkordanzwerte ist nach v. Verschuer von verschiedenen Faktoren abhängig. In unserem Fall, wenn es sich nur um die Entwicklungspotenz einerseits und die Peristase andererseits handeln kann, erscheint es recht bedeutungsvoll, daß die Kurve der eineiigen Zwillinge bei Grad I der Pneumatisation die größte Höhe, aber auch bei Grad V immerhin noch 66,6%

erreicht. Diese Übereinstimmung, die gerade in den Extremen wenigstens insofern zum Ausdruck kommt, als dort die Kurven ansteigen, ist wohl eine weitere Bestätigung für unsere Auffassung. Wie ausführlich erörtert wurde, ist es die Schleimhaut, welche die Pneumatisation schafft, sie muß, wechselnde Pneumatisationsgrade vorausgesetzt, eine individuell verschieden große plastische Kraft besitzen. Letztere aber steht in einem Abhängigkeitsverhältnis zu der gesamten Leistungsfähigkeit der Schleimhaut, damit also zu der Fähigkeit, äußere Einflüsse abzuwehren. Eine hochwertige Schleimhaut wird daher gut pneumatisieren, sie wird sich aber gleichzeitig gegen äußere Einflüsse mit Erfolg und unbeeinflußt durchsetzen, also ihre Pneumatisationspotenz unvermindert beibehalten. Dementsprechend findet sich bei dem Pneumatisationsgrad I, auch bei II, die größte Übereinstimmung, bei ersterem in fast 100%. Im entgegengesetzten Extrem kann eine Schleimhaut, die überhaupt nicht zu pneumatisieren vermag, durch äußere Einflüsse in ihrer Entwicklungsfunktion nicht weiter beeinträchtigt werden. Daher gleiche kompakte Warzenfortsätze in immerhin 66,6%.

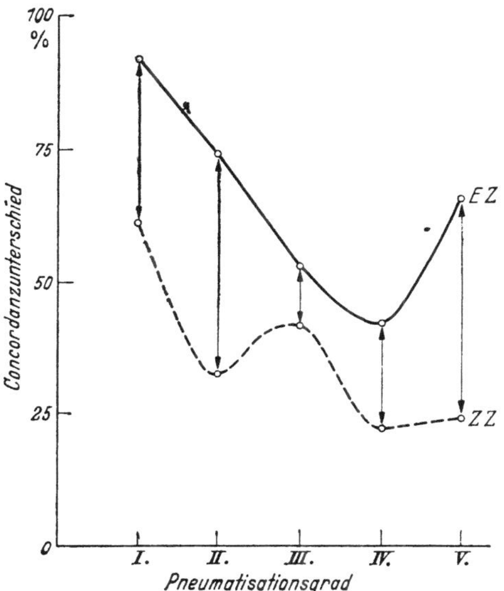

Abb. 22. Die Konkordanzkurven der angenommenen Pneumatisationsgrade verlaufen bei E.Z. und Z.Z. nahezu parallel. mit einer Ausnahme beim Pneumatisationsgrad III, wo sie sich auffallend nähern. Dabei ist zu berüsichtigen, daß umweltbedingte Merkmale bei E.Z. und Z.Z. die gleiche Konkordanz zeigen.

Am ehesten sind wohl die Schleimhäute eines mittelmäßigen Pneumatisationsgrades (III und IV) durch die Peristase beeinflußbar. Somit kann angenommenwerden, daß dann die Schleimhaut eine Entwicklungspotenz besitzt, die wohl noch eine ganz ordentliche Pneumatisation schafft, soweit sie nicht irgendwie beeinträchtigt wird. Da der Pneumatisationsgrad III am ehesten der Peristase unterliegt, ist dort der Konkordanzunterschied zwischen eineiigen und zweieiigen Zwillingen am geeignetsten.

Diese Zwillingsuntersuchungen lassen zusammenfassend folgendes Ergebnis erkennen. Die Pneumatisation des Schläfenbeines ist in erster Linie von einem idiotypischen Faktor abhängig, nämlich von der plastischen Kraft der Schleimhaut. Es soll nicht bestritten werden, daß der Peristade bzw. der Säuglingsotitis, Allgemeinerkrankungen, Nährschäden usw. ein Einfluß auf die Ausdehnung und Struktur der pneumatischen Zellen zukommt. Ihre Auswirkung, und das muß doch wohl berücksichtigt werden, ist von der Funktionstüchtigkeit, d. h. der Widerstandsfähigkeit der Schleimhaut abhängig. Weiterhin kommt hinzu, daß die beiden mehrfach erwähnten Kräftekomponenten, nämlich die plastische Kraft bzw. Entwicklungspotenz der Schleimhaut einerseits und die Widerstandsfähigkeit gegen die Peristase andererseits mindestens in gewissen Grenzen voneinander abhängig sind.

2. Die Ergebnisse der Familienforschung.

Die Familienforschung ist nicht nur geeignet, die Ergebnisse aus dem Vergleich eineiiger mit zweieiigen Zwillingen zu ergänzen, sie wird auch die Probe aufs Exempel bringen müssen. Trotz der Schwierigkeiten, die sich aus der erforderlichen Röntgenuntersuchung ergeben, konnte es wenigstens bei einigen Sippen und durch 2 und 3 Generationen hindurch gelingen, die Pneumatisation des Schläfenbeines zu prüfen. Muß zwar zugegeben werden, daß es sich bisher noch um ein bestimmt gerichtetes, d. h. bis zu einem gewissen Grad ausgesuchtes Untersuchungsgut handelt, so muß doch folgendes berücksichtigt werden. Eine Familienforschung dieser Art bliebe in den Anfängen stecken, wollte sie sich ausschließlich mit auslesefreiem Untersuchungsgut befassen. Letzteres ist mit allen Mitteln anzustreben, kann aber nicht von vornherein und in vollem Umfang verlangt werden.

Ein eineiiges Zwillingspaar war der Anlaß für die erste röntgenographische Prüfung der Familie D. Während eine Untersuchung des Vaters nicht erreicht werden konnte, ließen sich bei der Mutter auf dem Röntgenbild der Warzenfortsätze gar keine pneumatischen Zellen nachweisen. (Von dem übrigen Organbefund soll in diesem Zusammenhang abgesehen werden). Die älteste Tochter zeigte nur eine mittelmäßige, zudem irreguläre Pneumatisation. Zwillinge, die durchaus der Mutter gleichen, lassen eine allerdings recht geringe Differenz insofern erkennen, als das linke Ohr von I ganz vereinzelte Zellen an der Peripherie des Antrums zeigt, während die restlichen drei Warzenfortsätze des Paares übereinstimmend kompakt sind. Der Sohn gleicht völlig der ältesten Tochter, die jüngsten 2 Kinder gleichen wieder der Mutter. Es findet sich also eine dominante Verteilung kompakter Warzenfortsätze in der Familie jeweils an beiden Ohren, während im übrigen bestenfalls ein mittlerer Pneumatisationsgrad erreicht wird. Das gleiche Verhalten läßt sich auch an den Nebenhöhlen der Nase dieser Familie nachweisen.

In weiteren Familienuntersuchungen, die mit H. Mayer zusammen durchgeführt wurden, hat es sich zugleich auch um die Frage gehandelt, ob tatsächlich durch eine Otitis eine in der Entstehung begriffene Pneumatisation gehemmt oder ganz zum Stillstand gebracht werden kann. 22 Probanden wurden ausgesucht, die in früher Jugend an einer Scharlachotitis erkrankt waren. Es kann ja kein Grund dagegen sprechen, daß eine Otitis, sofern sie im Zeitraum der Zellentfaltung ausbricht, von geringerem Einfluß auf die Pneumatisation sein soll als eine Säuglingsotitis. Selbstredend mußten jene Fälle ausgesondert werden, die nach dem 5. Lebensjahr erkrankten. Auch von den übrigen Probanden wurde die Familie, soweit es sich durchführen ließ, geprüft. Dies war auch deshalb unumgänglich notwendig, weil wir, die Gültigkeit der Auffassung von Wittmaack vorausgesetzt, nicht mit Sicherheit sagen können, ob eine geringere Entfaltung der Pneumatisation die Folge einer Otitis ist, oder ob sie nicht auf erblicher Anlage beruht, wie es oben erörtert wurde.

Unter 11 Fällen, die vor dem 5. Lebensjahr eine Scharlachotitis durchmachten, fanden sich 7 mit sehr geringer Pneumatisation oder zellfreiem Warzenfortsatz. Die Otitis konnte demnach die Entwicklung der pneumatischen Zellen beeinträchtigt bzw. verhindert haben. Was aber sagen nun die Familienverhältnisse dieser Patienten?

Der Proband der Familie F. ist mit 4 Jahren an Scharlach und im Anschluß daran an doppelseitiger, chronischer Mittelohrentzündung erkrankt. Aus der heute nachweisbaren Pneumatisation, da sie sehr gering ist, könnte man auf eine paratypische Hemmung durch die Eiterung schließen. Vergleichen wir aber mit diesem Befund am Warzenfortsatz die Röntgenbilder der übrigen Familienmitglieder, so zeigen der Vater und dessen Tochter auch kompakte Warzenfortsätze. Ob der Proband von Mutterseite eine normale Pneumatisation mitbekommen hätte, wäre die Erkrankung ausgeblieben, erscheint unter diesen Umständen und der Berücksichtigung des jüngsten Kindes, das mit 8 Monaten schon an Ohrlaufen leidet, unwahrscheinlich.

Durchaus ähnliche Verhältnisse ließen sich bei der Familie B. erheben. Der Proband ist mit $3^1/_2$ Jahren an Scharlach und subakuter linksseitiger Mittelohrentzündung erkrankt und mußte linksseitig antrotomiert werden. Das rechte, damals unbeteiligte Ohr zeigte einen kompakten Warzenfortsatz, ganz ebenso wie beiderseits der Vater. Ohne daß ein Scharlach vorausgegangen wäre, leidet letzterer an doppelseitiger chronischer Mittelohreiterung. Auch bei der Mutter und der ältesten Schwester ließ sich eine nur geringe und dabei unregelmäßige Pneumatisation des Warzenfortsatzes nachweisen. Schließlich wäre das gehäufte Auftreten von Mittelohrentzündungen in der Familie, wie ähnlich auch bei der Familie F., ein eigenartiger Zufall.

Auch die Familie K. bietet übereinstimmende Verhältnisse. Der Proband konnte infolge einer Scharlachotitis im zweiten Lebensjahr die Pneumatisation

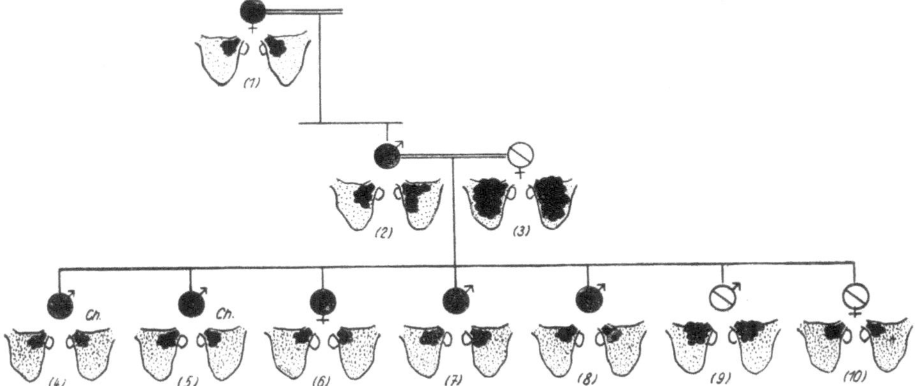

Abb. 23. Stammbaum der Familie G. unter gleichzeitiger Darstellung der Pneumatisation der Warzenfortsätze (es ist von jedem Mitglied der rechte und linke angegeben). Der pneumatisierte Teil schwarz, der nicht pneumatisierte Teil punktiert. Die tatsächliche Größe der Warzenfortsätze ist unberücksichtigt geblieben. Zeichenerklärung ● = Shrapnell-Einsenkung, ⦸ = Zeichen der Schleimhautminderwertigkeit, Ch. = Cholesteatomeiterung dieser Seite.

eingebüßt haben. Bei näherem Zusehen hat es sich jedoch nicht nur um eine ganz geringfügige, sondern vor allem um eine nur einseitige Entzündung gehandelt. Beide Warzenfortsätze aber sind in gleicher Weise kompakt. Die Familienuntersuchung ergibt nicht nur bei der Mutter, sondern ebenso bei den beiden Schwestern eine nur ganz geringfügige Pneumatisation im Warzenfortsatz.

Bei dem Probanden einer weiteren Familie ließ sich ein Verhalten der Warzenfortsatzpneumatisation nachweisen, aus dem auf die ungünstige Auswirkung einer mit $1^1/_2$ Jahren überstandenen Scharlachotitis geschlossen werden könnte. Bei näherer Berücksichtigung der Familie hat sich aber feststellen lassen, daß die Schleimhaut, wie sich nicht allein aus der Ozaenaerkrankung der Mutter ergibt, minderwertig ist. Auch die Pneumatisation im Warzenfortsatz erreicht durchweg nur einen geringen Ausdehnungsgrad. Es konnte der Umwelteinfluß sich also nur deshalb so ausgesprochen auswirken, weil er eine Schleimhaut dieser Verfassung getroffen hat.

Das Ergebnis dieser Untersuchungen, deren Stammbäume nicht alle berücksichtigt werden können, ist demnach folgendes. Die geringe Pneumatisation nach vorausgegangener Scharlachotitis ist nicht eine Folge der letzteren, sondern läßt sich eindeutig aus der Familie und zwar aus einer, dem dominanten Erbgang entsprechenden Verteilung kompakter Warzenfortsätze erklären.

Hier könnte allerdings der Einwand erhoben werden, es handele sich um eine zufällige Häufung geringpneumatisierter Warzenfortsätze in jenen Familien, wodurch der dominante Erbgang vorgetäuscht würde. Aus den mitgeteilten Beobachtungen darf aber immerhin auf eine anfällige Schleimhaut geschlossen werden, sonst könnte die Neigung zur Scharlachotitis nicht so groß sein. Tatsächlich beläuft sich die Morbiditätsziffer auf 62%, gegen rund 28% des Schrifttums. Letztere steht übrigens auch im Einklang mit einer auffallenden Neigung der Mitglieder dieser Familien an Scharlach zu erkranken. Schließlich ist die Pneumatisation insgesamt und einschließlich der Familien von viel geringerer Ausdehnung als im Durchschnitt, obwohl öfter keine Scharlachotitis, noch sonst eine Mittelohrentzündung vorausgegangen war.

Weiterhin ist noch über 2 Familien mit chronischer Mittelohreiterung zu berichten. Da unserer Auffassung nach, und wie noch eingehend erläutert werden soll, die chronische Otitis media eine minderwertige Schleimhautverfassung voraussetzt, letztere aber meist gleichbedeutend ist mit einer entsprechenden Funktionsuntüchtigkeit, auch in entwicklungsphysiologischer Hinsicht, so steht ihrer Berücksichtigung an dieser Stelle nichts im Wege.

Die Familie G (s. Abb. 23) zeigt durch 3 Generationen hindurch ein ganz auffallend häufiges, durchaus dominantes Vorkommen von sehr gering pneumatisierten Warzenfortsätzen und zwar bei sämtlichen 7 Kindern, wie beim Vater, nur die Pneumatisation der Schläfenbeine der Mutter ist mittelgradig.

Dasselbe trifft für die Familie N. zu.

3. Die übrige Forschung.

Der Nachweis eines erbbedingten Merkmales kann mit der notwendigen Sicherheit nur aus erbbiologischen Methoden erbracht werden. Über die ausschließlich pathologisch-histologisch und klinisch bzw. röntgenologisch orientierte Forschung ist damit bereits entschieden, denn sie entbehrt wesentlicher Voraussetzungen. Mit Rücksicht auf nicht unbedeutende Einzelheiten ist darüber jedoch folgendes zu berichten.

Zunächst müssen jene Beobachtungen berücksichtigt werden, wonach die Pneumatisation des Warzenfortsatzes weder durch eine Mittelohrentzündung in der Jugend, noch durch einen so schwerwiegenden äußeren Einfluß, wie eine Antrotomie beeinflußt wurde. Barth, Knick, Loebell, Neumann, Voss, Wittwe konnten nachweisen, daß nach einer ausgiebigen operativen Entfernung der Zellen des Warzenfortsatzes mit der Zeit sich wieder eine normale Pneumatisation entwickelt. Ein solcher Nachweis läßt sich natürlich nur nach einseitiger Antrotomie erbringen, weil nur dann das pneumatische Zellfeld der nichterkrankten Seite einen einigermaßen verwertbaren Vergleich darüber zuläßt, wie weit die Pneumatisation wahrscheinlich fortgeschritten wäre.

Barth berichtet, was wir bestätigen können, daß auf der operierten Seite, bei einer guten Pneumatisation am gesunden Ohr, durch diese „Sekundärpneumatisation" in der größten Zahl der Fälle wieder ganz ordentliche Verhältnisse zustandegekommen sind. Im Gegensatz dazu war bei schlechter Wiederherstellungsneigung die Pneumatisation auf der nicht operierten Seite nur leidlich gut. Dies aber läßt sich wohl nur aus einer primär geringen Pneumatisationspotenz der Schleimhaut, die sich entsprechend beeinflussen läßt, erklären. War die Ausheilungsneigung nach der Operation schlecht, dann war auch die Sekundärpneumatisation entsprechend gering, wie es aus den Eigenschaften der minderwertigen Schleimhaut nicht anders zu erwarten ist.

Die Wiederpneumatisation nach einer Antrotomie im frühen Kindesalter, die dem Beweis eines Versuches gleichkommt, steht also durchaus im Einklang mit unserer Auffassung über die biologische Leistungsfähigkeit der Schleimhaut. Allerdings darf nach einem derartig hochgradigen Trauma eine Sekundärpneumatisation von normalem Umfang nicht erwartet werden. Sie bleibt im Vergleich mit der Norm im allgemeinen zurück. Es müssen nach der Operation wenigstens Teile der Schleimhaut zurückbleiben, falls eine solche überhaupt einsetzen und ein pneumatisches Zellfeld wieder entstehen soll. Durch eine feste bindegewebige Narbe wird dem Epithel aber wohl ein gleich großer Widerstand erwachsen, wie durch sklerosierten Knochen. Daraus erklärt sich auch, daß die Sekundärpneumatisation, wie aus den Mitteilungen von BARTH hervorgeht, in der Richtung ihres Fortschreitens sich nach der Lage der stehengebliebenen Zellen richtet, dort also, wo normale Verhältnisse zu erwarten sind und Schleimhaut stehen bleibt.

STEURER hat in letzter Zeit behauptet, die Pneumatisation müßte, falls sie auf Anlagefaktoren beruhe, auf beiden Ohren dieselbe sein. In Wirklichkeit finden sich jedoch in 10% seiner Fälle ganz erhebliche Differenzen, nämlich beim gleichen Menschen einerseits eine gute und andererseits dagegen eine nur sehr geringe Pneumatisation, d. h. also polare Extreme. STEURER hält die Einwirkung von Umwelteinflüssen, als Ursache der sehr geringen Pneumatisation der einen Seite, für so gut wie unbestreitbar, weil sich aus der Anlage her eine solch große Verschiedenheit beim gleichen Individuum nicht erklären ließe. Sind zwar paratypische Einflüsse auf das Ohr, als Ursache der gering pneumatisierten Warzenfortsätze, nicht abzuleugnen, so steht doch jener Auffassung die Beobachtung entgegen, wonach sich Seitendifferenzen auch unter Erbmerkmalen finden, z. B. bei der Mikrotie, bei der Hasenscharte usw. Es sei in diesem Zusammenhang auch auf eine Mitteilung von v. VERSCHUER verwiesen, die zeigt, wie sich der Klumpfuß z. B. nur bei $^1/_4$ der eineiigen Zwillinge konkordant verhält, bei $^3/_4$ ist nur ein Paarling klumpfüßig. Früher hätte man — wie er schreibt — äußere Einflüsse dafür beschuldigt; heute wissen wir, daß der Klumpfuß vorwiegend erblich ist. Schließlich läßt sich die Ursache jener hochgradigen Differenz zwischen rechtem und linkem Ohr beim gleichen Individuum wohl nur durch die Familienforschung klären.

Nachdem WITTMAACK gelegentlich den Einfluß der Vererbung sehr stark in Erwägung zieht, findet sich in seiner Otosklerosemonographie auf S. 140 folgendes vermerkt: „Wir können wohl mit Recht annehmen, daß ebenso wie sich andere Entwicklungseigentümlichkeiten vererben, auch die individuellen Eigentümlichkeiten in der Entwicklung des pneumatischen Systems in höchstem Maße erblich sind“. Dieser Satz kann kaum mißverstanden werden, auch haben vor WITTMAACK schon MOURET, auch die älteren Autoren wie BEZOLD, EYSEL, SIEBENMANN, SCHWARTZE, WILDERMUTH u. a. die wechselnde Pneumatisation als individuelle Variante, d. h. als erblich bedingt gedeutet. Trotz alledem betont WITTMAACK heute mehr denn je den großen Einfluß der Peristase auf die pneumatisierende Schleimhaut. Indem er also die „ausschließlich“ genotypische Variabilität der Pneumatisation des Warzenfortsatzes ablehnt, verlangt er den Beweis für ihre Unabhängigkeit von äußeren Einflüssen. Tatsächlich muß dieser nun als erbracht gelten.

Schließlich darf aber folgendes nicht unberücksichtigt bleiben. Die Variabilität in der Natur ist nicht nur regelmäßig, sie ist vielmehr der Ausdruck des Lebendigen schlechthin. Wir können, einen entsprechenden Vergleich vorausgesetzt, jeden Tag beobachten, wie die Blätter desselben Baumes, selbst wenn sie gleich groß sind, in Einzelheiten voneinander abweichen, obwohl ihre Gestalt prinzipiell übereinstimmt. Darin aber nur die Einwirkung paratypischer Einflüsse im Sinne von WITTMAACK sehen zu wollen, steht im Gegensatz zu allen Erfahrungen. Bekanntlich ist sich nichts in der Natur gleich, selbst der Doppelgänger erweist sich bei näherer Betrachtung als ein durchaus anderer Mensch, und nur Zwillinge sehen sich zum Verwechseln gleich, sie stammen aber aus ein und demselben Ei. Die von Mensch zu Mensch wechselnde Pneumatisation des Schläfenbeines läßt sich eben nicht allein aus der Einwirkung der Umwelt erklären. Allerdings, das sei zugegeben, auch nicht ausschließlich aus der Anlage. Angesichts der genannten Ergebnisse aus Zwillings- und Familienuntersuchungen kann aber die anlagebedingte Entwicklungspotenz des pneumatisierenden Gewebes kaum noch bestritten werden. Sie steht ursächlich mindestens im Vordergrund der Variabilität. Eine andere Auffassung vertreten zu wollen, hieße die erbbiologischen Methoden, soweit sie die Zwillings- und Stammbaumforschung betreffen, in Zweifel ziehen. Dafür besteht gewiß keine Veranlassung. Trotzdem ist neuerdings WITTMAACK unseren Ergebnissen erneut entgegengetreten und zwar unter Nennung eines einzigen von ihm beobachteten Zwillingspaares, das eine allerdings verschiedene Pneumatisation zeigt. Eine derartige Einzelbeobachtung kann jedoch angesichts der Ergebnisse von rund 150 Zwillingsuntersuchungen insgesamt keinen Gegenbeweis abgeben.

Auch nach der Auffassung von O. VOSS müssen konstitutionelle Faktoren im Spiel sein, falls eine geringe Pneumatisation zustandekommen soll. Er erklärt diese Auffassung aus der Häufigkeit der Säuglingsotitis einerseits und der meist guten Pneumatisation des Schläfenbeines beim Erwachsenen andererseits.

4. Die engere Formalgenetik.

Sind Anlage und Umwelt in ihrer Bedeutung für die pneumatisierende Schleimhaut des Warzenfortsatzes einigermaßen bekannt, so trifft dies für die feineren histologischen Vorgänge, die sich bei der Entstehung der retrotympanalen Räume abspielen, nicht gleicherweise zu. Über die Entwicklungs- und Wachstumskräfte, die hier am Werk sind, d. h. ob es sich um passive oder um aktive Vorgänge handelt, sind die Auffassungen der Autoren sehr geteilt. WITTMAACK hat die Frage nach dem pneumatisierenden Gewebe zum ersten Mal gestellt und erörtert. Aus seinen Beobachtungen an einem sehr umfassenden Material erklärt er das Zustandekommen der Zellräume des Schläfenbeines, wie erwähnt, aus dem Einsprossen eines Schleimhautsackes von der Tube her. Es ist also die aktive, organgestaltende Funktion der Schleimhaut, die die Pneumatisation bewirkt. Dabei wird zunächst das Knochengewebe des diploetischen Warzenfortsatzes weggeräumt und zwar durch eine lacunäre, osteoklastische Auflösung, die dem subepithelialen Bindegewebe, d. h. der Pars propria zukommen soll. Durch Eröffnung der Markräume und durch Umwandlung des Knochenmarkes sind dann die weiteren Voraussetzungen für das Einsprossen der Schleimhaut bzw. des Epithels gegeben. ALBRECHT, BROCK, KRAINZ, MARX, STEURER, RUNGE, SCHWARZ u. a. teilen diese Auffassung.

Es sind BROCK und KRAINZ, die ferner den Binnendruck der Luft, die bei der Geburt und später ins Mittelohr einströmt, eine treibende Kraft zuerkennen wollen. Auf diese Weise soll der Schleimhautsack gegen das anliegende Gewebe angedrängt werden und eine hochgradige Erweiterung und Stauung im endothelialen Gefäßnetz wie auch in den Markräumen bewirken. Das Gewebe, dadurch geschädigt, würde demnach der lacunären Resorption anheimfallen. Doch, wodurch sollte der dazu notwendige Überdruck der Luft im Mittelohr zustandekommen? Das weiß auch BROCK nicht zu erklären, er sieht vielmehr seine Auffassung aus dem Gegenteil bestätigt, da beim Verschluß der Ohrtrompete meist nur eine sehr geringe Pneumatisation des Warzenfortsatzes nachweisbar ist. Damit läßt sich die Einwirkung der Luft auf die Pneumatisation im Mittelohr jedoch kaum beweisen, allerdings, ein im Mittelohr bestehender Unterdruck, wie er unter den zuletzt genannten Voraussetzungen zustandekommt, könnte wohl die Pneumatisation ungünstig beeinträchtigen. Vielleicht ist es auch der Vergleich mit der Pneumatocele, der jene Auffassung gefördert hat. In letzterem Fall ist aber ein Ventilmechanismus, wie er an der Tube unbekannt ist, notwendig. Schließlich weist J. BECK mit voller Berechtigung darauf hin, „daß nicht einzusehen ist, warum die vorher in den lebenden Zellen des Organismus tätigen Kräfte plötzlich durch eine mechanische Ursache ersetzt werden sollen".

Stellten wir uns auf den Boden dieser Theorien, so müßten daraus folgende Fragen unbeantwortet bleiben: warum findet die pneumatisierende Funktion der Schleimhaut, wenn sie durch den Binnendruck der Luft im Mittelohr ausgelöst wird, einmal ein Ende; warum ferner geht sie nur von bestimmten Stellen der Paukenhöhle aus; warum schafft sie schließlich ein durchaus typisches Strukturbild? Wir erkennen daraus die ganze Unzulänglichkeit dieser mechanistischen Denkweise.

Die ursächlichen Kräfte liegen tiefer, das möge aus folgendem hervorgehen. ROUX, der sich bekanntlich mit der Entwicklungsmechanik der Organismen sehr eingehend befaßt hat, sucht die Gestaltungskräfte hauptsächlich im Keimplasma und bezeichnet sie als erblich. Auch BORST spricht im gleichen Sinn von einer keimvererbten Entwicklungspotenz. Die Warzenfortsatzpneumatisation aber erklärt J. BECK aus dem Einfluß „der im Protoplasma lebender Zellen gelegenen, keimvererbten, richtunggebenden und formgestaltenden Kräfte".

Welche Bedeutung aber kommt dem bindegewebigen Grundstock zu? Diese Frage ist allerdings schwer zu beantworten. Nach ALBRECHT bewirkt das Bindegewebe der Schleimhaut den lacunären Abbau des Knochens. Er sieht in der Kraft des Mesenchyms den übergeordneten Faktor, als gemeinsame Ursache sowohl für die Beschaffenheit der Schleimhaut, wie für die Art der Pneumatisation. Dabei beruft er sich auf die Beobachtungen von K. H. BAUER, wonach die Abkömmlinge des Mesenchyms, in Energie und Widerstandskraft, im Einzelfall als gleichwertig einzuschätzen sind. Daher wird in Erwägung gezogen, ob bei kräftiger Veranlagung des Mesenchyms die Rückbildung der Schleimhaut im Mittelohr und die Pneumatisation des Knochens gleichermaßen günstig verlaufen können, während dann bei schwachem Mesenchym das Gegenteil der Fall wäre.

An dieser Stelle ist ferner die Auffassung von RÜEDI zu nennen, wonach die Pneumatisation nicht vom Epithel vielmehr vom Mesenchym gesteuert wird. Die Begründung wird in der räumlichen Trennung des Epithels, weitab vom Knochen bzw. vom Pneumatisationsakt und in der „Knochenraumbildung" gesucht. Letztere nimmt seinen Beobachtungen nach ihren Ausgang in einer Vermehrung der Gefäße im embryonalen, d. h. seiner Bezeichnung nach „raumfüllenden Bindegewebe" und wird schließlich durch differenzierte Periostschichten bzw. Osteoclasten bewirkt. Aber auch weiterhin ist die von RÜEDI sog. „Luftraumbildung" nichts weiteres als eine Folge des Rückbildungsprozesses in einem inaktiv gewordenen embryonalen Bindegewebe, so daß sich der Epithelsack entsprechend ausdehnen muß. Das Epithel hat demnach nur eine raumauskleidende, nicht eine raumbestimmende Funktion. Die Pneumatisationsvorgänge, wie sie solcherweise geschildert werden, haben allerdings etwas durchaus bestechendes. Zu bedenken ist jedoch, daß Epithel, wenn es sich im Knochen ausdehnen will, nur mittels eines knochenabbauenden Gewebes sein Ziel erreichen kann, und das ist allerdings das Mesenchym bzw. seine Abkömmlinge. Die Frage aber, ob eine morphologische Forschung solcher Art eine Entscheidung zu bringen vermag, wird um so problematischer, als wir die Wirksamkeit von Wuchsstoffen auch bei der Pneumatisation, der jüngsten Forschung nach, kaum von der Hand weisen können. Wer das Fortschreiten der Pneumatisation im

Knorpel, etwa fetaler Nasennebenhöhlen, eingehend beobachtet, wird eine solche Annahme als sehr naheliegend bestätigen müssen.

Die Gleichartigkeit der Pneumatisationsvorgänge mit dem Wachstum der oben genannten epithelialen Organe, mit all ihren Konsequenzen, wäre mit Sicherheit zu erbringen, würde es gelingen, am Mittelohr ein Histosystem nachzuweisen. Zwar ist dies bisher nicht der Fall, doch kann mit einiger Wahrscheinlichkeit die primäre pneumatische Zelle als ein solches gelten.

Demnach lassen sich die Entwicklungsvorgänge bei der Pneumatisation folgendermaßen vorstellen. Im Epithel des Paukenbodens, später im Recessus epithympanicus, bilden sich Entwicklungszentren, die etwa den Knospen, d. h. den Beeren der wachsenden Drüse gleichzustellen sind. Sie sind vielleicht, worauf STEURER hingewiesen hat, von dem für die Pneumatisation zur Verfügung stehenden Raum, auch bis zu einem gewissen Grad von der Struktur des Knochens, d. h. den Spangen der Diploe abhängig. Das Wachstum muß aber bestimmten Gesetzen folgen, wie dann die erreichte Struktur der Warzenfortsatzzellen auch eine ganz typische ist. Ob hier Mehrlingsbildungen, also Dimeren, Tetrameren usw., wie sie später noch eingehend beschrieben werden, entstehen oder immer wieder neue Wachstumszentren aus Adventivknospen hervorgehen, ist bisher nur aus dem Vergleich mit der formalen Genese der Siebbeinzellen sowie aus den Entwicklungsformen von RÜEDI zu vermuten. Die Funktion des bindegewebigen Grundstockes der Schleimhaut aber leitet sich aus der abhängigen Differenzierung her, d. h. aus Kräften, die in den Geweben gegenseitig wirksam sind und die schließlich während der Entwicklung auf das formvollendete Organ hinwirken. Diese Kräfte aber sind in erster Linie, worauf wiederholt hingewiesen wurde, im Epithel zu suchen, denn dieses ist der Träger der Form. Was im bindegewebigen Grundstock und im Knochen während der Pneumatisation vor sich geht, ist nur der Ausdruck dieser Epithelfunktion. Sie wird aber, als vom lebendigen Plasma abhängig, durchaus und in erster Linie von erblichen Faktoren bestimmt.

II. Der Nachweis der erbbiologischen Eigenschaften der Mittelohrschleimhaut.

A. Trommelfellbild und Schleimhautcharakter.

Zunächst muß vorausgeschickt werden, daß es sich an dieser Stelle nicht um die Veränderungen am Trommelfell bei entzündlichen Erkrankungen und im Anschluß an ihre Ausheilung, etwa um die zentralen oder randständigen Defekte, die Polypenbildung u. dgl. handelt, vielmehr um die Eigenschaften des „landläufig“ normalen Trommelfells, die zur Erörterung stehen.

Die Möglichkeit, sich über den anlagebedingten Charakter der Mittelohrschleimhaut zu Lebzeiten ein Urteil zu bilden, ist naturgemäß von großer ärztlicher Bedeutung. Hierin bietet das Röntgenbild des Warzenfortsatzes nach all dem, was vorausgeschickt wurde, Möglichkeiten in mancherlei Hinsicht. Die Endoskopie, als das einfachere Verfahren, darf darüber keinesfalls vergessen werden, denn es hat sich gezeigt, wie schließlich das Trommelfell als Testobjekt nicht nur für die Beurteilung der Mittelohrschleimhaut, sondern auch des gesamten Schleimhauttraktes der Luftwege herangezogen werden kann. Dies erklärt sich aus folgendem.

Die Eigenart der Schleimhaut tritt am Trommelfell im allgemeinen eher in Erscheinung als an den Luftwegen, da letztere den mannigfachen äußeren Einflüssen, die vor allem die Atmung mit sich bringt, in stärkerem Maße unterworfen sind als das geschützt in der Tiefe gelegene Mittelohr. Zum anderen aber wirken sich schon ganz geringe Abweichungen der Trommelfellmembran von der Norm im Bild der Endoskopie aus und sind daher auch eher nachweisbar, als es am übrigen Schleimhauttrakt der Fall ist. Dies erklärt sich aus der Prüfbarkeit des Trommelfells nicht nur in der Aufsicht, sondern gleichzeitig und vor allem auch in der Durchsicht. Den Änderungen in der Durchsicht kommt aber eine besondere Bedeutung zu, weil sie nicht nur bereits in sehr geringer Ausprägung erkennbar sind, sondern auch unter Umständen recht weitgehende Rückschlüsse auf den Schleimhautcharakter zulassen. Allerdings ist dabei zu bedenken, daß der Schleimhaut des Trommelfells im Bereich der Pars tensa zwei weitere Schichten vorgelagert sind, die mit berücksichtigt werden müssen.

Größere Reihenuntersuchungen über die Beziehungen zwischen dem Trommelfellbefund und dem Verhalten der Mittelohrschleimhaut hat zuerst Wittmaack angestellt, ihm folgten Brock und Heinemann. Allerdings ist von ihrer Seite in erster Linie die Pneumatisation des Warzenfortsatzes berücksichtigt worden, doch können ihre Mitteilungen insofern auch hier gelten, als der geringe Entfaltungsgrad der Pneumatisation nach der oben begründeten Auffassung auf eine geringe Entwicklungspotenz, also eine minderwertige Schleimhaut hinweist.

Ehe auf Einzelheiten dieser neuerdings noch ergänzten Untersuchungsergebnisse eingegangen werden kann, ist es notwendig sich der Anatomie des Trommelfells zu erinnern, denn bekanntlich ist die Pars tensa anders aufgebaut als die Pars flaccida. Dieser Umstand wirkt sich aber derartig aus, daß eine getrennte Berücksichtigung dieser beiden Trommelfellabschnitte erforderlich wird.

1. Die Schleimhautbeurteilung aus der Pars tensa.

Richten wir unser Augenmerk bei der Endoskopie zunächst auf den äußeren Epidermisüberzug und dann ganz besonders auf die Schleimhautüberkleidung der Innenfläche des Trommelfells, so ist auch die sog. Membrana propria zu berücksichtigen, die im Bereich der Pars tensa eingelagert ist. Diese Zwischenschicht macht zusammen mit dem bindegewebigen Grundstock des geschichteten Plattenepithels einen recht ansehnlichen Teil der Trommelfellmembran aus und muß daher von nicht unerheblichem Einfluß auf ihre Lichtdurchlässigkeit sein. Zeigt aber die Membrana propria, wie erwähnt, ein individuell verschiedenes Verhalten, so muß dies im Einzelfall zuerst geprüft werden, ehe aus der Dicke des Trommelfells irgendein Rückschluß auf das Verhalten der Epidermisschicht und der Schleimhaut gezogen werden kann.

Die Beurteilung muß zweifellos von dem Aufbau der Membrana propria ausgehen, und dies um so eher, als der Charakter des Bindegewebes im menschlichen Organismus genotypisch bestimmt wird. Es konnte ferner gezeigt werden, wie die Eigenart des Bindegewebes auch im Körperbau zum Ausdruck kommt und demnach sind die Voraussetzungen gegeben, die eine Beurteilung der Membrana propria aus dem Habitus zulassen. An die Reihenuntersuchungen, zum Zwecke derartige Zusammenhänge zu prüfen, muß hier noch einmal angeknüpft werden, denn es haben sich dabei noch folgende weitere Einzelheiten ergeben.

Nicht nur die Pars tensa, auch den weiteren bindegewebigen Anteilen der Trommelfellmembran, so vor allem dem Grenzstreifen, wie auch dem Anulus tendineus ist in dieser Untersuchungsreihe Beachtung geschenkt worden. Auch dieser bindegewebige Apparat ist beim Astheniker sehr schwach, fast unausgeprägt, während er beim Stheniker um so auffallender in Erscheinung tritt, je mehr dieser sich dem Pykniker und Athletischen nähert.

Unter den 96 Trommelfellen sind in 60% keine Grenzstreifen, weder der vordere noch der hintere zu erkennen. Daher rührt wohl auch ihre klinische Vernachlässigung, trotz einer gewissen Bedeutung, die diesem anatomischen Substrat nicht abgesprochen werden kann. Die restlichen 40% zeigen in zwei Drittel der Fälle beide, in der Hälfte nur einen Grenzstreifen, davon den vorderen 10mal häufiger als den hinteren. Im großen ganzen ist weiter festzustellen, daß die Astheniker häufig keine, die Stheniker so gut wie immer ausgeprägte Grenzstreifen aufweisen, weil bei den bindegewebskräftigen Menschen naturgemäß auch die Fasern, welche die Grenzstreifen bilden, stärker entwickelt sind. Zeigen sich Grenzstreifen beim Astheniker, dann nur bei sehr dünnem und zartem Trommelfell.

Das Trommelfell des Asthenikers also, falls es sich typisch verhält, ist ausgesprochen perlmuttergrau und glänzend, ferner sehr zart und durchscheinend, fast durchsichtig. Die hinter der Membran gelegenen Bestandteile des Mittelohres werden dadurch recht gut erkennbar. Die Grenzstreifen sind im endoskopischen Bild meist nicht vorhanden oder nur angedeutet. Das normale Trommelfell des Sthenikers dagegen zeigt ein helleres Grau, es ist kräftig und daher kaum durchscheinend. Die anatomischen Einzelheiten der medialen Paukenwand sind schwer zu erkennen. Die Grenzstreifen treten kräftig hervor und erscheinen durch die Einlagerung von kollagenen Fibrillen weißlich und zwar der vordere ausgesprochene als der hintere. Der Unterschied zum Astheniker ist also beträchtlich und bei einem direkten Vergleich sehr augenfällig.

Diese Beziehungen zwischen Habitus und Trommelfell sind um so wichtiger, als damit ein dickes Trommelfell ebenso selten beim Astheniker vorkommt, wie ein zartes beim Hypersteniker. Selbstverständlich besteht hier eine gewisse Variabilität derart, daß der Mesoplastiker sowohl zarte wie auch kräftigere Trommelfelle zeigen kann.

Für die Beurteilung des Schleimhautcharakters aus dem Trommelfellbild ist diese Gegenüberstellung von Körperbau und Trommelfellverhalten erste Voraussetzung, weil die Dicke des letzteren zunächst auf den Entfaltungsgrad der Membrana propria und nicht ohne weiteres auf die Epithelschichten zu beziehen ist. Die Dicke der Membrana propria läßt sich aber aus dem Körperbau abschätzen und dieser Umstand ist zu berücksichtigen.

Bei dieser Beurteilung des Schleimhautcharakters aus dem Trommelfell handelt es sich ferner zunächst um das geschichtete Plattenepithel. Größere Untersuchungen darüber stammen von WITTMAACK. Die Ausprägung des Reflexes wird daraus im allgemeinen als am belanglosesten bezeichnet. Auch in stärkeren Abweichungen von der Norm, wenn das Trommelfell ganz matt erscheint und ein Reflex fehlt, werden Beziehungen zur Mittelohrschleimhaut verneint. Es soll sich dann um eine Cutisverdickung infolge von Gehörgangsaffektionen oder um Veränderungen der Durchblutung handeln, obwohl sich im Gegensatz dazu in dem Atlas der normalen und pathologischen Pneumatisation des Schläfenbeins von WITTMAACK selbst Abbildungen finden, die deutlich das Einhergehen solcher Veränderungen mit der Schleimhauthypertrophie zeigen.

Nach unseren Reihenuntersuchungen glänzen die normalen und annähernd normalen Trommelfelle in 85% der Fälle, falls keine Entzündung vorausgegangen und eine völlige Übereinstimmung des Trommelfellbildes zwischen rechter und linker Seite besteht. Eine hochwertige Schleimhaut wird sich unter anlagebedingten Voraussetzungen aller Wahrscheinlichkeit nach beiderseits gleich verhalten. Handelt es sich dagegen um eine weniger hochwertige, schließlich minderwertige Schleimhaut, dann kann die Peristase sich entsprechend geltend machen, während die Veränderungen an der Membran eher seitenverschieden ausfallen. Glänzende Trommelfelle sind dann, wie unsere Untersuchungsreihen bestätigen, seltener zu beobachten. Sie treten aber schließlich ganz erheblich zugunsten der matten und ganz matten Membranen zurück, wenn gleichzeitig hypertrophische und atrophische Narben am Trommelfell bestehen.

Bei der Auswertung des Trommelfellglanzes kommt es somit nicht nur auf dieses Merkmal selbst, sondern auch auf seine Ausprägung beim Vergleich der Seiten an. Differenzen zwischen rechts und links und völliges Fehlen des Reflexes sprechen eher für eine biologisch minderwertige Schleimhaut. Das ergibt sich übrigens auch aus jenen zwei Untersuchungsreihen, die die Polyposis nasi und die Ozaena betreffen. Beide Male finden sich in rund $^4/_5$ des beobachteten Krankengutes matte und tiefmatte Trommelfelle, also bei zweifellos nicht vollwertigen Schleimhautverhältnissen.

Nachdem sowohl die Membrana propria als auch die Epidermis berücksichtigt sind, handelt es sich schließlich um die klinisch wesentlichste dritte Schicht des Trommelfells, um den inneren Schleimhautüberzug. Selbstverständlich wird sich auch das Verhalten der Schleimhaut im endoskopischen Bild des Trommelfelles auswirken, solange die Membrana propria strahlendurchlässig ist, d. h. Licht bei der Endoskopie hindurchtritt und wieder reflektiert wird.

Bei unserer Gegenüberstellung innerhalb der genannten ersten Untersuchungsreihe haben wir am Lebenden und nicht an histologischen Schnittserien untersucht. Eine Möglichkeit, die biologische Wertigkeit der Schleimhaut zu erkennen, ergibt sich dann aus folgendem. Bekanntlich sind in erster Linie die Luftwege Eintrittspforte von Kinder- bzw. Infektionskrankheiten. Mit einiger Berechtigung muß demnach ein proportionales Verhältnis zwischen der Anfälligkeit und Widerstandsfähigkeit der Schleimhaut einerseits und der Zahl der in der Jugend durchgemachten Infektionskrankheiten andererseits erwartet werden. Tatsächlich hat eine Gegenüberstellung der Krankheitsneigung mit dem Trommelfellbefund in unserer Untersuchungsreihe erkennen lassen, daß sich bei ganz geringer Morbidität meist normale Trommelfelle (in 80%) und bei hoher Morbidität in entsprechend hoher Zahl (71%) veränderte Trommelfelle der genannten Art finden.

Unter den geringgradigen Veränderungen des Trommelfells sind die Trübungen und ihre ausgeprägten Grade, die milchige Verfärbung, berücksichtigt. Zweifellos steht die Art der Lichtdurchlässigkeit bzw. -reflektion im endoskopischen Bild im Vordergrund; sie spielt daher auch in der Mitteilung von WITTMAACK gleicherweise eine beherrschende Rolle. Zwar ist nicht sicher bekannt, worauf sie beruht, ob sie durch leichte, entzündlich bedingte Verdickungen der Cutis oder durch ebensolche Veränderungen der Schleimhautschicht, wie es WITTMAACK annimmt, hervorgerufen werden, oder ob sie andererseits, unabhängig von äußeren Einflüssen, durch Anlagefaktoren als Ausdruck der Idiovariabilität entstehen. Auch unsere Untersuchungsreihe gibt darauf keine eindeutige Antwort; sie hat aber immerhin soviel sicher erkennen lassen, daß diese Art von Trommelfellveränderungen durchaus in Parallele steht zur Erkrankungsneigung im Kindesalter. Während allerdings ganz leichte Grade der Trübung noch als physiologisch anzusehen sind, sprechen die ausgeprägteren Formen so gut wie immer für vorausgegangene Erkrankungen. Trübungen an den Trommelfellen sind um so häufiger anzutreffen, je größer die Erkrankungsneigung in der Jugend war. Eine Entscheidung darüber, ob diese Trübungen ausschließlich idiotypisch bedingt sind, ist übrigens in diesem Augenblick nicht so wesentlich, sie weisen jedenfalls auf eine Schleimhautminderwertigkeit hin, wie sich aus folgendem ergibt.

In unserer Untersuchungsreihe wurden jene Fälle besonders berücksichtigt, die in der Jugend öfters an Ohrreißen bzw. Ohrbeschwerden zu leiden hatten, ohne daß eine Eiterung, auch geringer Art, soweit es die Anamnese erkennen läßt, aufgetreten wäre. Veränderungen der obengenannten Art sind am Trommelfell dann so gut wie immer anzutreffen. Dasselbe gilt vom gewöhnlichen Schnupfen, wenn er häufig auftritt, wie von der chronischen Mandelentzündung, also für alle Zeichen, die einen Rückschluß auf eine Schleimhautminderwertigkeit erlauben.

In noch ausgesprochenerem Maße trifft dies für eine weitere Untersuchungsreihe von 31 Kranken mit chronischem Tubenkatarrh, aber normalen Verhältnissen im Nasenrachen zu. Einigermaßen normale, d. h. perlmuttergraue und glänzende Trommelfelle finden sich hier nur selten (rund 8%), während die undurchsichtigen ganz im Vordergrund stehen (rund 80%), ebenso wie auch die matten (76%).

In der obengenannten Studentenreihe sind schließlich die Trommelfelle, deren Träger eine ausgesprochene Anfälligkeit für Infektionskrankheiten, die Otitis ausgenommen, in der Jugend zeigten, besonders berücksichtigt worden. Aller Voraussicht nach mußten sie in besonderer Ausprägung alle jene Merkmale zu erkennen geben, welche die biologisch minderwertige Schleimhaut auszeichnen. Die folgenden Eigenschaften waren auch tatsächlich um so häufiger anzutreffen, je stärker die Erkrankungsneigung sich bemerkbar gemacht hatte. Nach strenger Aussonderung aller Fälle mit irgendwelchen Residuen einer akuten oder chronischen Mittelohrentzündung fanden sich folgende Einzelheiten an den Trommelfellen: Mattheit, Trübung in verschiedenen Graden bis zu milchigweißer Verfärbung leichter Ausprägung, leichte Marmorierung, besonders hinter dem Hammergriff, leichte Grade der Verdickung und Verdünnung mit entsprechend veränderter Durchsichtigkeit.

Alle diese Veränderungen der Trommelfellmembran finden sich also, wenn eine Schleimhautminderwertigkeit besteht. Die Neigung, von Infektionskrankheiten befallen zu werden (Weitz), die Neigung zu Schnupfen (Albrecht), die Neigung zum Tubenkatarrh (Schwarz) tritt jedenfalls bei eineiigen Zwillingen häufiger konkordant auf als bei zweieiigen bzw. ist bei manchen Familien gehäuft zu beobachten, eben als Zeichen erblich bedingter Voraussetzungen.

2. Die Schleimhautbeurteilung aus der Pars flaccida.

Nach eingehenden pathologisch-anatomischen, klinischen und nicht zuletzt erbbiologischen Vergleichen eignet sich die Pars flaccida des Trommelfells in ganz besonderem Maße für die Beurteilung des Schleimhautcharakters im Mittelohr. Den anatomischen Einzelheiten der Membran sollte daher bei der Otoskopie ein viel größerer Wert beigemessen werden, als das bisher geschieht, und zwar durch eine regelmäßige und sorgsame Prüfung vor allem der Lage und der Beweglichkeit mit Lupe und Trichter. Da für diese Zwecke das Verhalten der normalen Membran bekannt sein muß, Lehr- und Handbücher dieses Kapitels der Endoskopie aber so gut wie vollständig vernachlässigen, ist es erforderlich einige Worte darüber zu sagen.

Die Pars flaccida ist in einem besonderen, teils knöchernen, teils bindegewebigen Rahmen ausgespannt. Dieser besteht bekanntlich aus dem kurzen Fortsatz des Hammers und aus der gegenüberliegenden Incisura Rivini der Squama temporalis. Letztere dient an ihrer vorderen und hinteren Begrenzung dem hufeisenförmigen Os tympanicum zur Anlagerung, das seinerseits an den freien Enden nach innen-unten zarte Fortsätze ausschickt, die Spina tympanica anterior und posterior. Von diesen verlaufen zwei bindegewebige Stränge konvergierend zum kurzen Fortsatz des Hammers, die sog. Grenzstreifen. Sie vervollständigen den Rahmen und bilden damit gleichzeitig die Begrenzung gegen die Pars tensa des Trommelfells (s. Abb. 24). Allerdings tritt uns bei der Otoskopie dieses ideale Bild durchaus nicht immer entgegen, denn während die Membrana flaccida an sich schon sehr verschieden groß ist, finden sich sowohl an der knöchernen wie bindegewebigen Begrenzung recht erhebliche individuelle Varianten.

Die Rolle, die der Membrana flaccida im Rahmen der Otoskopie zukommt, erklärt sich aus den Besonderheiten ihrer Entwicklung, wie aus dem sehr zarten Aufbau. Zwei Schichten sind es bekanntlich, aus denen sich die Membran zusammensetzt, außen aus der Epidermis, die vom Gehörgang auf das Trommelfell herüberzieht und innen aus der Schleimhaut des Mittelohrs. Zwar wird neuerdings mitgeteilt, dazwischen sei noch eine bindegewebige Eigenschicht nachweisbar (Marx), doch ist sie unbedeutend und zweifellos der Membrana propria der Pars tensa nicht ebenbürtig (Abb. 25). Bleibt es also bei der alten, bisher gültigen Auffassung, wonach die Flaccidamembran zweischichtig ist, dann versteht es sich von selbst, wenn dieses dünne Häutchen schon recht geringfügigen äußeren Einflüssen eine Angriffsmöglichkeit bietet. Weicht ferner die eine oder andere der beiden Epithelschichten von der Norm ab, so wechselt auch das Verhalten der Flaccidamembran. Krankhafte Veränderungen sind aber unausbleiblich, sobald die Schleimhaut im Mittelohr den ihr gestellten physiologischen Aufgaben nicht gerecht wird.

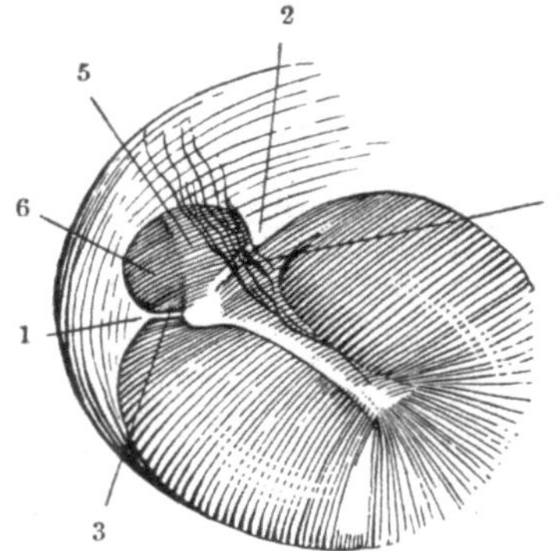

Abb. 24. Ideales Bild einer sehr gut entwickelten Flaccidamembran. Spina tymp. ant. (1), Spina tymp. post. (2), vorderer Grenzstreifen (3), hinterer Grenzstreifen (4); mit Gefäßbündel, durchscheinendem Hammerhals (5) und vorderem Hammerband (6).

Eine der wesentlichsten Besonderheiten im Verhalten der Membrana flaccida liegt in der engen Anlagerung der Schleimhaut an die Epidermis. Diese ausgesprochene Zweischichtigkeit erklärt sich naturgemäß aus der Entwicklung. Ausführlich wurde darüber berichtet, wie die Paukenhöhle in jüngeren Fetalmonaten ganz von embryonalem Bindegewebe erfüllt ist, das erst während der Pneumatisation mehr und mehr zurückgeht. Da der hinter der Flaccidamembran gelegene PRUSSAKsche Raum zur Paukenhöhle gehört, muß die pneumatisierende Schleimhaut durch den Recessus epitympanicus bis zur Epidermis des Trommelfells vordringen. Die dichte Anlagerung der Schichten aneinander und das typische Verhalten der Membrana flaccida kommt demnach nur zustande, wenn die Pneumatisation einen normalen Verlauf nimmt und die Schleimhaut normoplastisch ist, d. h. bei vollwertiger Entwicklungspotenz.

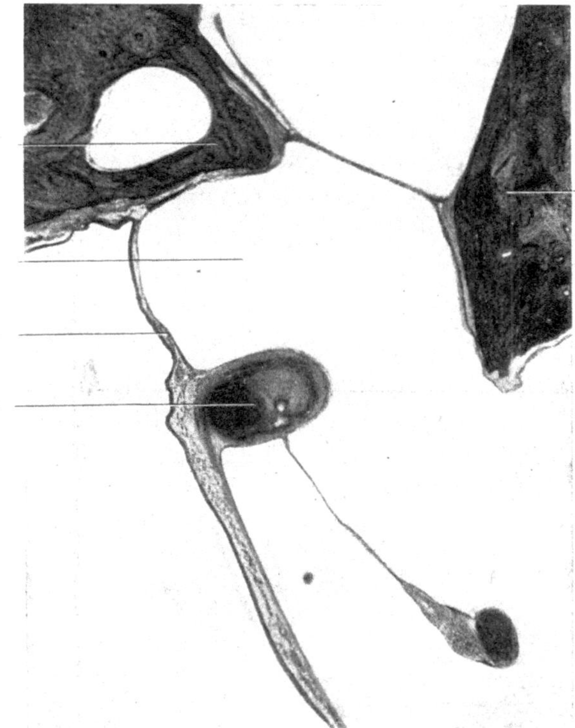

Abb. 25. Vertikalschnitt durch die normale Membrana flaccida (1) und den PRUSSAKschen Raum (2). Zu beachten ist die Schichtdicke der Membran im Vergleich zur dreischichtigen Pars tensa und die zarte normoplastische Schleimhaut. [Kurzer Fortsatz des Hammergriffs (3), Hammerhals nicht im Schnitt; Hammerkopf (4) Squama temporalis (5)].

Unter den Veränderungen der Membrana flaccida, die einen Rückschluß auf die Eigenart der Mittelohrschleimhaut zulassen, steht die Einwärtswölbung ausschließlich im Vordergrund, solange jedenfalls von ausgesprochen pathologischen Zuständen, etwa von Defekten, Polypenbildung u. a. abgesehen wird. Aber nur der irreparablen Einziehung kommt eine Bedeutung zu, d. h. also einem Zustand, bei dem die atypische Lage nicht mehr ausgeglichen werden kann, weil die Membran mit den Wänden des PRUSSAKschen Raumes unlösbar verwachsen ist (Abb. 26).

Die ausgeprägte Einziehung läßt sich unter Verwendung einer Lupe oder mit dem pneumatischen Trichter, trotz der individuell variablen Membran, leicht erkennen, soweit nur genügend darauf geachtet wird. Über dem kurzen Fortsatz liegt dann eine wechselnd tiefe Einbuchtung, meist mit atypischem Reflex. Häufig ist der vordere Abschnitt tiefer eingezogen als der hintere, da der typische, von der oberen Gehörgangswand auf das Trommelfell herunterziehende Bindegewebsgefäßstrang den hinteren Abschnitt widerstandsfähiger macht. Riviniausschnitt und Spinae tympanicae treten deutlich hervor, während sich die Grenzstreifen zu Falten verwandeln. Zu diesen, einer vorderen und einer hinteren, tritt öfter noch eine lange hintere Falte im Bereich der Pars tensa hinzu. Die sehr tief eingezogene Membran legt sich dem Hammerhals und vorderen Hammerband dicht an, wodurch schließlich der ganze PRUSSAK-Raum von geschichtetem Plattenepithel ausgekleidet wird (s. Abb. 27 und 28). Unter solchen Umständen läßt sich die SHRAPNELLsche Membran mit dem pneumatischen Trichter oder durch Tubenkatheterismus meist gar nicht, gelegentlich nur noch an umschriebener Stelle bewegen.

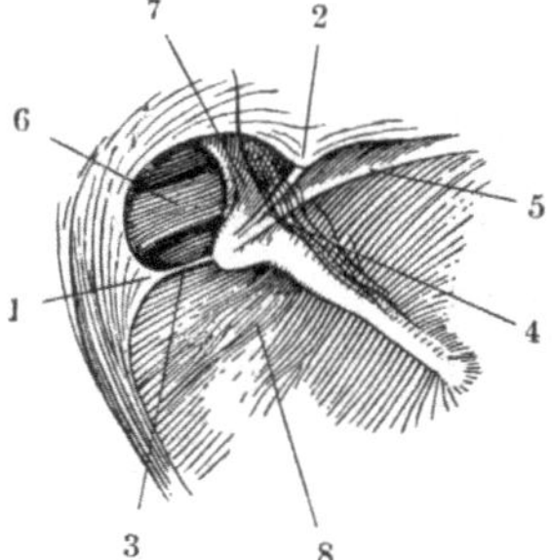

Abb. 26. Tiefe Einsenkung der Flaccidamembran. Spina tymp. ant. (1), Spina tymp. post. (2), vordere Trommelfellfalte (3), hintere kurze (4), hintere lange Trommelfellfalte (5), vorderes Hammerband (6), Hammerhals (7).

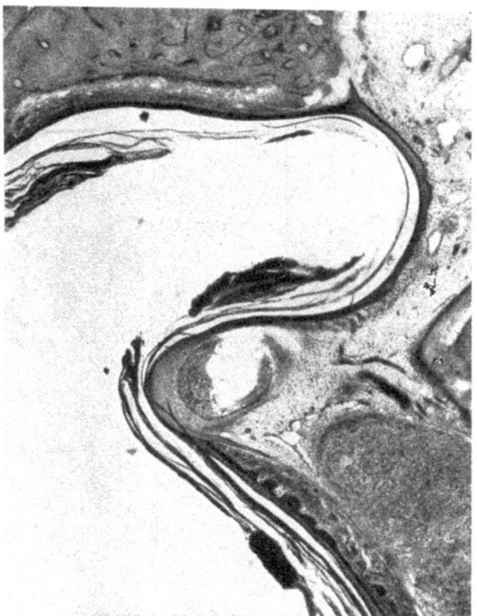

Abb. 27. Unausgleichbare Einsenkung der Membrana flaccida bei hypertrophischer Schleimhaut

Das pathologisch-anatomische bzw. histologische Bild der Flaccidaeinziehung, das eingehend von ALBRECHT, SCHWARZ, STEURER und WITTMAACK beschrieben worden ist, verlangt schließlich eine kurze Würdigung, übrigens um so mehr, als sich daraus gleichzeitig die Erklärung für diesen Befund herleiten läßt. Die tiefe Einsenkung allerdings sagt darüber um so weniger aus, je enger die Anlagerung an die Wände des PRUSSAK-Raumes erfolgt und je flacher die Coriumpapillen erscheinen. Dagegen muß es eine besondere Bewandtnis haben, falls in anderen Fällen die Epithelschichten, ganz im Gegensatz zur Norm, mehr oder weniger weit voneinander getrennt liegen. Der Zwischenraum wird dann von Bindegewebe erfüllt (s. Abb. 28). Fragen wir uns nach seiner Herkunft, so bleiben nur zwei Deutungen, auch unter Berücksichtigung der pathologischen Histologie. Entweder handelt es sich um entzündliches Granulationsgewebe bzw. Narbengewebe verschiedener Dichte und Infiltration oder um ein ganz locker gefügtes Gewebe, das von embryonalem Bindegewebe nicht zu unterscheiden ist. Letzteres aber weist von vornherein, was ARSLAN bestätigt, auf ursprünglich atypische

Entwicklungsvorgänge und damit auf eine unterwertige Entwicklungspotenz hin. Darauf muß näher eingegangen werden.

Findet sich, wie es bei einer unvollständigen Entwicklung bzw. Pneumatisation zu beobachten ist, embryonales Bindegewebe in der Paukenhöhle, dann im Recessus epitympanicus, d. h. dem zuletzt pneumatisierten Teil in erster Linie. Das pneumatisierende Epithel ist dann nur bis zum Mesotympanum vorgedrungen und hat den Kuppelraum der Paukenhöhle nicht mehr oder nur zum Teil erreicht. Bei 54 ausgetragenen Neugeborenen eines Reihenvergleiches hat sich dieser Zustand, wie erwähnt, nahezu in der Hälfte der Fälle (43%) erheben lassen. Diese Häufigkeit ist recht beträchtlich, doch sprechen weitere Beobachtungen dafür, daß die Pneumatisation der Paukenhöhle mindestens zum Teil auch nach der Geburt noch fortschreitet und sich vervollständigt. Ist das nicht der Fall, dann liegt das geschichtete Plattenepithel der Membrana flaccida nicht wie normalerweise der Schleimhaut direkt an, vielmehr findet sich eine wechselnd breite Schicht dazwischen, die aus embryonalem Restgewebe besteht. Es füllt den PRUSSAK-Raum, auch mehr oder weniger weitgehend den Recessus epitympanicus aus, während dadurch die Epithelschichten wechselnd weit von einander getrennt werden (Abb. 28).

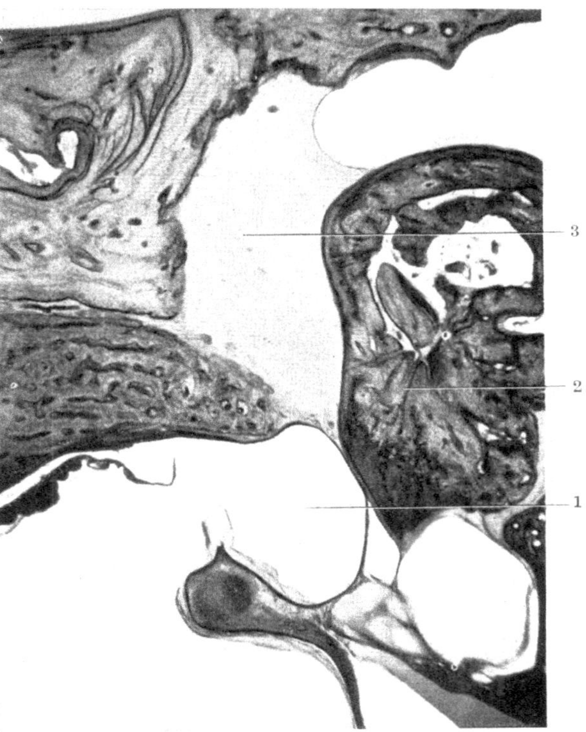

Abb. 28. Vertikalschnitt durch den oberen seitlichen Teil der Paukenhöhle. Tiefe, den ganzen PRUSSAK-Raum (1) betreffende, irreparable Einziehung der Membrana flaccida, die bis zum Hammerkopf (2) reicht. Großes primäres bindegewebiges Restpolster (ohne Epithelreste) im lateralen Recessus epitympanicus, das die Epithelschichten in weiter Ausdehnung trennt (3).

Restpolster embryonalen Bindegewebes können in dieser Form bis in ein mittleres und späteres Alter erhalten bleiben (ALBRECHT). Weitere histologische Vergleiche haben jedoch gezeigt, daß sie dann eine Umwandlung erfahren. Das Bindegewebe reift überall im menschlichen Organismus, jedenfalls nur mit wenigen, örtlich begrenzten Ausnahmen, zu ungeformt-lockerfibrillärem und schließlich zu fibrillärem Gewebe aus. Das trifft in gleicher Weise für den PRUSSAKschen Raum zu, doch muß von vornherein auch eine Verfestigung durch Vernarbung nach entzündlichen Vorgängen angenommen werden. In beiden Fällen kann dann eine gewisse Verminderung des Gewebslumens, d. h. eine Schrumpfung nicht ausbleiben (ALBRECHT, WITTMAACK).

Die Beziehungen zwischen dem Verhalten der SHRAPNELLschen Membran bzw. ihrer Einsenkung einerseits und dem Pneumatisationsgrad des Warzenfortsatzes andererseits ergibt sich aus einem Untersuchungsgut von über 100 klinischen und aus über 200 pathologisch-anatomischen Beobachtungen (M. SCHWARZ).

Wie die Tabelle zeigt, beherrschen die kompakten Warzenfortsätze weitaus das Bild, nur ein Warzenfortsatz zeigt eine gute Ausdehnung des Zellfeldes, jedoch von irregulärem, kleinzelligem und dickwandigem Aufbau.

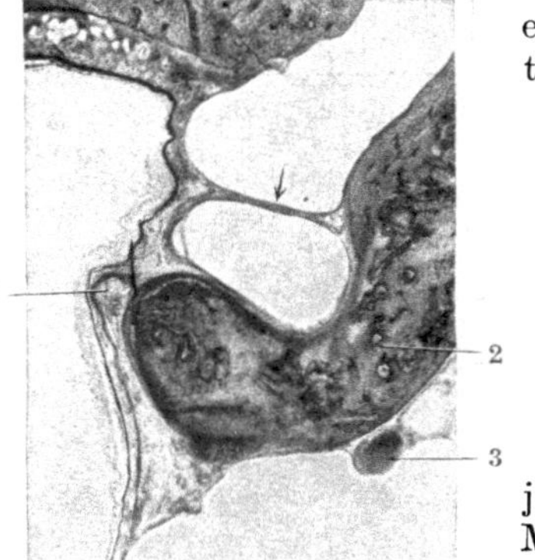

Abb. 29. Vertikalschnitt durch den PRUSSAKschen Raum. Leichte Einsenkung der Membrana flaccida, durch Narbenzug unausgleichbar festgehalten. Kurzer Fortsatz (1), Hammerhals (2), Chorda Tymp. (3).

Die irreparable Einziehung der Membrana flaccida erklärt sich demnach von der entwicklungsgenetischen Seite her ohne Zweifel aus einer geringen,

Pneumatisation der Warzenfortsätze		Einziehung der Membrana flaccida in % Klinische Fälle	Patholog. anat. Fälle
sehr gut	(Grad I)	—	—
gut	(„ II)	0,7	—
mittelgut	(„ III)	3,1	9,7
gering	(„ IV)	9,4	21,9
sehr gering	(„ V)	86,7	68,3

jedenfalls unzulänglichen Pneumatisationspotenz der Mittelohrschleimhaut.

Bindegewebige Polster zwischen den Epithelschichten der Membran sind jedoch nicht nur die Folge unvollständiger Pneumatisation des Mittelohres, sie kommen auch sekundär zustande. Wird von rezidivierenden Luftdruckstörungen, die gewiß sehr leicht eine Einziehung der Flaccidamembran bedingen können, als Ursache deshalb abgesehen, weil dadurch eine dauernde Verlagerung der Membran allein nicht eintreten kann (LANGE), so sind es katarrhalische und entzündliche Vorgänge im Mittelohr ausschließlich, die zur bleibenden Retraktion

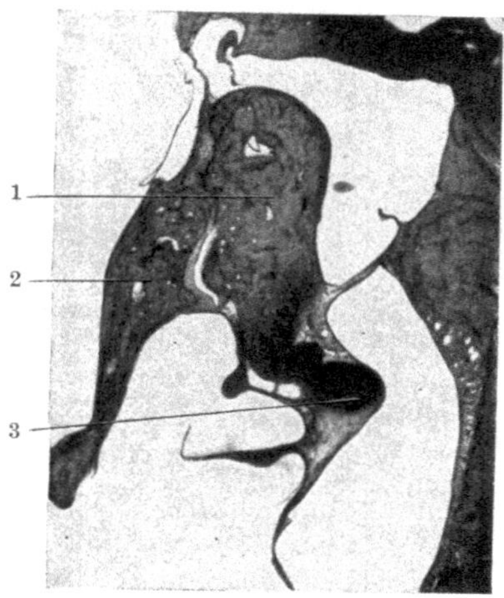

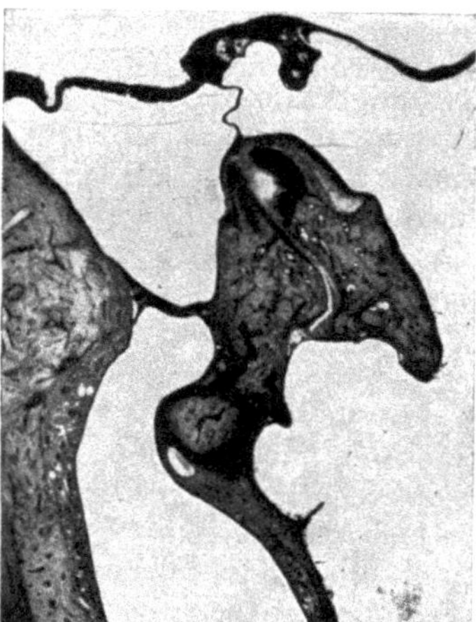

Abb. 30. Beiderseits ganz gleichartige, unausgleichbare Einsenkung der Membrana flaccida bei atrophischer Schleimhaut [Hammerkopf (1), Amboß (2), kurzer Fortsatz (3)].

führen. Das pathologisch-anatomische Geschehen ist allerdings ein verschiedenes. Im einen Fall läßt sich beobachten, wie durch Entzündungsvorgänge bedingt die Coriumpapillen der Epidermis in die Tiefe wachsen, in das embryonale Restgewebe des PRUSSAK-Raumes einwuchern und es verdrängen (ALBRECHT, STEURER). Dasselbe kann auch in einem Granulationsgewebe geschehen, das auf dem Boden chronischer Entzündung entstanden ist (HABERMANN, LANGE, STEURER,

DÖDERLEIN). In anderen Fällen sind durch chronische Entzündungen in der Paukenhöhle bzw. im PRUSSAK-Raum Narbenstränge entstanden (s. Abb. 29), die nicht nur die Flaccidamembran nach innen ziehen, sondern sie auch in dieser atypischen Lage festhalten (M. SCHWARZ). Demnach sind es also ausschließlich chronisch-entzündliche Erkrankungen der Mittelohrschleimhaut, die zur Einziehung der Membrana flaccida führen. Auch diese Auffassung konnte an pathologisch-anatomischem Untersuchungsgut insofern erhärtet werden, als dann regelmäßig im Mittelohr eine hypertrophische, seltener auch eine atrophische Schleimhaut nachzuweisen war (M. SCHWARZ).

Geringe Entwicklungspotenz, Neigung zu chronisch-katarrhalischen bzw. -entzündlichen Erkrankungen infolge Anfälligkeit und geringer Reaktionsfähigkeit sind die Zeichen der Schleimhautminderwertigkeit. Letztere aber, worauf wiederholt hingewiesen wurde, beruht in der Anlage, und demnach ist zu erwarten, daß die Einziehung der Membrana flaccida, die unter solchen Voraussetzungen zustandekommt, sich nicht nur häufig doppelseitig findet (s. Abb. 30) und bei Zwillingen konkordant verhält, sondern auch in Familien gehäuft nachweisbar wird.

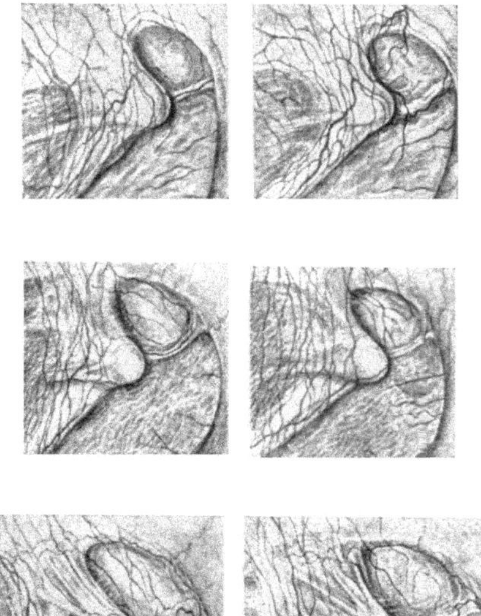

Abb. 31. Pars flaccida jeweils des rechten Trommelfells von 3 eineiigen Zwillingspaaren; 15-, 17- und 14 jährig nach LÜSCHER. (Vergr. 10 fach.) Bemerkenswert ist die Übereinstimmung der Shrapnelleinsenkung auch in Einzelheiten, vor allem im Vergleich mit den zweieiigen Zwillingsbefunden gleicher Art (s. Abb. 32).

Über Beobachtungen solcher Art bei Zwillingen wird folgendes berichtet. (LÜSCHER, M. SCHWARZ) (s. Abb. 31). 11 eineiige Zwillinge verhalten sich nicht nur konkordant nach Größe, Form, Beschaffenheit, Farbe und Dicke der Membran, sondern 3 Paare auch hinsichtlich einer Einziehung der Membrana flaccida. Das Merkmal konnte dann jeweils an allen 4 Ohren nachgewiesen werden. Nur der Ausprägungsgrad, wie unter den genannten Voraussetzungen nicht anders zu erwarten ist, wechselte etwas. Die Pneumatisation des Warzenfortsatzes ist übrigens eine übereinstimmend geringe. Die 5 zweieiigen Zwillingspaare zeigen dagegen ein bemerkenswert verschiedenes Verhalten (s Abb. 32). Sonach ist, als weiterer Beweis der hier vertretenen Auffassung, der Konkordanzunterschied zwischen eineiigen und zweieiigen Zwillingen recht beträchtlich. In gleicher Richtung aber weisen zudem folgende Beobachtungen.

Die Familien G. (s. Abb. 23) und N. zeigen ein eindeutig dominantes Auftreten einer unausgleichbaren Shrapnell-Einsenkung, das um so bedeutungsvoller ist, als das Merkmal jeweils auf beiden Seiten beobachtet werden konnte. Bei den zwei ältesten Kindern der erstgenannten Familie, dies sei noch besonders hervorgehoben, bestand je auf der rechten Seite eine Cholesteatomeiterung, ausgehend von der Shrapnell-Gegend, die operiert werden mußte.

Fragen wir uns angesichts dieser Beobachtungen nach ihrer Erblichkeit, so kann unter Berücksichtigung des klinischen und pathologisch-anatomischen

Bildes der Shrapnell-Einsenkung (WITTMAACK, M. SCHWARZ) kein Zweifel darüber bestehen, daß sich nicht die Einziehung etwa als Mißbildung vererbt, daß vielmehr gewisse, und zwar mit großer Wahrscheinlichkeit anlagebedingte Voraussetzungen dazu führen. Diese finden sich in einer biologisch minderwertigen Schleimhaut. Jedenfalls wird kaum einmal eine persistierende Einsenkung — und um eine solche handelt es sich nur — nach einem einmaligen und vorübergehenden Tubenkatarrh bestehen bleiben. Es sind vielmehr die Folgen einer geringen Entwicklungspotenz der Schleimhaut, die eine krankhafte Veränderung solcher Art bedingen. Eine Schleimhaut aber, die zu Katarrhen neigt und immer wieder erkrankt, ist eben nicht vollwertig und dies, wie unsere Familienbeobachtungen zeigen, in erster Linie aus der erblichen Anlage her.

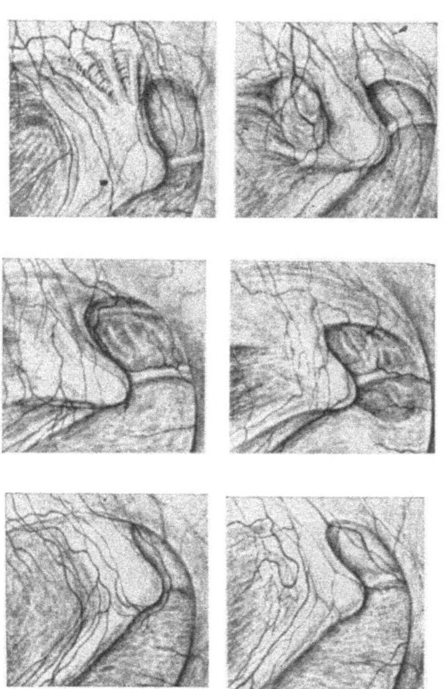

Abb. 32. Pars flaccida jeweils des rechten Ohres von 3 zweieiigen Zwillingspaaren; 9-, 13- und 10jährig nach LÜSCHER. (Vergr. 10fach.)

Wie erwartet, ergibt die nähere Berücksichtigung auch der übrigen Schleimhäute in den genannten Familien und bei den Zwillingspaaren tatsächlich eine auffallende Neigung zu Katarrhen der oberen Luftwege, besonders der Nase, auch des Nasenrachens und Rachens. Die Eltern machen über sich selbst wie über ihre Kinder entsprechend charakteristische Angaben. So berichtet eine Mutter, ihre Kinder seien „Gewohnheitsschnupfer", eine andere, bei ihren Kindern „liefe die Nase dauernd". Der objektive Befund bestätigt diese Angaben in vollem Umfang. In beiden Familien lassen sich schmierig belegte, etwas verschmutzte, leicht entzündlich gereizte Schleimhäute übereinstimmender Art, wenn auch im Augenblick etwas verschieden ausgeprägt, nachweisen.

Über das Verhalten des lymphatischen Gewebes dieser Familien ist im wesentlichen dasselbe zu berichten. Auch in der organartigen Anhäufung als Rachen- und Gaumenmandeln haben wir es mit einem integrierenden Bestandteil der Schleimhaut zu tun, und damit muß die Beteiligung im Rahmen des gesamten Schleimhauttraktes erfolgen. Allerdings ist noch zu berücksichtigen, daß die Rachenmandel, sei es mechanisch durch Verlegung des Tubenostiums, sei es durch Neigung zu katarrhalischer Erkrankung, oft zu Durchlüftungsstörungen Veranlassung gibt. Der Rachenmandel könnte daher in diesem Zusammenhang eine besondere Bedeutung zukommen. Ein Vergleich der Shrapnell-Einsenkung mit der Größe der Rachenmandel in unseren Familien und bei den Zwillingen zeigt kein gleichsinniges Verhalten, d. h. die Einsenkung kommt bei kleinen wie großen Mandeln vor. Was jedoch immer wieder im Vordergrund der Anamnese wie des endoskopischen Befundes steht, das sind die ausgesprochenen Katarrhe.

Auf solche Weise vermag die Berücksichtigung des gesamten Schleimhauttraktes weiteres Licht in die inneren Zusammenhänge der persistierenden Shrapnell-Einsenkungen zu bringen. Nicht nur der Unterdruck im Mittelohr, als Folge einer Störung der Tubendurchlüftung, ist es, jedenfalls nicht die mechanische Komponente allein, denn die Shrapnell-Membran erweist sich in diesen Fällen im PRUSSAK-Raum als irreparabel verwachsen. Gingen nicht gleichzeitig entzündliche und zwar chronisch entzündliche Vorgänge im Mittelohr einher, so würde mit Wahrscheinlichkeit die im Erkrankungsstadium eingezogene Membran nach der Ausheilung wieder in die alte Lage zurückfinden. Dies ist nicht der Fall, selbst mit dem SIEGLEschen Trichter und durch energischen Katheterismus der Tuben läßt sich die Einsenkung nicht wieder ausgleichen.

Die Erklärung für die irreparable Einsenkung der Membrana flaccida in Familien und bei eineiigen, d. h. erbgleichen Zwillingen, wie schließlich die Art ihres Auftretens muß daher auf einer anlagebedingten, d. h. erblichen Minderwertigkeit der Schleimhaut beruhen, um so eher, als das Symptom so gut wie immer auf beiden Seiten auftritt, und regelmäßig auch mit einer ausgesprochenen Pneumatisationshemmung im Warzenfortsatz einhergeht. Aus einer irreparablen Shrapnell-Einsenkung kann daher umgekehrt auf eine Schleimhautminderwertigkeit in jedem Fall geschlossen werden.

B. Schleimhautcharakter und Pneumatisation.

Der Charakter der Schleimhaut wirkt sich nicht nur am Trommelfell, sondern auch im Entfaltungsgrad der Pneumatisation des Warzenfortsatzes aus. Darauf hat WITTMAACK als erster hingewiesen. Die engen Beziehungen, die hier in Erscheinung treten, erklärt er allerdings auf verschiedene Weise. Um die Frage zu entscheiden, ob aus der Pneumatisation des Warzenfortsatzes tatsächlich ein Rückschluß auf die Mittelohrschleimhaut möglich ist, stellte WITTMAACK eine Reihe von Vergleichen an. Auch wenn die Ergebnisse anders gedeutet und andere Vorstellungen über die Genese daran geknüpft wurden, können sie doch ohne weiteres hier berücksichtigt werden. Die tatsächlichen morphologischen Beobachtungen bleiben jedenfalls bestehen.

In höchstem Maß verwunderlich wäre es, schreibt WITTMAACK, wenn die gänzliche Umgestaltung der Schleimhaut, wie sie im Verlauf der Säuglingsotitis erfolgen kann, auf den weiteren Entwicklungsgang des pneumatischen Systems im Schläfenbein ohne Rückwirkung bliebe und dies um so mehr, als die endgültige Gestaltung des Schleimhautcharakters, wie die Ausgestaltung der Zellen im Warzenfortsatz, erst nach der Geburt geschieht. Nach eingehenden Beobachtungen kommt dann eine Zellbildung im Warzenfortsatz überhaupt nicht zustande oder es ergeben sich wechselnde pneumatische Strukturen. Die Pneumatisation soll auch eine verschiedene werden, je nachdem, ob eine latent-hyperplastische oder eine exsudative Säuglingsotitis sich auswirkt. In beiden Fällen, eine hochgradige Beeinflussung vorausgesetzt, entwickeln sich nur die Haupträume des Mittelohres, also die Pauke und das Antrumlumen, während der Warzenfortsatz im übrigen kompakt, diploetisch oder schließlich in verschiedenem Grad sklerotisch bleibt.

Bei mittleren Graden der Pneumatisation lassen sich nur in der Umgebung des Antrums einige Zellen, bei ordentlicher Entfaltung immerhin auffallende Irregularitäten der Zellstruktur erkennen. Es liegen dann große Zellen neben kleinen und umgekehrt, während die Norm bekanntlich dadurch gekennzeichnet ist, daß die Zellen vom Antrum zur Peripherie regelmäßig größer werden und erst die äußersten eine blasenförmige Ausweitung erfahren. Diese Terminalzellen, wie sie benannt werden, sind aber bei irregulärer Pneumatisation verschiedenerorts und willkürlich gelagert anzutreffen, während meist ein Pneumatisationstyp vorliegt, der sich durch grobwandige Zellsepten auszeichnet.

Schließlich kann nicht unerwähnt bleiben, daß zum Bild der gering entwickelten Pneumatisation auch die Vorverlagerung des Sinus sigmoideus gehört (WITTMAACK). Auf dem Röntgenbild ist sie durch die knöcherne vordere Begrenzung des Sulcus meist sehr deutlich zu erkennen.

Eine weitere, größere Untersuchungsreihe (O. STEURER) stellt das Röntgenbild dem geweblichen Aufbau der Mittelohrschleimhaut gegenüber. Zu den Ergebnissen muß vorausgeschickt werden, daß 4 Typen unterschieden werden, nämlich eine mucös-peristale, d. h. normoplastische Schleimhaut und eine hyperplastische, d. h. nach unserer Nomenklatur eine hypertrophische Schleimhaut. Jedenfalls wird mitgeteilt, daß sich in den Nischen und Buchten der Paukenhöhle Polster, Brücken und Segel finden, die nur als Folge von Organisationsprozessen gedeutet werden können. Der dritte Typ ist von fibrösen, nämlich fibrillärem Aufbau, muß also als atrophisch bezeichnet werden, während noch von einem hyperplastisch-fibrösen Mischtyp die Rede ist. Die Tabelle, die aus diesen Ergebnissen zusammengestellt ist, ergibt die Verteilung der genannten Schleimhautformen auf die verschiedenen Pneumatisationsgrade.

Pneumatisations-Grad	Schleimhäute			
	biolog. hochwertig, normoplastisch	biologisch minderwertig		
		hypertroph.	atroph.	zusammen
gut (I und II)	92,0	2,0	6,0	8,0
mittelmäßig (III und IV) .	12,1	57,6	30,3	87,9
sehr gering (V)	(6,2)	56,0	37,5	93,5

In 92%, d. h. praktisch so gut wie regelmäßig ist bei guter Pneumatisation eine normoplastische, d. h. mucoperistale Schleimhaut anzutreffen. Bei mittelmäßiger und besonders bei sehr geringer Pneumatisation, d. h. beim kompakten Warzenfortsatz treten dagegen die hypertrophischen und die atrophischen Schleimhäute überwiegend in den Vordergrund (zusammen 87,9 bzw. 93,5%).

Zu den Schleimhauttypen mit abweichendem Verhalten ist folgendes zu bemerken. Unter den 47 gut pneumatisierten Warzenfortsätzen finden sich zwei leichtere und zwei, die stärkere Unterschiede im Vergleich zum normoplastischen Schleimhautcharakter zeigen. Unter den letzteren findet sich bei dem einen in der runden Fensternische ein ziemlich dickes Gewebspolster, beim anderen eine fibröse Schleimhaut. Unter den 16 kompakten bzw. kompakt-spongiösen Warzenfortsätzen war nur einmal die Schleimhaut im Mittelohr geringgradig verändert. 4 Warzenfortsätze, unter 33, mit geringer Pneumatisation schließlich zeigen ein Mißverhältnis zwischen Schleimhautcharakter und Pneumatisation insofern, als die Schleimhaut sich nur relativ wenig von der normoplastischen unterscheidet.

Das Röntgenbild des Warzenfortsatzes vermittelt, wie erwähnt, ein recht exaktes Bild der pneumatischen Struktur. Treffen die genannten Voraussetzungen zu, so erklärt sich daraus die sehr große diagnostische Bedeutung dieser Untersuchungsmethode. Aus der Art und Ausdehnung der Pneumatisation läßt sich direkt die Eigenart der Mittelohrschleimhaut erkennen, d. h. einer guten Pneumatisation von völlig regulärem Aufbau entspricht eine normoplastische Schleimhaut und damit übrigens auch ein ganz normales Trommelfell. Eine geringe und eine sehr geringe Pneumatisation, d. h. ein kompakter Warzenfortsatz oder eine begrenzte, zudem irreguläre, kleinzellige, dickwandige Pneumatisation besagt dagegen, daß die Schleimhaut hyperplastisch oder fibrös, sagen wir, unserer Nomenklatur entsprechend hypertrophisch oder atrophisch ist.

Die Pneumatisations-„hemmungen", wie sie hier beschrieben sind, lassen sich aber mindestens ebenso zwanglos aus einer geringen bzw. sehr geringen Entwicklungspotenz der Schleimhaut erklären, denn sie stellten nichts anderes dar, als Entwicklungsstadien einer normalen Pneumatisation, die früh zum Stillstand gekommen sind. Auch die Irregularitäten lassen sich aus einer nicht vollwertigen Entwicklungspotenz herleiten. Werden aber die Ergebnisse der Zwillingsuntersuchung herangezogen, so sind die Beziehungen zwischen der Pneumatisation des Warzenfortsatzes und der Schleimhauteigenart ohne weiteres aus anlagebedingten Faktoren, d. h. aus der biologischen Wertigkeit der Schleimhaut zu erweisen. Schließlich läßt sich daraus auch die alltägliche Beobachtung deuten, nach der bei den chronisch genuinen Formen der Mittelohrentzündung regelmäßig ein kompakter Warzenfortsatz anzutreffen ist. Die hypertrophische bzw. atrophische Schleimhaut in solchen Fällen erklärt sich dann aus der Anfälligkeit und der Reaktion, die je nachdem eine produktive oder alterative ist.

Schleimhautcharakter und EUSTACHIsche Tube.

Auch aus der Tuba Eustachii, d. h. ihrem Verhalten beim Tubenkatheterismus sind Anhaltspunkte für die Beurteilung der Mittelohrschleimhaut zu gewinnen, denn es ist von vornherein anzunehmen, daß die Durchgängigkeit vom Schleimhautcharakter abhängt. Es versteht sich von selbst, daß eine hyperplastische Schleimhaut vor allem, falls entzündliche Schwellungszustände hinzukommen, viel eher geeignet sein wird, die Tubenventilation zu beeinflussen, als eine normale Schleimhaut bei anatomischen Varianten, wie sie ZÖLLNER findet.

Das anatomische Verhalten des EUSTACHIschen Rohres selbst ist wohl von geringerer Bedeutung, soweit es nicht einer Säuglingsotitis Vorschub leisten kann. Auch PREKALIN teilt die Auffassung, daß weniger der Bau und die Gestalt der Tube für die Entwicklung einer Entzündung maßgebend sind, als vielmehr die Beschaffenheit der Schleimhaut. Die Untersuchungsergebnisse von BEZOLD über ihre Form (1. gerades Rohr, 2. S-förmig gewundenes Rohr, 3. S-förmig gewundenes Rohr mit einer Biegung nach unten) sollen daher nur der Vollständigkeit halber erwähnt werden, auch wenn sie mit der Schädelform in Beziehung stehen (PREKALIN) und die Dolichocephalie (Typ 3) weniger zur Entzündung des Mittelohres neigen soll als die Brachycephalie. Ferner wird berichtet, die chronisch-eitrige Mittelohrentzündung bevorzuge die Brachycephalen und Chamäoprosopen.

C. Pneumatisation und Trommelfellbild.

Die direkte Abhängigkeit sowohl des Trommelfellbildes als auch der Struktur des Warzenfortsatzes einerseits, von der Eigenart der Schleimhaut andererseits, ist aus Anlagefaktoren eingehend hergeleitet worden. Sie läßt eine weitere Gegenüberstellung als sehr lohnend erscheinen, nämlich die des Trommelfellbildes zur Pneumatisation. Zweifellos wäre es für den Otologen ein recht erheblicher Vorteil, zu wissen, welche Eigenschaften der Trommelfellmembran tatsächlich zuverlässige Rückschlüsse auf die Besonderheiten der Zellstruktur im Schläfenbein bzw. Warzenfortsatz zulassen.

Es ist nicht nur das Verhalten der Trommelfellmembran selbst, das hier berücksichtigt werden muß, es sind auch die Gestalt des Gehörgangslumens, wie die Trommelfellstellung und -form, die zu erwähnen sind. Der Gehörgang wird bekanntlich wenigstens von zwei Seiten von normalerweise pneumatisiertem Knochen umgeben, von dessen Entwicklungszustand eine Beeinflussung seines Lumens wohl möglich sein könnte. WITTMAACK hat darauf hingewiesen, daß die Entwicklung der epitympanalen Zellgruppe nicht nur die Gehörgangsform, sondern auch die Stellung des Trommelfells beeinflußt. Wir kennen eine infantile Form, die durch eine starke Schrägstellung des Trommelfelles und einen engen ovalen Gehörgang gekennzeichnet ist. Im Laufe des Lebens verändert sich das Bild, der Gehörgang wird weiter, das Trommelfell mehr senkrecht gestellt, es kann aber auch mehr oder weniger unverändert bestehen bleiben. Zwillingsuntersuchungen über diese Verhältnisse und ihre Abhängigkeit voneinander haben allerdings zu keinem greifbaren Ergebnis geführt (M. SCHWARZ).

Ausführlich wurde darüber berichtet, daß die biologische Wertigkeit der Schleimhaut am Trommelfell zu erkennen ist, und zwar geht eine hochwertige

Schleimhaut mit einer normalen Membran einher, während sich eine minderwertige Schleimhaut dagegen in bestimmten, von der Norm abweichenden Eigenschaften sowohl im Bereich der Pars tensa, wie im Bereich der Pars flaccida äußert. In diesem Zusammenhang ist ferner daran zu erinnern, daß die hochwertige Schleimhaut gleichzeitig auch infolge ihrer guten Entwicklungspotenz eine gute Pneumatisation, die minderwertige eine entsprechend geringe Pneumatisation bewirkt. Kann also aus dem Schleimhautcharakter auf die Pneumatisation geschlossen werden, dann auch aus dem Verhalten der Trommelfellmembran, und zwar nach all den Merkmalen, die mit Rücksicht auf die Klinik eingehend gewürdigt worden sind.

Im Einvernehmen mit den Ergebnissen der WITTMAACKschen Vergleichsreihe kann schließlich folgendes als Regel gelten. Bei normalen Trommelfellen besteht auch eine normale Pneumatisation im Warzenfortsatz. Für eine geringe und sehr geringe Pneumatisation und für Irregularitäten der Zellbildung mindestens sprechen leichte diffuse Trübungen, wenn sie sich gleichmäßig über die ganze Membran ausbreiten und umschriebene, bandförmige Verdickungen, die hellgrau erscheinen. Ferner sind zu nennen die saturierten, randständigen Trübungen an der Peripherie zentral gelegener, dünner Trommelfellbezirke, ebenso wie die umschriebene Verdünnung der Membran und nicht zu vergessen die irreparable Einziehung der Membrana flaccida, wie auch die Trommelfellfalten. All diese Merkmale sprechen also für eine mehr oder weniger minderwertige Schleimhaut, vor allem, falls sie sich an beiden Trommelfellen zeigen. Schließlich aber leiten sie, und das ist wohl ein weiterer Beweis unserer Auffassung, unvermittelt zu den Veränderungen über, die wir an den krankhaften Trommelfellen des Intervallstadiums chronisch genuiner Mittelohrentzündung beobachten können.

D. Pneumatisation des Warzenfortsatzes und Sulcus sigmoideus.

Im folgenden ist kurz noch eine morphologische Eigenart zu berücksichtigen, weil sie gleichfalls enge Beziehungen zur Pneumatisation des Schläfenbeines erkennen läßt. Gemeint ist das Verhalten des Sinus sigmoideus. Diese Furche im Hinterhaupt bzw. Schläfenbein ist individuell sehr verschieden entwickelt. Auf dem Röntgenbild läßt sich bei entsprechender Aufnahmerichtung ohne weiteres erkennen, wie sich der Sulcus das eine Mal scharf durch einen dichten Schatten ausprägt, das andere Mal dagegen überhaupt nicht zu erkennen ist. Während also der Sinus sigmoideus sehr tief liegen kann und nur von einer entsprechend dünnen Corticalis nach außen hin gedeckt ist, übrigens in solchen Fällen dann sehr nahe am Antrum bzw. äußeren Gehörgang vorbeizieht, kann er innen auch ganz flach auf dem Knochen verlaufen.

Ist der Sulcus sigmoideus deutlich ausgeprägt und stark vorgelagert, so wird der Raum im Schläfenbein bzw. Warzenfortsatz, der für die Pneumatisation noch zur Verfügung steht, recht klein. Daher findet sich nur eine recht beschränkte Zellbildung, bestenfalls von mittlerer Ausdehnung, meist aber ein kompakter Warzenfortsatz. Zum Bild des letzteren gehört tatsächlich, so gut wie regelmäßig, ein stark vorgelagerter und ausgeprägter Sulcus. Das Umgekehrte ist bei guter Pneumatisation der Fall, der Sulcus ist dann sehr flach (WITTMAACK).

Dieses Verhalten des Sulcus sigmoideus im Vergleich mit der Pneumatisation des Warzenfortsatzes ist an dem obengenannten Untersuchungsgut von 59 eineiigen und 35 zweieiigen Zwillingen gleichzeitig geprüft worden (M. SCHWARZ). Für diesen Zweck wurden 3 Ausprägungsgrade des Sulcus unterschieden, je nachdem, ob der dadurch bedingte Schatten auf dem Röntgenbild nicht, schwach oder schließlich stark ausgeprägt war. Aus der Tabelle, die die Ergebnisse zusammenfaßt, findet sich das Verhalten der Pneumatisation des Warzenfortsatzes zum Vergleich mit angegeben.

Konkordante Paare.

Sulcus sigmoideus			Pneumatisation des Warzenfortsatzes		
Ausprägung	E.Z.	Z.Z.	E. Z.	Z. Z.	Grad
nicht gezeichnet..........	21	8	21	8	I + II
schwach gezeichnet	8	0	8	4	III + IV
deutlich gezeichnet	11	4	10	1	V
zusammen	67,7	34,3	66,1	37,1	in %

Werden die konkordanten den diskordanten Zwillingspaaren gegenübergestellt, so ergibt sich, daß das Verhalten des Sulcus sigmoideus um so eher übereinstimmt, je einwandfreier sich die Pneumatisation gleicht. Ferner findet sich ein Unterschied in der Konkordanz zwischen eineiigen und zweieiigen Zwillingen, der besonders zu beachten ist, weil er der Pneumatisation des Warzenfortsatzes auffallend gleichkommt (s. Tab.). Die Abhängigkeit der Ausdehnung der Pneumatisation vom Verhalten des Sulcus sigmoideus bzw. umgekehrt geht daraus ganz eindeutig hervor. Erbfaktoren müssen von Einfluß sein, ohne daß gesagt werden kann, ob sie sich direkt oder indirekt, d. h. in letzterem Fall durch die Pneumatisation auswirken.

III. Die erbbiologischen Eigenschaften der Schleimhaut und die Mittelohrentzündung.

Werden die verschiedenen Formen der Mittelohrentzündung im folgenden einzeln und ausschließlich im Hinblick auf den biologischen Wert der Schleimhaut geschildert, so geschieht dies unter der Voraussetzung, daß die charakteristischen pathologisch-anatomischen und klinischen Merkmale dieser Leiden bekannt sind.

Wir teilen die genuinen Mittelohrentzündungen in erster Linie nach ihrem Verlauf in akute und chronische ein. Lange Zeit wurde angenommen, die chronische Mittelohrentzündung ginge aus der akuten hervor und zwar als Folge von Umwelteinflüssen aller Art, ja selbst als Folge ungeeigneter ärztlicher Behandlung. Diese Auffassung ist nicht ganz richtig, die Otitis media chronica vielmehr meist primär chronisch. Gewiß verhält sich eine Streptokokkenotitis ganz anders als ein Pneumokokkeninfekt, das geht eindeutig nicht nur aus dem Verlauf, sondern auch aus den klinischen Erscheinungen hervor. Gewiß ist ferner hinreichend bekannt, daß auch die Masern- und die Scharlachotitis gefürchteter sind, als die gewöhnliche Form der Mittelohrentzündung. Welche untergeordnete Bedeutung kommt aber demgegenüber der Art der Krankheitserreger zu, die wir bei der chronischen Mittelohrentzündung und besonders bei der Cholesteatomeiterung antreffen! Es liegt dann meist eine Mischinfektion mit wenig virulenten Keimen, oft mit harmlosen Saprophyten vor. Das muß zu denken geben. Wahrscheinlich sind hier ganz andere Faktoren im Spiel. So hat vor allem das eigenartige Verhalten der chronischen Mittelohrentzündung die weitere, und zwar erbbiologische Forschung angeregt. Nach der Auffassung, die heute allgemein gültig ist, handelt es sich eben, falls eine Entzündung zustande kommt, nicht nur um den angreifenden Erreger, vielmehr auch um die Abwehr, und diese wird in erster Linie an Ort und Stelle von der Schleimhaut geführt. Der biologischen Leistungsfähigkeit der letzteren ist daher, bei aller Anerkennung der Art und Virulenz der Erreger, eine sehr große Bedeutung im Krankheitsgeschehen zuzubilligen. Von ihr hängt es zweifellos ab, ob ein Infekt zustandekommt, und wenn das der Fall ist, welchen Verlauf er nimmt.

In diesem Zusammenhang sei auch auf die Untersuchungen von DAEMONT hingewiesen, nämlich der Berechnung des pneumatischen Zellfeldes im Warzenfortsatz nach der Ausdehnung auf dem Röntgenbild. Dabei hat sich ergeben, daß insofern Beziehungen zur Morbidität nachweisbar sind, als bei der akuten Mittelohrentzündung das Zellfeld durchschnittlich nur $^4/_5$ so groß ist wie das normale, während der Träger des letzteren keine Gefahr läuft, überhaupt an einer Otitis zu erkranken. Bei der chronischen Mittelohrentzündung, wie übrigens auch bei der Scharlachotitis findet sich nur ein ganz kleines Zellfeld. Auch DAEMONT bejaht nach seinen Beobachtungen den Einfluß der Vererbung auf die Pneumatisation des Warzenfortsatzes.

Begründen wir unsere Auffassung über die Verlaufsformen der Mittelohrentzündung mit der biologischen Leistungsfähigkeit der Schleimhaut, so gewinnt die folgende Einteilung von vornherein ihre besondere Bedeutung, während gleichzeitig die Erklärung für die Abgrenzung dieser Leiden gegeneinander dem Verständnis näher gebracht werden wird.

A. Die Mittelohrentzündung bei biologisch hochwertiger Schleimhaut.

In diesem Zusammenhang ist es wohl notwendig, kurz noch einmal die Merkmale zusammenzufassen, welche die biologisch hochwertige Schleimhaut auszeichnen. Im Vordergrund steht ihre gute Entwicklungspotenz. Sie bewirkt, ein entsprechendes Alter vorausgesetzt, die normale und regelrechte Entfaltung der pneumatischen Räume im Warzenfortsatz bzw. Schläfenbein. Dies gilt aber nicht nur für den retrotympanalen Raum, sondern auch für die Paukenhöhle. Wie näher erörtert wurde, ist die Entwicklungspotenz auch für den Charakter der Schleimhaut mindestens bis zu einem gewissen Grad verantwortlich. Letztere ist demnach normoplastisch, d. h. mesoplastisch (auch hyperplastisch bzw. hypoplastisch nach der genannten Nomenklatur). Da fernerhin die physiologische Leistungsfähigkeit vollwertig ist, besitzt die Schleimhaut schließlich eine gute Erhaltungskraft, d. h. eine hohe Widerstandsfähigkeit gegen äußere Einflüsse, vor allem auch solche bakterieller Art.

Unter diesen Voraussetzungen versteht es sich von selbst, daß sich die biologisch hochwertige Schleimhaut nicht nur durch eine ganz typische, d. h. ausgedehnte und reguläre Pneumatisation des Warzenfortsatzes auf dem Röntgenbild auszeichnet, sondern vielmehr und vor allem auch durch die geringe Erkrankungsneigung. Erkrankt sie trotz alledem, was selten genug vorkommt, dann geschieht dies nur unter ganz besonderen Umständen. Dies sind vor allem überwertige Infekte, die örtlich zur Auswirkung kommen. Nach KALLOS kann durch Erhöhung der Infektionsdosis jede Immunität durchbrochen werden. Ferner können Überanstrengungen, Entbehrungen, Erkältungen und dergl., die allgemeine immunbiologische Abwehrlage wesentlich herabsetzen. Auch die Psyche scheint eine Rolle zu spielen. Trotz alledem ist dann aber eher mit einem abortiven Verlauf der Entzündung im Mittelohr zu rechnen, jedenfalls sobald sich die normale Reaktionsfähigkeit wiederherstellt bzw. von vornherein in ihrem ganzen Ausmaß zur Geltung kommen kann. Die biologisch hochwertige Schleimhaut erkrankt also nicht nur selten, sie wird auch rasch mit einem Infekt fertig. Die Entzündung heilt in kurzer Zeit, d. h. in wenigen Tagen, längstens nach 2—3 Wochen aus, und zwar ohne nennenswerte Rückstände zu hinterlassen, von leichter Verdickung des Trommelfells und geringer Beeinträchtigung des Hörvermögens abgesehen. Andererseits dürfen wir uns nicht wundern, wenn unter den stürmischen Erscheinungen eines hochwertigen Infektes eine Mastoiditis mit all ihren Komplikationen die Folge ist.

Diese recht bedeutungsvollen inneren Zusammenhänge, die sich aus der biologischen Verfassung der Schleimhaut herleiten, sind weniger klinisch-intuitiv erkannt, als vielmehr zunächst durch pathologisch-anatomische Vergleiche und durch erbbiologische Untersuchungen erfaßt worden. Unter einer großen Zahl histologischer Schnittserien von Mittelohrentzündungen aller Art findet WITTMAACK tatsächlich bei allen einwandfrei normalen und regulär pneumatisierten Schläfenbeinen, die dementsprechend auch eine ganz dünne, zarte Schleimhaut besitzen, kein einziges Mal eine Entzündung. In gleicher Weise deuten die genannten Zwillingsuntersuchungen (M. SCHWARZ), die unter eineiigen Paaren mit sehr guter Pneumatisation (Grad I) keine Mittelohrentzündung, weder aus der Anamnese noch aus Rückständen am Trommelfell zu erkennen geben. Wird zwar bei der Neigung zur restitutio ad integrum jener letztgenannte Umstand weniger von Bedeutung sein, so sind doch immerhin genug Familien bekannt, die trotz der mannigfachen und ihrem Ausmaß so sehr wechselnden Umwelteinflüsse keine Mittelohrentzündung ihrer Mitglieder erlebt haben. Allerdings verhält sich erfahrungsgemäß der den Einflüssen der Domestikation in besonderem Maße ausgesetzte Großstädter ganz anders, erkrankt daher auch eher einmal und neigt mehr zu Komplikationen als der Landbewohner, der unter viel gesünderen, d. h. natürlicheren Umständen aufwächst und lebt.

B. Die Mittelohrentzündung bei biologisch mittelwertiger Schleimhaut.

Den tatsächlichen Verhältnissen, wie dies bei der Einordnung nach bestimmten Gesichtspunkten der Fall ist, wird ein gewisser Zwang angetan, wenn hier eine einwandfrei hochwertige einer mittelwertigen Schleimhaut gegenübergestellt wird. Aus folgendem ergibt sich jedoch mit Rücksicht auf die praktische Seite der Dinge die Begründung einer Unterteilung dieser Art.

Die Eigenschaften dieser mittelwertigen Schleimhaut müssen auch hier wieder kurz vorausgeschickt und erörtert werden. Die Entwicklungspotenz ist derart, daß durchaus normale Verhältnisse der pneumatischen Struktur des Warzenfortsatzes zustandekommen, solange jedenfalls der Entwicklungsprozeß durch Umwelteinflüsse ungestört bleibt. Allerdings gehören Bilder hierher, die sich durch eine irreguläre Anordnung ihrer Zellen auszeichnen, trotz normaler Ausdehnung der Pneumatisation. Die Verhältnisse an der Schleimhaut sind entsprechend, d. h. sie ist praktisch normoplastisch. Die physiologische Leistungsfähigkeit kann zwar nicht als absolut vollwertig, immerhin noch als gut genannt werden, d. h. Erkrankungen kommen zustande, wenn sie auch eines weniger heftigen Anstoßes bedürfen. Eine mehr oder weniger ausgesprochene, akute Mittelohrentzündung ist die Folge, die einmal im Leben, auch wiederholt, auftreten kann. Die meist durch hochvirulente Erreger bedingte Entzündung wird aber von der immerhin biologisch genügend leistungsfähigen Schleimhaut energisch und infolge der guten Abwehrbereitschaft durch schlagartig und stürmisch einsetzende Erscheinungen bekämpft. So geht unter solchen Umständen die Entzündung wieder rasch zurück, und ist in 3 Wochen gewöhnlichhin im Schwinden oder bereits wieder ausgeheilt. Eine kaum noch und unter Lupenvergrößerung erkennbare zarte lineare Narbe im Trommelfell ist meist der einzige Rückstand. Das Hörvermögen wird ohne weiteres Dazutun praktisch wieder normal. Ausnahmen von diesem Verlauf sind weniger durch den Schleimhautcharakter, als durch die Art und Virulenz der Erreger bestimmt. Das geht ohne weiteres aus den bestimmten und typischen Krankheitsformen hervor, etwa der Mucosusotitis und der Grippeotitis.

Als Beweis für diese Auffassung müssen folgende Beobachtungen gelten. ALBRECHT hat unter 58 Fällen von akuter Mittelohrentzündung gut pneumatisierte Warzenfortsätze in rund 81%, gering pneumatisierte in 16% und nahezu zellfreie Warzenfortsätze in nur 4% nachweisen können. Im Gegensatz dazu waren es bei chronischer Mittelohrentzündung normal pneumatisierte Warzenfortsätze rund 2%, stark zellarme Warzenfortsätze 62%. LEICHER findet unter 26 Beobachtungen akuter Otitis media in 80,8% eine gute oder vorwiegend gute Pneumatisation des Warzenfortsatzes und in 19,2% eine vollständige oder vorwiegend ein- oder doppelseitige Pneumatisationshemmung. Unter den 500 von MARX mitgeteilten Fällen akuter Mittelohrentzündung zeigen 99% eine gute Pneumatisation. Daraus ist aber auch gleichzeitig zu ersehen, wie Pneumatisationspotenz einerseits, Art und Verlauf der Erkrankung andererseits gleichgerichtet sind, da sie beide von der biologischen Leistungsfähigkeit der Schleimhaut abhängen.

Mit den Wechselbeziehungen zwischen dem Verhalten der Mittelohrschleimhaut und dem Entwicklungsausmaß des pneumatischen Systems im Schläfenbein, im Vergleich zum Entzündungscharakter im Fall der Erkrankung, hat sich WITTMAACK sehr eingehend befaßt. Die Erklärung dafür, die sich in der Abhandlung über die normale und pathologische Pneumatisation des Schläfenbeines findet, wird aber nicht in der biologischen Leistungsfähigkeit der Schleimhaut gesucht, vielmehr und mit Nachdruck in Zusammenhang gebracht mit dem anatomischen Aufbau der Schleimhaut. Ganz zu Recht wird zwar angenommen, daß der Charakter der Schleimhaut und der Zustand der Pneumatisation im Warzenfortsatz bereits beim Einsetzen der entzündlichen Erkrankung vorgebildet sind, auch daß sich die Schleimhaut ferner verschieden verhält, je nachdem sie „hyperplastisch" oder „fibrös" ist. In einer doch wohl zu mechanistischen, aus der Gewebsstruktur hergeleiteten Auffassung aber wird erklärt, daß die hyperplastische Schleimhaut schon in den oberflächlichen Gewebsschichten den Infekt abfängt und lokalisiert. Einer Schleimhautauskleidung geringer Schichtdicke wird eine derartige Leistung abgestritten. Auch die „fibröse Umwandlung" der Schleimhaut soll entsprechend auf Art und Verlauf der Entzündung von Einfluß sein. Die Exsudation nimmt dann dauernd eine auffallend dünnflüssige und seröse Beschaffenheit an, weil die Gewebsbeschaffenheit keine geeignete Grundlage für eine intensivere Eiterzellenbildung abgeben soll. Es handelt sich also um eine exsudativ-alterative Entzündung, im Gegensatz zu der produktiven Reaktion der hyperplastischen Schleimhaut, die mit typischer Organisation einhergeht.

Dieses Abhängigkeitsverhältnis zwischen dem Aufbau der Schleimhaut einerseits und der Art der entzündlichen Erscheinungen im Mittelohr andererseits besteht tatsächlich, es erscheint aber naheliegender, eine Erklärung dafür weniger in mechanischen Umständen, als vielmehr in der Reaktionsfähigkeit des bindegewebigen Grundstockes, d. h. in der Eigenart des Retikulo-Endothels bzw. im aktiven Mesenchym zu suchen. Ausführlich ist dargelegt worden, wie eine produktive oder eine exsudative Entzündung, als Antwort auf den Entzündungsreiz, entsprechend der Verfassung des Bindegewebes, zustandekommt. Die erstere neigt, infolge der starken Aktivität der Fibroblasten und Histiocyten, zur Segel- und Schwartenbildung im Mittelohr. Es ist die Reaktion des Hyperplastikers, d. h. des Pyknikers und des Muskulären. Die andere, die mehr zu einem alterativen Charakter neigt, geht mit einer serös-eitrigen Sekretion einher und führt unter Verlust des Gewebes eher zum narbigen Schwund. Es ist die Reaktion des Hypoplastikers bzw. bindegewebs- und reaktionsschwachen Asthenikers. Findet sich aber, nach den Ergebnissen der im allgemeinen Teil der

Abhandlung ausführlich genannten Reihenuntersuchungen, beim Hyperplastiker eine hyperplastische, beim Hypoplastiker eine hypoplastische Schleimhaut, so ist allerdings ein Abhängigkeitsverhältnis zwischen der Art der entzündlichen Reaktion und dem Schleimhautaufbau gegeben.

Die Neigung des Hyperplastikers zur produktiven Entzündung im Anschluß an eine länger bestehende akute Mittelohrentzündung bzw. Antrotomie, ergibt sich auch aus dem Zustand der Ausheilung. H. Ott hat bei diesem Habitus nachweisen können, daß dann das Trommelfell in 75% der Fälle eine stark milchige Trübung und Undurchsichtigkeit zurückbehält, die besonders eindeutig beim Vergleich mit dem nicht erkrankten Ohr in Erscheinung tritt. Beim Astheniker ist dies nicht nur in viel geringerem Grad, sondern auch seltener der Fall. Ferner bleiben beim Hyperplastiker fast immer Schalleitungsstörungen leichteren Grades, trotz sorgsamer Behandlung zurück.

Die akute Mittelohrentzündung beschränkt sich nicht nur auf die Paukenhöhle, sie betrifft bekanntlich auch die retrotympanalen Räume. Unter der Voraussetzung einer nicht ganz vollwertigen Schleimhaut ist zu erwarten, daß auch die Entwicklungspotenz nicht vollwertig ist. Daraus erklären sich die Irregularitäten der Zellbildung im Warzenfortsatz, die oben näher beschrieben worden sind. Für den Sekretabfluß, im Fall einer Mastoiditis, bedeutet das Mißverhältnis zwischen der Weite des Zellraumes und dem dazugehörigen „Ausführungsgang" naturgemäß eine nicht unwesentliche Erschwerung (Wittmaack). Die Ausheilung der Erkrankung wird unter diesen Umständen nicht nur verzögert, sondern verhindert. Eine Einschmelzung der Zellwände ist die Folge. Sie kann zwar einmal der Sekretverhaltung einen Ausweg bahnen, meist ist aber ein operativer Eingriff notwendig, wenn keine Komplikationen zustande kommen sollen. Warzenfortsätze von einer derartigen Struktur sind von Steurer als „gefährlich" bezeichnet worden; sie verlangen daher klinisch eine besondere Überwachung. Nach der Operation ist aber eine rasche Ausheilung als Zeichen der guten Reaktionsfähigkeit die Regel. Hansen hat Antrotomierte untersucht und findet rund 64% gut pneumatisierte, 34% unregelmäßig pneumatisierte und 1% zellfreie Warzenfortsätze; unter den Nichtoperierten sind die Zahlen 75,5 und 24,5% also nicht unwesentlich besser.

C. Die Mittelohrentzündung bei ausgesprochen minderwertiger Schleimhaut.

Einleitend müssen zum besseren Verständnis wieder die aus ihrer biologischen Minderwertigkeit sich ergebenden Eigenschaften der Schleimhaut genannt werden. Unter diesen ist die Entwicklungspotenz zunächst als ganz gering zu bezeichnen. Die Pneumatisation beschränkt sich daher auf Paukenhöhle und Antrum bzw. erreicht bestenfalls nur dessen nächste Umgebung. Nur die Haupträume des Schläfenbeines sind entwickelt, der Warzenfortsatz im übrigen spongiös bzw. kompakt. Die Schleimhaut des Mittelohres ist hyperplastisch oder fibrös (Wittmaack), d. h. hypertrophisch bzw. atrophisch nach der genannten Einteilung. Die biologische Leistungsfähigkeit aus der geringen Widerstandsfähigkeit äußeren Einflüssen gegenüber zu schließen, muß sehr gering sein. Aus dieser Minderwertigkeit erklären sich schließlich, wie noch gezeigt wird, die Verlaufsformen der chronisch-genuinen Mittelohrentzündung. Auch die tuberkulöse Otitis hängt in ihrer Verlaufsart nicht nur vom Erreger, vielmehr auch von den Schleimhauteigenschaften ab, wie sie sich aus der Anlage ergeben.

Der kompakte, jedenfalls zellarme Warzenfortsatz findet sich bei allen unspezifisch chronischen Formen der Mittelohrentzündung regelmäßig; das haben nicht nur eine Reihe von Autoren eindeutig nachweisen können (WITTMAACK, STEURER, BROCK u. a.), das geht auch aus unseren täglichen Erfahrungen hervor. Eine sekundäre Sklerosierung des Warzenfortsatzes, als Folge der chronischen Entzündung, muß abgelehnt werden. Darüber ist das Notwendige bereits gesagt. Der kompakte bzw. sehr gering pneumatisierte Warzenfortsatz ist also ein sehr konstantes Vorkommnis bei der chronischen Otitis, während gleichzeitig, wie WITTMAACK und STEURER nachgewiesen haben, die Schleimhaut mehr oder weniger „hyperplastisch" ist. Wurde aber von WITTMAACK ein derartiger Zustand auch ohne ursächliche Entzündung beobachtet, so darf dies als Beweis für die geringe Entwicklungspotenz gelten, die diese Verhältnisse verschuldet und nicht die latente, klinisch reaktionslos verlaufende Säuglingsotitis. Auch unter dieser Voraussetzung sind die Veränderungen am Schleimhautcharakter wie im Pneumatisationszustand, auf dieselbe Ursache zurückführbar. Erklärt aber WITTMAACK, daß es nicht sekundär, d. h. durch die chronische Mittelohreiterung zum kompakten Warzenfortsatz und zur Schleimhautumwandlung kommt, vielmehr die Schleimhauthyperplasie und die bestimmte Warzenfortsatzstruktur primär bestehen, so ist damit immer noch nicht erklärt, warum unter diesen Umständen eine chronische Mittelohrentzündung entsteht.

1. Die Säuglingsotitis.

Wird für die chronische Schleimhauteiterung des Mittelohres ursächlich die Säuglingsotitis beschuldigt, so müssen wir uns fragen, unter welchen Umständen und Voraussetzungen dies geschieht. Von vornherein liegt doch wohl die Annahme nahe, daß die Säuglingsotitis der Ausdruck einer Schleimhautminderwertigkeit ist, die Geburt und die nachfolgende Zeit mit der Neigung zum Erbrechen aber die äußeren Einflüsse bringt, die den ersten Schub auslösen. Denn schließlich, warum tritt sie früh auf und warum heilt sie schlecht aus, obwohl es sich um eine ganz blande und abakterielle Entzündung handelt und ferner warum ist die Säuglingsotitis so selten, das frühkindliche Erbrechen so häufig? Dies alles ist doch schwer verständlich, vielmehr aus anlagebedingten Faktoren eine plausiblere Erklärung herzuleiten. Schließlich kann auch die Übereinstimmung des pathologisch-anatomischen Bildes der Säuglingsotitis, jedenfalls im Falle einer plastischen Form, mit der hypertrophischen Entzündung im Mittelohr nicht ohne Bedeutung sein. Beide Male findet sich ein kompakter Warzenfortsatz. Demnach ist die Säuglingsotitis eine sehr früh beginnende chronische Schleimhauteiterung, die auf der Basis einer Schleimhautminderwertigkeit primär zustandekommt. Diese Erklärung betrifft jedenfalls die Überzahl der Fälle.

Noch aus einem weiteren Umstand ergeben sich Zweifel an der Haltbarkeit der WITTMAACKschen Hypothese. Seiner Auffassung nach beruht das unterschiedliche Verhalten der Mittelohrschleimhaut, wenn sie entzündlich erkrankt, auf ihrem anatomischen Aufbau, der sich aus der Säuglingsotitis ergibt. Dies gilt dann nicht nur für die beiderseits bestehende „Hyperplasie" der Schleimhaut wie für den kompakten Warzenfortsatz, sondern auch für die seitenverschiedenen Verhältnisse, die bei der Mittelohrentzündung zu beobachten sind. Wird aber der Schleimhautcharakter, der diese Differenzen bedingen soll, seinerseits aus paratypischen Einflüssen, d. h. aus der Säuglingsotitis erklärt, warum verhält sich dann die Säuglingsotitis verschieden? Die Reaktion der Mittelohrschleimhaut auf äußere Einflüsse von gleichem Ausmaß auf beiden Seiten und damit gleichen Voraussetzungen ist bei demselben Menschen ohne Zweifel gleich. Wird aber zugegeben, daß durch Umwelteinflüsse im Säuglingsalter eine Seitenverschiedene Beeinflussung der Mittelohrschleimhaut zustande kommt, dann ist, wenn es sich übrigens um einen auf demselben Wege eingedrungenen bakteriellen

Infekt handelt, nicht einzusehen, warum ein anderer Modus gelten soll, nur weil es sich um ein anderes Lebensalter handelt. Tatsächlich ist hinlänglich genug bekannt, daß die akute Mittelohrentzündung nicht nur seitenverschieden, sondern in der größeren Zahl der Fälle sogar ausschlielich einseitig vorkommt. In Wirklichkeit ist ferner die Eigenart der Schleimhaut, soweit sie anlagebedingt ist, beim gleichen Menschen zweifellos beiderseits dieselbe. Das seitenverschiedene Verhalten der Schleimhaut aber muß durch die verschiedengradigen Einflüsse der Peristase, d. h. im Falle der Mittelohrentzündung durch die Masse der eingedrungenen Erreger erklärt werden. Ob aber einmal die letzte Ursache der Seitendifferenz bis in ihre Einzelheiten geklärt werden kann, erscheint fraglich, jedenfalls sind es am wenigsten mechanische Umstände allein, vielmehr, wie WITTMAACK selbst zugibt, die individuelle, celluläre Komponente der Abwehrreaktion in erster Linie und weniger die Art und Virulenz der Erreger.

Die Erkrankungen, die als Folge der biologischen Minderwertigkeit der Schleimhaut auftreten, müssen im einzelnen besprochen werden.

2. Der chronische Tubenmittelohrkatarrh und der Adhäsivprozeß.

Das eingezogene Trommelfell ist bekanntlich die typische Auswirkung der Funktionsstörung der Tube, dazu kommt der Hydrops ex vacuo. Neuerdings vertritt ZÖLLNER allerdings den Standpunkt, daß die Trommelfelleinziehung die Folge einer durch den Mittelohrkatarrh bedingten Trommelfelldehnung ist und erklärt die Einziehung durch Unterdruck als eine Fehldeutung. Darüber ist aber wohl das letzte Wort noch nicht gesprochen. Übrigens wird hier ferner die Auffassung geteilt, wonach beim sog. Tubenkatarrh nicht nur eine umschriebene Erkrankung der Tube vorliegt, vielmehr, wie auch ZÄH und ZÖLLNER neuerdings angeben, regelmäßig das Mittelohr mit ergriffen ist.

Sehen wir von anderen Möglichkeiten einer Verlegung des Tubenlumens ab, so ergibt sich ohne weiteres, daß die lichte Weite des knöchernen und knorpeligen Teiles, ebenso wie das Verhalten der Schleimhaut, d. h. ihre Schichtdicke, für die Funktion von ausschlaggebender Bedeutung sind. Da es sich hier um die Schleimhautauskleidung handelt, sollen die Formvarianten der Tube vernachlässigt werden. Eine Beeinträchtigung der Durchlüftung ist also um so weniger zu erwarten, je dünner, um so mehr, je dicker die Schleimhaut ist, vollends, falls gar entzündliche Schwellungszustände hinzutreten und schließlich Narbenstenosen entstehen. Zweifellos muß daher bei Durchlüftungsstörungen von vornherein eine hyperplastische bzw. hypertrophische Schleimhaut angenommen werden, eine atrophische, wie eine normoplastische Schleimhaut dagegen nur unter ganz besonderen Umständen. Eine Beeinträchtigung der Tubenfunktion von nennenswertem Grad bei biologisch hochwertiger Schleimhaut darf als selten gelten. Dies ist der Grund, weshalb die Tubenstörungen unter den akut entzündlichen Erkrankungen vernachlässigt wurden. Um so größere Bedeutung kommt dagegen der hyperplastischen bzw. hypertrophischen, d. h. der biologisch minderwertigen Schleimhaut zu.

Zum Nachweis der Schleimhauteigenart im Mittelohr bei Störungen der Tubendurchlüftung muß nach den bisher mitgeteilten Erfahrungen und solange es sich um Nachforschungen zu Lebzeiten handelt, das Verhalten des Trommelfells, vor allem aber die pneumatische Struktur des Warzenfortsatzes als besonders geeignet gelten. Aus einer für diese Zwecke durchgeführten Untersuchungsreihe (M. SCHWARZ) an 31, ganz wahllos gesammelten Tubenmittelohrkatarrhen, hat sich Folgendes ergeben. In der Mehrzahl, nämlich in 74%, handelt es sich um kompakte bzw. diploetische Warzenfortsätze. Eine mittelmäßige Pneumatisation mit auffallenden Irregularitäten der Zellanordnung und meist zellfreier Spitze fand sich in weiteren 20%, so daß die sehr gering bis bestenfalls mittelmäßig pneumatisierten Warzenfortsätze zusammen nicht weniger als 94% ausmachen. Nur zwei Kranke zeigen eine gute Pneumatisation, einer davon jedoch gewisse Unregelmäßigkeiten der Zellanordnung. Bemerkenswert ist auch die Beobachtung, die übrigens die oben genannte Auffassung bestätigt, wonach der einzige Kranke mit gut pneumatisiertem Warzenfortsatz eine Tubendurchlüftungsstörung im Anschluß an eine Infektionskrankheit bekommen hat, die rasch wieder ausgeheilt ist. Auch ZÖLLNER bemerkt in seiner Monographie über die Ohrtrompete, daß im allgemeinen bei den raschheilenden, also akuten Fällen, öfter eine gut ausgebildete, bei den chronischen dagegen mit größerer Häufigkeit eine Pneumatisationshemmung anzutreffen ist.

Schließen wir von der Art der Pneumatisationsstruktur im Warzenfortsatz auf das Verhalten der Schleimhaut im Mittelohr, dann bestätigt sich, daß die normoplastische Schleimhaut bei Tubenstörungen die Ausnahme bildet, während in der überwiegenden Zahl der Erkrankungen eine hyperplastische bzw. hypertrophische Schleimhaut angenommen werden muß. Da aber in erster Linie die hypertrophische Schleimhaut und nicht die atrophische eine Lumenverengung bedingen wird, muß daraus der Schluß gezogen werden, daß es sich bei Tubendurchlüftungsstörungen vorwiegend um erstere handelt.

Die Auffassung einer Hyperplasie bzw. Hypertrophie der Schleimhaut, als Grundlage der Tubenstörung, findet ihre Bestätigung in einer weiteren Reihenuntersuchung von FRITZ, die allerdings die chronische Schleimhauteiterung des Mittelohres mit berücksichtigt. Dabei hat sich ein deutliches Überwiegen der zu produktiver Reaktion neigenden Hyperplastiker bzw. Stheniker ergeben, während die Astheniker entsprechend stark in den Hintergrund treten. FRITZ erklärt dies aus ihrer reizbaren Konstitution. Als Bestätigung dafür kann ferner die Beobachtung gelten, nach der die sehr hartnäckig tubenkranken Patienten, die ihr Leiden seit Jahren, z. T. schon seit der Jugend tragen, mit wenigen Ausnahmen einen ausgesprochen hyperplastischen bzw. pyknischen Körperbau zeigen. Dies erscheint gewiß nicht als eine Zufälligkeit, vielmehr gleichzeitig als ein weiterer Beweis für die oben genannten Beziehungen zwischen Schleimhautcharakter und Art des Körperbaues.

Nicht minder aufschlußreich ist ferner der Befund an den Trommelfellen der genannten Tubenkranken. Sehen wir von den typischen Verhältnissen ab, also von der Einziehung im Bereich der Pars tensa, wie der Pars flaccida, und achten nur auf Merkmale, die einen Rückschluß auf den Schleimhautcharakter bzw. auf die Art der pathologisch-anatomischen Vorgänge in der Paukenhöhle zulassen, so ergibt sich Folgendes. Die Trommelfelle sind in der Überzahl der Beobachtungen ausgesprochen matt, trüb und undurchsichtig, z. T. milchweiß verfärbt, ungleichmäßig verdickt, häufiger auch in geringem Ausmaß hypertrophisch und atrophisch vernarbt. Handelt es sich also um Merkmale, die in dieser Art auch beim kompakten Warzenfortsatz anzutreffen sind, und deuten sie nach der genannten Beweisführung auf eine minderwertige Schleimhautverfassung hin, so wird dadurch nicht nur die hier vertretene Auffassung bestätigt, es geht vielmehr gleichzeitig daraus ein weiterer sehr wichtiger Umstand hervor. Es liegen nicht ausschließlich einfache Durchlüftungsstörungen der Tube vor, sondern auch produktive und alterative Vorgänge, die auf katarrhalische bzw. entzündliche Erkrankungszustände hinweisen. Mit Fug und Recht ist damit die Erkrankung als Tuben- bzw. Tubenmittelohrkatarrh zu bezeichnen. Unter den genannten Umständen zwischen Tubenkatarrhen mit oder ohne Beteiligung des Mittelohres unterscheiden zu wollen, ist ein müßiges Unterfangen.

Noch auf einen weiteren Gesichtspunkt muß hingewiesen werden, weil er unter den Ursachen der Tubendurchlüftungsstörungen, jedenfalls im Kindesalter, weit im Vordergrund steht. Es sind die großen Rachenmandeln und in Übereinstimmung damit die großen Gaumenmandeln. In der eben genannten Reihenuntersuchung bestätigt sich die Beobachtung, wonach bei Tubenstörungen im Kindesalter häufig große Tonsillen vorliegen. In einer wohl zu mechanischen Denkweise wird angenommen, daß die Verlegung des Nasenrachenraumes jene Durchlüftungsstörungen bedingt, und dies erscheint dadurch bestätigt, daß die Entfernung der Rachenmandel meist Heilung bringt. Soll die Gültigkeit dieser Auffassung gewiß nicht bestritten werden, so ist immerhin zu berücksichtigen, daß Einziehungen auch bei Rachenmandeln vorkommen, die die Tubenostien gar nicht erreichen. Die Nachprüfung der pneumatischen Struktur dieser Kinder aber führt zu dem bemerkenswerten Ergebnis, wonach die sehr gering und die gering pneumatisierten Warzenfortsätze durchaus und jedenfalls zusammen mit den mittelmäßig und unregelmäßig pneumatisierten das Bild so gut wie ausschließlich beherrschen. Eine einwandfreie normale Pneumatisation hat sich unter diesen Beobachtungen nicht nachweisen lassen. Demnach stehen Tubendurchlüftungsstörungen und große Rachenmandel nicht ausschließlich in direktem ursächlichen Zusammenhang, kommen vielmehr nebeneinander als Folge der biologischen Minderwertigkeit der Schleimhaut vor. Die Ausheilung bzw. Besserung der Krankheit durch Entfernung der Rachenmandel erklärt sich dann nicht nur aus den für die Atmung im Nasenrachen wiederhergestellten normalen Verhältnissen, sondern auch aus der Beseitigung eines chronisch-entzündlich erkrankten Organes, das ständige Infektionen der Tube veranlaßt hat.

Für die Minderwertigkeit der Schleimhaut aber, als Ursache des Tubenkatarrhs, sprechen schließlich nicht nur das klassische Bild, sondern auch die erbbiologischen Verhältnisse, die sich bei näherem Zusehen erheben lassen. Infolge der Anfälligkeit und geringen Reaktionskraft der Schleimhaut kommt die Erkrankung relativ häufig schon im Kindesalter vor, sie zeigt eine geringe Heilungstendenz und rezidiviert sehr leicht, schon auf geringe äußere Einflüsse hin. Die nur einmal und rasch vorübergehenden Tubenkatarrhe sind daneben zweifellos die Ausnahme. Das Leiden führt schließlich zu einer bleibenden Schwerhörigkeit, weil der produktive Charakter des Katarrhs infolge der wiederholt genannten Segel- und Polsterbildung, sowie sekundärer Verknöcherung, schließlich einen sog. Adhäsivprozeß herbeiführt.

Zöllner teilt mit, daß Verwachsungen als Folge eines rein serösen Katarrhs bisher anscheinend nicht beobachtet worden sind, und daß trotz jahrelang anhaltenden Katarrhs keine Adhäsionen zustandekommen. Dies ist wohl nur zum Teil richtig. Die Neigung zur Organisation von Exsudaten in den Mittelohrräumen ist wahrscheinlich individuell verschieden und nicht nur von der Dauer der Katarrhe abhängig.

Die Familienanamnese, auf die viel mehr Wert gelegt werden sollte, ergibt nach unseren Beobachtungen, unter der Voraussetzung exakter Erhebung und Nachprüfung, in $^2/_3$ der Fälle ein positives Ergebnis. Charakteristisch sind die Angaben über Ohrreißen, das häufiger auftritt, über vorübergehende Hörstörung, auch einmal über Ohrlaufen in der Deszendenz und Aszendenz. Unser Krankengut zeigt aber noch folgende Einzelheiten.

Eine Patientin berichtet, daß auch die Schwester öfter an Ohrbeschwerden und geringer, vorübergehender Hörstörung leidet. Die Untersuchung ergibt bei beiden ein beiderseitig eingezogenes Trommelfell und beiderseits einen kompakten Warzenfortsatz.

Ein Kind mit Tubenkatarrh und mit kompaktem Warzenfortsatz wird uns vom Vater in die Klinik gebracht. Auch bei letzterem finden sich, wie die Untersuchung ergibt, eingezogene Trommelfelle und kompakte Warzenfortsätze. Auch er hat in der Jugend, wie er erst auf eingehendes Befragen angibt, unter den gleichen Erscheinungen gelitten wie die Tochter.

Schließlich ist noch eine Familie zu nennen, über die der Großvater (Pfarrer von Beruf) aus eigenem Interesse sehr eingehende Beobachtungen aufgezeichnet hatte. Er sagte uns wörtlich: „es ist wohl bei uns allen die Ohrtrompete eng". Er selbst leidet an einem Tubenkatarrh, ebenso wie alle auf der Abb. 33 angegebenen Mitglieder. Bemerkenswert sind auch die in der Familie häufigen Rachenmandelvergrößerungen, die teilweise entfernt worden sind, ohne daß jedoch die operativen Maßnahmen immer einen Erfolg gebracht hätten.

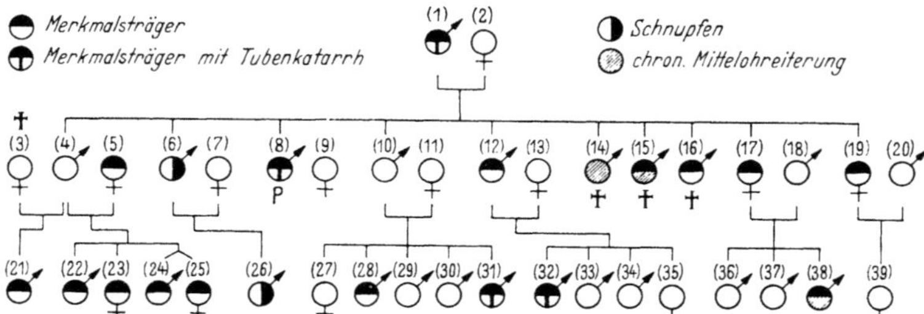

Abb. 33. Familie mit gehäuftem Auftreten von großer Rachenmandel. Das gleichzeitige Vorkommen von Tubenkatarrhen, Schnupfen und chronischer Mittelohreiterung beweist die ursächliche Minderwertigkeit der Schleimhaut.

Der Tubenkatarrh erklärt sich somit aus der biologischen Minderwertigkeit der Schleimhaut. Daher findet sich dann nicht nur ein kompakter Warzenfortsatz, sondern auch, wie der Trommelfellbefund ergibt, eine meist hypertrophische Schleimhaut. Die große Rachenmandel ist weniger die Ursache des Katarrhs, als vielmehr die Folge der Schleimhautminderwertigkeit. Wird sie entfernt, dann bessert sich der Tubenkatarrh, nicht allein, weil die Verlegung der Tubenostien beseitigt wird, sondern weil auch die rezidivierenden Tonsillitiden keinen zusätzlich ungünstigen Einfluß mehr auf die Tubenschleimhaut nehmen können.

3. Die chronische Schleimhauteiterung des Mittelohres.

Unter den Erkrankungen des Mittelohres ist wohl keine geeignet, die biologische Minderwertigkeit so beispielhaft zu veranschaulichen, wie die chronische Schleimhauteiterung. Dieser Umstand kommt eindeutig zum Ausdruck, falls die besonderen pathologisch-anatomischen und klinischen Verhältnisse der Erkrankung einerseits, der Eigenart der Schleimhaut andererseits gegenübergestellt werden.

Die Entwicklungspotenz soll wieder vorweg genannt werden. Sie ist, wie zu erwarten, ausgesprochen gering. Das Röntgenbild ergibt einen kompakten Warzenfortsatz oder bestenfalls eine recht geringe und zudem unregelmäßige Zellbildung in der nächsten Umgebung des Antrums. Aus einer Reihenuntersuchung dieser Tage (E. Knödler), die die chronische Mittelohrentzündung betrifft, haben sich unter 107 Kranken kompakte bzw. gering pneumatisierte Warzenfortsätze in 95% nachweisen lassen. Dieses Ergebnis deckt sich vollauf mit dem, was heute als Regel gelten muß.

Unter den Eigenschaften der biologisch minderwertigen Schleimhaut sind es ferner die Empfindlichkeit des Gewebes und die Anfälligkeit gegen äußere Einflüsse aller Art, aus der sich die Neigung zur Erkrankung erklärt. Die Empfindlichkeit der Schleimhaut entsteht nicht erst im Laufe des Lebens, sie besteht von früher Jugend an und sie ist zweifellos auch die Voraussetzung für die Säuglingsotitis. Dies läßt sich aus folgendem schließen. Fürs erste sind Neugeborene den Umwelteinflüssen, die von WITTMAACK für die Erkrankung des Mittelohres verantwortlich gemacht werden, in gleicher Weise unterworfen, zum anderen erkrankt nur ein Teil, und zwar nach klinischen Erfahrungen ein sehr geringer Teil, auch sind ferner nur in einem geringen Prozentsatz beim Erwachsenen kompakte Warzenfortsätze nachweisbar. Wäre der kompakte Warzenfortsatz wirklich ausschließlich die Folge der Säuglingsotitis, so müßte die Pneumatisationshemmung, worauf bereits an anderer Stelle hingewiesen worden ist, viel häufiger zu beobachten sein. Der Beweis übrigens, daß andere Kräfte dafür beschuldigt werden müssen, ist an erbbiologischem Untersuchungsgut ausführlich geführt worden. Die Säuglingsotitis ist also, ebenso wie das Ohrlaufen im Kindesalter, zweifellos der Ausdruck der biologischen Minderwertigkeit der Schleimhaut. Schließlich erklärt sich aber daraus nicht nur der frühzeitige Beginn der Erkrankung, sondern auch die ausgesprochene Neigung zu Rezidiven, schon nach geringen äußeren Anlässen.

Eine weitere Eigenschaft der biologisch-minderwertigen Schleimhaut, aus der sich der Charakter der chronischen Schleimhauteiterung erklärt, ist die geringe Reaktionsfähigkeit auf äußere Einflüsse. Zwar kommt gelegentlich ein akuter Beginn eines neuen Schubes, ein sog. Rezidiv der chronischen Schleimhauteiterung vor, das u. U. von einer akuten Mittelohrentzündung schwer zu trennen ist. In typischen Fällen aber beginnt die Erkrankung, wie ebenso das Rezidiv, ohne stürmische Reaktion seitens der Schleimhaut, wie seitens des Gesamtorganismus. Ohne Fieber, ohne Beeinträchtigung des Allgemeinbefindens, ohne Schmerzen oder Beschwerden fängt das Ohr oder fangen beide Ohren kurz hintereinander an zu laufen. Es handelt sich schließlich auch um keine eitrige, sondern um eine ausgesprochen schleimige Sekretion, die sich besonders in langen Sekretfäden äußert, die sich beim Auswischen des Gehörganges bilden; auch lassen sich die einzelnen Schleimflocken schwerer entfernen, als dies bei schleimig-eitrigem Ausfluß der Fall ist. WITTMAACK erklärt die Art dieser Sekretion aus einer „Umwandlung" der Epithelschicht, denn Schleimdrüsen, die in dieser Weise auf eine Erkrankung antworten könnten, kommen in der Paukenschleimhaut bekanntlich nicht, vielmehr nur in der Tube vor. Man muß sich also vorstellen, solange Einzelheiten darüber nicht bekannt sind, daß sich im Epithel Schleimzellen bilden, wie sie für die Schleimhaut so charakteristisch sind oder daß der Schleim aus der Tube stammt.

Der ausgesprochen chronische Verlauf als Folge der geringen Reaktionsfähigkeit und die daher bedingte geringe Heilungsneigung sind es, die mit dem zuweilen alterativen Charakter der Entzündung zu den typischen Veränderungen am Trommelfell führen. Bekanntlich sind es die großen, zentral gelegenen Defekte, von rundem, ovalärem oder nierenförmigen Aussehen, als Folge einer ausgedehnten Einschmelzung der Membran (s. Abb. 34), während im Gegensatz dazu bei der akuten Entzündung sich typischerweise rißförmige, kaum erkennbare Defekte finden. Meist bleibt der Defekt, teils seiner Größe wegen, vor allem aber wohl infolge der geringen Regenerationsfähigkeit auch nach der Ausheilung bestehen. Immerhin kommt auch einmal eine Überhäutung und eine sehr dünne atrophische Narbe zustande, die jedoch bei einem neuen Schub sofort wieder einschmilzt. Daran ist bekanntlich ein akutes Rezidiv ohne weiteres erkennbar. Aus eingehenden Untersuchungen über die Heilungsvorgänge und Narbenbildungen nach Trommelfelldefekten findet LÜSCHER narbige und degenerative Veränderungen, wobei erstere vom subepithelialen bzw. submukösen Bindegewebe ausgehen. Dabei konnte er beobachten, daß sich genotypische Faktoren dabei auswirken, indem der eine mehr zu starker fibröser Bindegewebsproduktion neigt, der andere mehr feine Narben bildet (vergl. Abb. 35 u. Abb. 36).

Besteht die chronische Mittelohrentzündung, wie es häufig der Fall ist, über Monate, selbst über Jahre, dann ist auch bei einer relativ geringwertigen Reaktion des Gewebes, um so eher aber, wenn eine Neigung zur produktiven Entzündung besteht, nicht nur an den stehengebliebenen Teilen des Trommelfelles, sondern

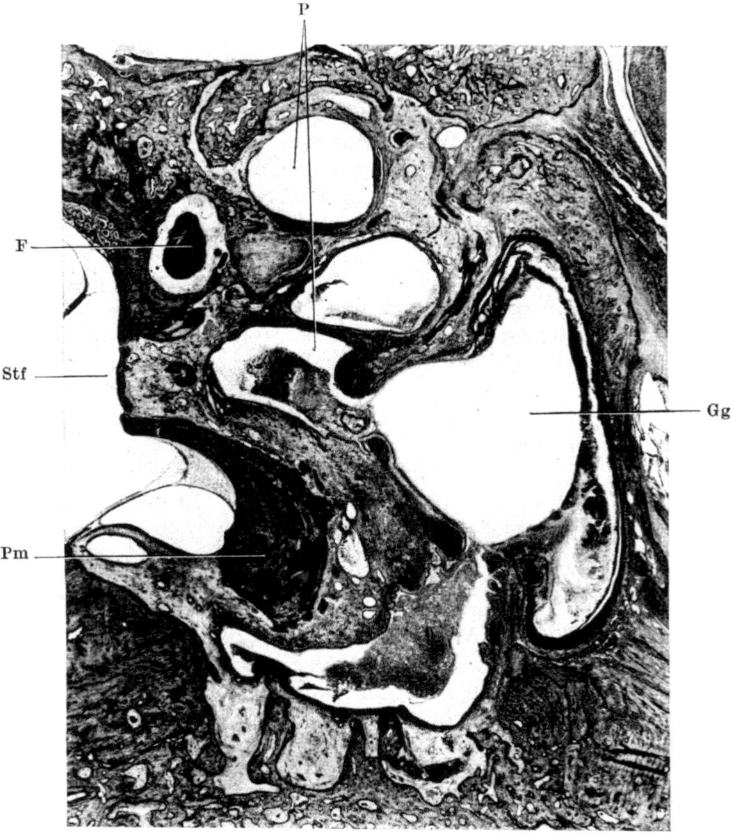

Abb. 34. Schnitt durch das Mittelohr bei chronischer Schleimhauteiterung. Ausgesprochen produktiver Charakter der Entzündung. Schleimhaut hypertrophisch. Äußerer Gehörgang = Gg, Paukenlumen = P, Promontorium = Pm, Steigbügelfußplatte = Stf, Facialis = F.

auch im Mittelohr mit bleibenden krankhaften Veränderungen recht ausgesprochener Art, zu rechnen. In leichteren Fällen entstehen die Kalkeinlagerungen verschiedener Form und Größe. In anderen Fällen kommen wechselnd ausgedehnte Vernarbungen, erkennbar an der ausgesprochenen Undurchsichtigkeit und milchweißen Verfärbung der Membran, und ein ganz unregelmäßiges Oberflächenrelief zustande. Die Verkalkungen weisen auf den chronischen Charakter hin, sie sind bekanntlich bei ausgeheilten tuberkulösen Herden der Lunge etwas ganz alltägliches. Noch in anderer Hinsicht läßt sich eine Parallele ziehen. Bekanntlich neigt die produktive Form der Pleuritis zur Schwartenbildung. Gleiches ist auch im Mittelohr bei der chronischen Entzündung zu beobachten, denn die normale Schleimhaut kann ihrem Aufbau nach eher wohl mit einem Endothel verglichen werden. Hypertrophien der Schleimhaut bis zur Verödung des Mittelohres infolge der bereits wiederholt genannten Segel-, Polster- und Schwartenbildungen sind nicht nur ein ganz typischer Befund der Säuglingsotitis, sie bilden sich in gleicher Weise beim Erwachsenen, schließlich in einer Ausdehnung, die das Lumen der Paukenhöhle, wie auch der wenigen pneumatischen Zellen im Warzenfortsatz ganz verschließen. Vom Lumen bzw. der ursprünglichen Epithelauskleidung der Pauke bleiben dann schmale Säume und nur noch geringe Reste

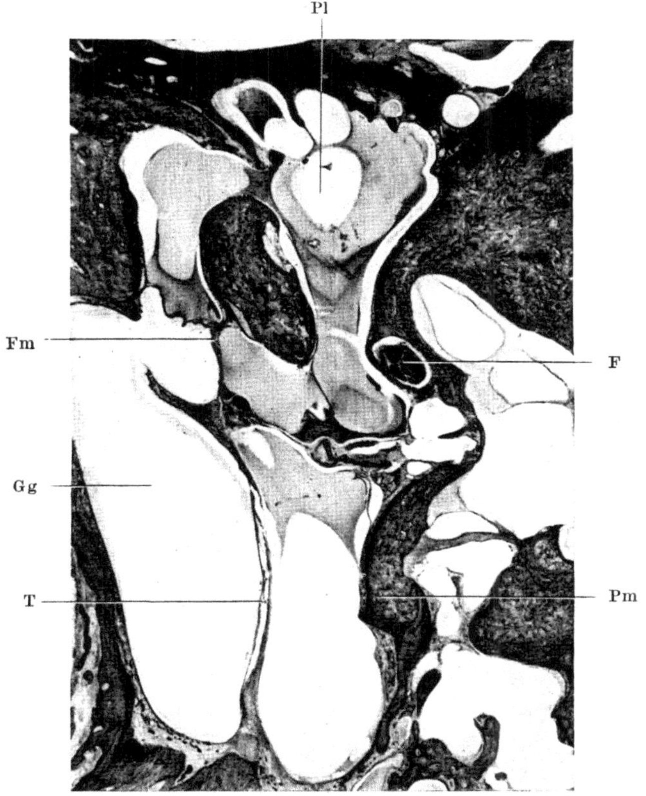

Abb. 35. Chronischer Mittelohrkatarrh im Intervallstadium. Alterative Reaktion. Keine Organisationsvorgänge. Trommelfell (T) atrophisch. Tiefe Einsenkung der Flaccidamembran (Fm). Gehörgang = Gg, Paukenlumen = Pl, Facialis = F, Promontorium = Pm.

in der Art der oben genannten perlschnurförmig angeordneten Gebilde und kleine, zystenartige Räume übrig (s. Abb. 36). Da aber eine narbige Verfestigung dieses neugebildeten Gewebes mit der Zeit nicht ausbleiben kann, schließlich sogar Verknöcherungsvorgänge zu beobachten sind, kommt es nicht nur zu einer unbeweglichen Verlötung des Trommelfells mit den Verödungspolstern und zu einer Einziehung, sondern auch zur ausgesprochenen Bewegungsbeschränkung der Gehörknöchelchenkette und damit zum Adhäsivprozeß mit seiner bleibenden, meist zunehmenden Schwerhörigkeit. Das Ausmaß der dadurch geschaffenen krankhaften Veränderungen (s. Abb. 35 u. Abb. 36) aber wird nicht nur von der Dauer der Erkrankung, sondern auch von der Art der entzündlichen Reaktion, d. h. von ihrem meist produktiven, wohl auch andererseits alterativen Charakter abhängen. Diese aber ist abhängig von der Eigenart des Bindegewebes und damit vom Körperbau.

Um die chronische Schleimhauteiterung auch gleichzeitig im Rahmen des übrigen Schleimhautcharakters zu zeichnen, soll in diesem Zusammenhang die Frage nach ihrer Ursache noch eingehender erörtert werden. Bekanntlich stehen sich zwei Auffassungen grundsätzlich gegenüber, indem die eine Umwelteinflüsse, die andere anlagebedingte Faktoren als vorherrschend ansieht. Ist es in einem Fall die Säuglingsotitis im Sinne von WITTMAACK, so liegt eine Erkrankung vor,

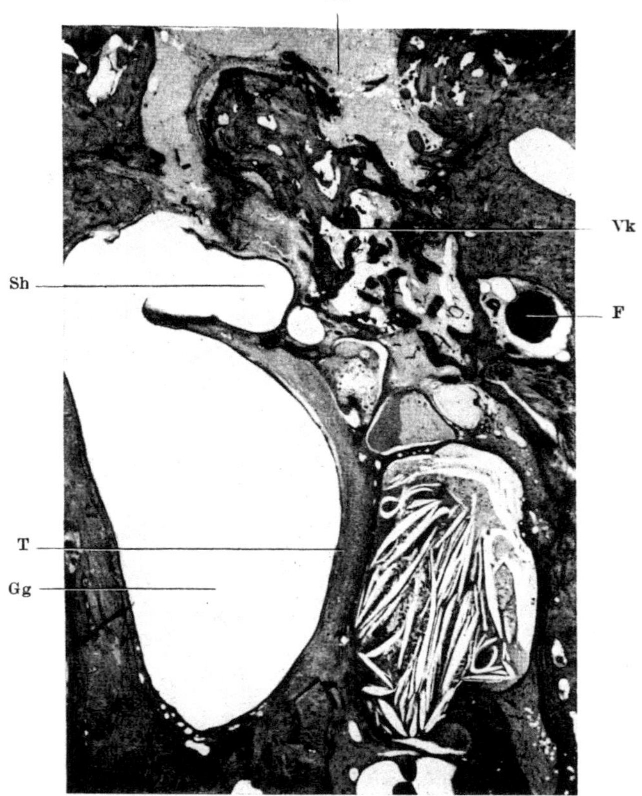

Abb. 36. Adhäsivprozeß im Intervallstadium. Ausgesprochen produktive Reaktion. Trommelfell (T) stark hypertrophisch. Tiefe nicht mehr ausgleichbare Einsenkung der Shrapnellmembran (Sh). Neugebildetes Bindegewebe, das das Paukenlumen (Pl) völlig ausfüllt. Verknöcherung (Vk). Gehörgangslumen = Gg, Facialis = F.

die jedenfalls, im Vergleich mit der akuten Mittelohrentzündung, eher einseitig als doppelseitig auftritt, in letzterem Fall ein Ohr stärker befällt als das andere. Die Beeinträchtigung der Schleimhaut ist also eine örtliche, tritt auch vorwiegend seitenverschieden in Erscheinung. Ganz im Gegensatz dazu sind die anlagebedingten Eigenschaften im gesamten Schleimhauttrakt mit großer Wahrscheinlichkeit und jedenfalls ursprünglich dieselben. In diesem Augenblick muß allerdings die besondere Anfälligkeit berücksichtigt werden, durch die wechselnde Bezirke der Schleimhaut ausgezeichnet sind (ALBRECHT). Doch kann das nicht heißen, daß damit der übrige Schleimhauttrakt gesund ist, die Schleimhautminderwertigkeit aber örtlich begrenzt. Ausgehend von der chronischen Mittelohrentzündung muß demnach die Frage, Anlage oder Umwelt, aus dem Vergleich der Seiten und aus dem Verhalten der übrigen Schleimhäute ihre Beantwortung finden.

Eine unter diesem Gesichtspunkt durchgeführte Reihenuntersuchung an 107 Kranken mit chronischer Mittelohrentzündung (E. Knödler), die bereits eine Erwähnung gefunden hat, konnte die folgenden, recht eindeutigen Ergebnisse erbringen. Der Befund beim Vergleich der beiden Trommelfelle ist in rund 38% völlig der gleiche, in weiteren 54% nur dem Grade nach etwas verschieden, so daß die Übereinstimmung praktisch 92,5% erreicht. Diese Werte stehen durchaus im Gegensatz zu der Annahme einer örtlichen Schädigung als Voraussetzung für die chronische Otitis. Auch die Untersuchung des übrigen Schleimhauttraktes dieser Patienten führte zum gleichen Ergebnis, indem krankhafte Veränderungen chronischer Art an den Tonsillen in 86%, an der Nasenschleimhaut in 77,6%, im Rachen in 56,7% und im Kehlkopf in 31,7% zu beobachten waren.

Vergleicht man diese Zahlen, so fällt auf, daß die Nase viel häufiger als der Rachen, viel seltener als letzterer der Kehlkopf beteiligt ist. Die Erklärung dafür liegt zweifellos in der verschiedenen physiologischen Beanspruchung, wie in der ungleichen Beeinflussung der einzelnen Abschnitte des Schleimhauttraktes durch die Umwelt. Von vornherein ist zu erwarten, daß die während des Lebens in so großer Häufigkeit und in großem Ausmaß ständig einwirkenden Umwelteinflüsse nur von einer gesunden Schleimhaut ertragen werden und zwar dank ihrer hohen Leistungsfähigkeit. In solchem Fall wird dann kein unterschiedliches Verhalten der Einzelabschnitte unseres Schleimhauttraktes nachzuweisen sein, d. h. die Schleimhaut der Nase verhält sich nicht anders als die des Rachens und Kehlkopfes. Handelt es sich dagegen um eine Schleimhaut, die nicht vollwertig ist und also den Anforderungen, die durch die Atmung an sie allein schon gestellt werden, nicht genügt, so muß sie mit der Zeit notleiden; sie wird sich verändern und zwar stärker in der Nase, als im Rachen und im Rachen wieder stärker als im Kehlkopf. Zur Erklärung bedarf es nur des Hinweises, daß z. B. bei der Anfeuchtung der Atmungsluft die Nase den Löwenanteil trägt (Perwitzschky), und daß sich dort zuerst Austrocknungserscheinungen zeigen, wenn der Flüssigkeitsverlust nicht mehr auszugleichen ist. Die Austrocknung aber wirkt sich weiterhin ungünstig auf die Flimmerfunktion des Epithels aus, während die dadurch bedingte Verschmutzung allerlei Gefahren mit sich bringt. Für den Rachen gilt dies in geringerem Grad, in noch geringerem aber für den Kehlkopf. Das in den einzelnen Abschnitten des Schleimhauttraktes bei diesen Kranken immer wieder gleichgerichtete Verhalten spricht für eine Schleimhautminderwertigkeit und dies um so eher, als in der Untersuchungsreihe die Zahl der krankhaften Veränderungen in der Nase $^3/_4$ der Fälle noch übertrifft.

In dieser Reihe wurde schließlich, aus den Angaben der Anamnese und nach dem Gesamteindruck im Einzelfall, versucht, ein Urteil über die biologische Wertigkeit der Schleimhaut zu gewinnen. Tatsächlich konnte, von den Ohren abgesehen, nur in rund 8% ein gesunder Schleimhauttrakt angenommen werden. An der anlagebedingten Minderwertigkeit der Schleimhaut in Fällen chronischer Schleimhauteiterung ist daher nicht zu zweifeln, Umwelteinflüsse sind nur von zweiter Bedeutung. Bezeichnet aber Albrecht das Leiden als primär-chronisch, also nicht als Folge einer Entzündung, so muß ihm voll beigepflichtet werden.

Die Glieder der Beweiskette sind damit noch nicht geschlossen. Die Probe aufs Exempel steht noch aus. Ist die biologische Minderwertigkeit der Schleimhaut anlagebedingt, so muß sie in bestimmten Familien gehäuft auftreten. Doch auch für diesen Nachweis stehen nicht nur Zwillingsbeobachtungen, sondern auch Stammbaumuntersuchungen zur Verfügung. In der oben genannten Untersuchungsreihe (M. Schwarz) finden sich 25 E.Z.-Paare mit abgeheilter oder noch bestehender, alter Ohreiterung. Unter diesen waren 19 Partner an allen vier Ohren gleichzeitig betroffen, 6 mal war nur ein Zwilling nachweislich erkrankt.

Stammbaumuntersuchungen aber liegen in großer Zahl von verschiedenen Autoren vor (ALBRECHT, FRITZ, KLUGKIST, KNÖDLER, H. MEYER, RICHTER, M. SCHWARZ, C. STEIN, UNDERITZ, WOYATSCHEK). Sie erhärten mit Eindeutigkeit, und zwar aus der dominanten Verteilung der Merkmalsträger, die Bedeutung der Vererbung.

4. Die Masern- und die Scharlachotitis.

Die Auffassung, wonach sich die chronische Schleimhauteiterung des Mittelohres nur durch irgendwelche ungünstige äußere Umstände aus einer akuten Entzündung entwickelt, ist zweifellos nicht richtig. Allerdings beginnt das Leiden oft unter den Erscheinungen einer akuten Otitis, der weitere Verlauf der Erkrankung jedoch klärt rasch über die tatsächlichen Verhältnisse auf. Recht häufig findet sich der erste Anlaß in einer allgemeinen Infektionskrankheit des Kindesalters. Die ausgesprochen langwierige Entzündung, die nicht nur die Schleimhaut, sondern auch als sog. nekrotisierende Otitis, den Knochen betreffen kann, schließlich große Defekte bedingt und unter diesen Umständen einen bestimmten Charakter annimmt, hat dazu geführt, einen tatsächlichen Zusammenhang mit dem Allgemeininfekt anzunehmen. Von vornherein ist jedoch zu bedenken, daß Masern und Scharlach häufige Kinderkrankheiten sind, und so versteht es sich von selbst, daß in der Anamnese, als Ursache der chronischen Mittelohreiterung, vor allem über diese berichtet wird. Die besondere Abgrenzung einer Masern- und Scharlachotitis unter den Mittelohrentzündungen besteht demnach nicht in vollem Umfang zurecht. Allerdings kann kaum bestritten werden, daß schwere Infekte auch einmal und besonders, wenn es sich um eine nekrotisierende Otitis gehandelt hat, einen bleibenden Schaden an der Schleimhaut und damit eine entsprechende Anfälligkeit und geringe Reaktionsfähigkeit zurücklassen können. In der überwiegenden Zahl der Fälle wirkt die Kinderkrankheit jedoch als auslösender Faktor. Als Beweis dafür müssen die folgenden Untersuchungsergebnisse gelten.

Zunächst einmal ist hinlänglich bekannt, daß bei einer Masern- oder Scharlachepidemie nur eine verhältnismäßig geringe Zahl der Kinder gleichzeitig an einer Mittelohrentzündung erkrankt. Unter diesen nimmt wieder die Mehrzahl einen akuten Verlauf, ohne Besonderheiten zu zeigen, d. h. die Ausheilung erfolgt, jedenfalls unter geeigneter Behandlung, in der gewöhnlichen Zeit. Die chronischen Mittelohrentzündungen treten demgegenüber deutlich in den Hintergrund, dies beweisen folgende Zahlen.

H. MEYER berichtet über 316 Scharlacherkrankungen der Tübinger Kinderklinik, von denen 86 (= 25,6%) gleichzeitig eine Mittelohrentzündung zeigen, übrigens in 68% einseitig und in 32% doppelseitig. Nur in 16% war die Mittelohrentzündung chronisch. Um die ursächlichen Faktoren nachzuweisen, wurden die Familien dieser Kinder eingehend mit berücksichtigt, von der Annahme ausgehend, daß sich die Schleimhautminderwertigkeit vererbt. Das Ergebnis ist recht bemerkenswert (s. Abb. 37). Es hat sich nicht nur eine Neigung zu chronischen Mittelohrentzündungen bei einem Teil der Angehörigen nachweisen lassen, sondern auch ausgesprochene Zeichen einer minderwertigen Schleimhaut, sowohl bei der Endoskopie, wie auf dem Röntgenbild des Warzenfortsatzes. Damit ist der Beweis für die oben genannte Auffassung eindeutig erbracht. Zu gleichen Ergebnissen kommt KLUGKIST an Masernkindern. Es besteht also keine Berechtigung, eine Masern- bzw. Scharlachotitis als besonderes Leiden zu unterscheiden, es sei denn, eine chronische Otitis, durch Scharlach oder Masern manifestiert, sei damit gemeint.

In dieser Untersuchungsreihe ist auch die Art des Erkrankungsablaufes der Pneumatisation des Schläfenbeines gegenübergestellt und zwar mit folgendem

Ergebnis. Die gut pneumatisierten Ohren (Pn. Grad I u. II) zeigten einen akuten Verlauf der Entzündung und eine gute Heilungsneigung in rund 91,4%, die mittelmäßig pneumatisierten (Grad III) in rund 56,5% und die gering pneumatisierten (Pn. Grad IV u. V) in 20,7%.

Verlauf der Otitis.

Pneumatisationsgrad	akut	chronisch	zusammen
I und II	53 = 91,4%	5 = 8,6%	58
III	26 = 56,5%	30 = 43,5%	46
IV und V ...	21 = 20,7%	80 = 79,3%	101

Drückt sich die erbliche Anlage auch hier wieder aus, indem die Entfaltung der Pneumatisation der biologischen Leistungsfähigkeit der Schleimhaut entspricht, so geht andererseits aus dieser Untersuchung auch die Bedeutung der Art und Virulenz der Erreger hervor. Es zeigt sich, daß die Beteiligung der Ohren bei der Scharlachinfektion in den verschiedenen Jahren, d. h. bei den verschiedenen Epidemien, verschieden ist. Sie hat nach dieser Zusammenstellung betragen:

Im Jahr	1929	1930	1931	1932	1933	1934	1935
Beteiligung der Ohren in %	17,4	9,1	15,4	33,3	37,8	29,9	22,2

Ein solch großer Unterschied in der Beteiligung des Ohres während verschiedener Epidemien muß allerdings auf das Verhalten der pathologischen Keime und weniger auf die individuelle Reaktion bezogen werden.

Kurz zusammengefaßt ist also zu sagen: Bei den Scharlachotitiden, die eine schlechte Heilungstendenz zeigen, liegt meist eine erbliche Neigung zu Katarrhen und damit eine mangelhafte biologische Leistungsfähigkeit der Mittelohrschleimhaut vor. Nach der näher begründeten Auffassung erklärt sich daraus die geringe Pneumatisation des Warzenfortsatzes. Die Scharlacherkrankung wirkt also nur auslösend bzw. manifestiert die chronische Schleimhauteiterung des Mittelohres.

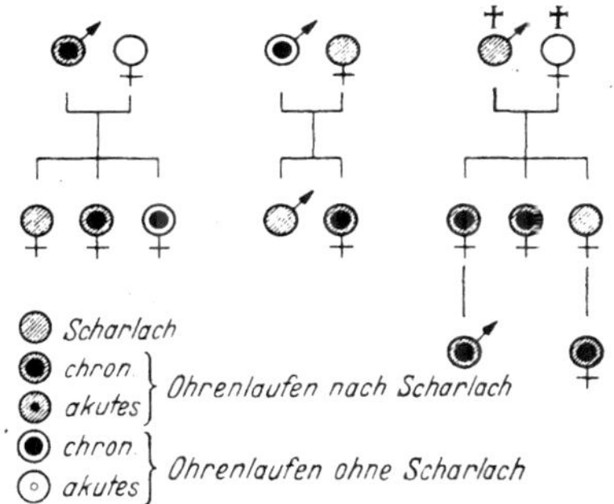

Abb. 37. Die Stammbäume (von H. Meyer) zeigen nicht nur eine auffallende Häufung von Scharlacherkrankungen in den untersuchten Familien, sondern auch ein dominantes Vorkommen chronischer Mittelohreiterung unter den Mitgliedern.

Bei der akut verlaufenden, rasch wieder ausheilenden Otitis bei Scharlach findet sich dagegen keine Disposition zum Ohrlaufen, auch nicht in der Familie, ferner besteht im allgemeinen eine gute Pneumatisation des Warzenfortsatzes. Die Erkrankung des Mittelohres hängt dann vom Erreger ab.

5. Die chronische Knocheneiterung.

a) Die desquamierende Otitis und die Cholesteatomeiterung.

Die desquamierende Otitis und die Cholesteatomeiterung des Mittelohres sind recht eigenartige Erkrankungen, deren Genese erst in jüngster Zeit durch die pathologisch-anatomische und durch die erbbiologische Forschung weiter erklärt wurde. Zu diesen Erkenntnissen gehört in erster Linie die Bedeutung, die einerseits der Eigenart der Schleimhaut und ihrem Verhalten der Peristase gegenüber, und die andererseits dem geschichteten Plattenepithel zukommt. So sind wir heute zu der Auffassung berechtigt, wonach bei der Entstehung der Cholesteatomeiterung nicht ausschließlich paratypische Einflüsse am Werk sind, vielmehr die Art der erblichen Schleimhautanlage den Ausschlag gibt.

Als unbedingte Voraussetzung für die Entstehung dieser beiden Leiden müssen die Neigung zur chronischen Entzündung und die hyperplastische, d. h. hypertrophische Mittelohrschleimhaut gelten. Ganz im Vordergrund der krankhaften Veränderungen aber steht die Einlagerung von verhorntem, geschichtetem Plattenepithel in das Mittelohr. Die Auffassung, wonach letzteres infolge einer Epithelmetaplasie zustande kommt, gehört der Geschichte an, nachdem die pathologische Anatomie eindeutig Einwucherungen von Gehörgangsepidermis in die Paukenhöhle durch einen randständigen Defekt im Trommelfell erweisen konnte (HABERMANN, BEZOLD, WITTMAACK, ALBRECHT, STEURER u. a.).

Bei diesen charakteristischen Erscheinungen, nämlich dem ausgesprochen chronischen Verlauf der Erkrankung mit ihren häufigen Rückfällen und dem unverkennbar hypertrophischen Charakter der Schleimhaut liegen an sich schon genügend Hinweise für die Annahme einer Schleimhautminderwertigkeit vor. Dazu kommt aber ferner bei der Cholesteatomeiterung so gut wie immer, d. h. nicht nur regel-, sondern man kann wohl sagen gesetzmäßig, ein kompakter, bestenfalls sehr gering pneumatisierter Warzenfortsatz hinzu (nach GABLER in 98%, nach WITTMAACK in 99,8% und nach ROER in 100%). Cholesteatome bei gut pneumatisiertem Warzenfortsatz finden sich nur bei der Tuberkulose und nach Verletzungen des Mittelohres (STEURER, WITTMAACK), also unter anderen Verhältnissen, als sie hier gelten. Diese Art der Pneumatisation, die eine entsprechend geringe Entwicklungspotenz voraussetzt, ist ein weiterer Beweis für die Schleimhautminderwertigkeit. Über die Frage, wieviel Einfluß daneben der Peristase zukommt, sind die Auffassungen geteilt. Darauf muß etwas näher eingegangen werden.

b) Der kompakte Warzenfortsatz und die Cholesteatomeiterung.

WITTMAACK hat als erster zu erklären versucht, aus welcher Ursache die hyperplastische, d. h. „hypertrophische" Schleimhaut und der kompakte Warzenfortsatz bei der chronischen Mittelohreiterung immer gemeinsam auftreten. Bekanntlich sieht er darin so gut wie ausschließlich die Folge paratypischer Einflüsse, während konstitutionellen Faktoren eine ganz untergeordnete Bedeutung beigemessen wird. Gleicher Meinung ist STEURER, und einer jüngsten Veröffentlichung nach ebenso sein Schüler WÜSTMANN. Letzterer behauptet, von erbbiologischer Seite her sei sowohl der kompakte Warzenfortsatz, wie ebenso die Cholesteatomeiterung ausschließlich aus Anlagefaktoren gedeutet worden. In Wirklichkeit war davon, soweit es die Cholesteatomeiterung betrifft, nie die Rede. ALBRECHT erklärt letztere als nicht von besonderen individuellen Faktoren abhängig, es gelten vielmehr nur die Regeln der chronischen Mittelohrentzündung. Anders liegen die Verhältnisse beim kompakten Warzenfortsatz, soweit es die genannten Zwillings- und Familienuntersuchungen beweisen können. Wird aber die Wirksamkeit paratypischer Einflüsse hergeleitet aus der Einseitigkeit der Erkrankung und angenommen, die Cholesteatome müßten viel häufiger doppelseitig auftreten, falls idiotypische Faktoren, wie WÜSTMANN schreibt, vorwiegend oder gar ausschließlich maßgebend wären, so wird eine Tür zu öffnen versucht, die bereits offen steht. Das Pseudocholesteatom, oder wie man nach ALBRECHT besser sagen sollte, die Cholesteamtomeiterung des Mittelohres ist ein ausgesprochen entzündliches Leiden, das entsprechende paratypische Einflüsse selbstverständlich voraussetzt. Unter der Voraussetzung einer seitenverschiedenen Auswirkung der Peristase muß aber eine Übereinstimmung, wie sie WÜSTMANN findet, immerhin als bemerkenswert gelten, denn sie kann nicht ausschließlich auf paratypische Faktoren hinweisen. Dies besagen auch die Ergebnisse einer Reihenuntersuchung der Tübinger Klinik (HORNBERGER).

Unter 456 Cholesteatomeiterungen finden sich 198 genuine bzw. primäre der Flaccidagegend und 258 sekundäre. Bei ersteren konnte eine doppelseitige Erkrankung in 27% nachgewiesen werden, während in weiteren 26% auf der anderen Seite eine chronische Schleimhauteiterung oder Residuen alter Entzündungen bestanden. In 37% nur war das andere Ohr gesund. Beim sekundären Cholesteatom waren die Verhältnisse 23:37:40 (%), also praktisch dieselben. Schließlich muß aber in diesem Zusammenhang der Einfluß, den die Peristase im Einzelfall gewinnt, berücksichtigt werden, da er immerhin auch von der Eigenart der Schleimhaut abhängt.

Kurz soll noch auf einen anderen Punkt der WÜSTMANNschen Arbeit eingegangen werden. Es findet sich dort eine Gegenüberstellung der Pneumatisation des Warzenfortsatzes, der gesunden mit der kranken Seite, aus der sich ergibt, daß auf der ersteren mit einem geringen Unterschied dieselben Verhältnisse anzutreffen sind, wie in der Norm. Dies trifft z. T. auch für die Zahlenverhältnisse anderer Autoren zu. Im Vergleich mit den Ergebnissen der Untersuchungsreihe an nahezu hundert Zwillingspaaren läßt sich dagegen eine deutliche Verschiebung zu ungunsten der gut pneumatisierten Warzenfortsätze nachweisen (s. Tab.).

Pneumatisationsgrad	Cholesteatomerkrankung (WÜSTMANN)	Zwillingsuntersuchung (SCHWARZ)	
I	38,5	13,7	52,5
II		38,8	
III	30,5	19,0	28,6
IV		9,6	
V	31,0	21,5	21,5

Ganz allgemein ist zu dieser, wie zu anderen klinischen und pathologischen Methoden folgendes zu sagen. Die Frage, inwieweit für ein Merkmal die Anlage oder die Umwelt wirksam ist, ist damit nicht zu entscheiden. Tatsächlich sind nur erbbiologische Methoden, d. h. die Zwillings- und die Familienforschung geeignet, die Verhältnisse der Klärung näher zu bringen. Leider werden sie trotzdem kaum geübt und ihre Ergebnisse wenig beachtet.

Finden sich bei der Cholesteatomeiterung zwar immer wieder gleiche anatomische Verhältnisse, so ist damit keineswegs gesagt, daß auch die gleichen Voraussetzungen gelten. Es handelt sich vielmehr um die gleiche Ursache, d. h. um die biologische Minderwertigkeit der Schleimhaut. Damit erklärt sich nicht nur der kompakte Warzenfortsatz und zwar aus der geringen Entwicklungspotenz, sondern auch die chronische Eiterung aus der Anfälligkeit und geringen Reaktionskraft, die ihrerseits wieder die Voraussetzungen bieten für die Entstehung einer Cholesteatomeiterung. Insofern trifft aber für alle chronisch genuinen Mittelohreiterungen dasselbe zu, d. h. für den chronischen Tubenmittelohrkatarrh und den Adhäsivprozeß, ebenso wie für die chronische Schleimhauteiterung und das Cholesteatom. Diese Leiden sind zwar klinisch durchaus verschieden, sie sind aber der Ausdruck ein und derselben Voraussetzung, nämlich der anlagebedingten, durch paratypische Einflüsse in verschiedenem Grad beeinflußbaren bzw. beeinflußten Schleimhaut.

Beruhen die verschiedenen Arten der genuinen Mittelohreiterung auf der gleichen Ursache, nämlich der Minderwertigkeit der Schleimhaut, so gewinnen die Ergebnisse der bereits oben genannten Untersuchungsreihe aus unserer Klinik (E. KNÖDLER) an 107 Kranken besondere Bedeutung, vor allem auch, weil sie die ganz einseitige Berücksichtigung der Mittelohrschleimhaut, wie sie bisher geübt worden ist, überholt haben. Dies geschah durch die Einbeziehung des gesamten Schleimhauttraktes der Luftwege und ferner durch die gleichzeitige Klärung der Familienverhältnisse. Eine wesentliche Ergänzung bisheriger Ergebnisse wurde damit erreicht. Es hat sich nämlich ergeben, daß bei rund 92% der Erkrankten eine Schleimhautminderwertigkeit, auch nach dem Schleimhautbefund der Luftwege besteht. Ferner sind die Familienerhebungen ein deutlicher Beweis dafür, daß sich die chronischen Formen der genuinen Mittelohrentzündung nur klinisch unterscheiden, jedenfalls lassen sich in ein und derselben Familie, in allerdings wechselnder Verteilung, nicht nur Tubenkatarrhe und chronische Schleimhauteiterungen, sondern auch einmal Cholesteatomeiterungen in dominanter Vererbung nachweisen.

c) Schleimhaut und Epidermis.

Steht die Einwucherung von geschichtetem Plattenepithel bei der Cholesteatomeiterung im Vordergrund der pathologisch-anatomischen Vorgänge, so bleibt zu erklären, welche Kräfte diese krankhafte Überhäutung der Mittelohrräume bewirken. WITTMAACK leitet aus histologischen Beobachtungen die Auffassung her, wonach es sich nicht um ein einfaches Überwachsen der Epidermis auf eine epithelentblößte, granulierende Fläche handelt, vielmehr ,,um einen ausgesprochenen Kampf zweier verschiedener Epithelformationen untereinander''. Daraus zieht er weiterhin den Rückschluß, daß die chronische Entzündung bestehen bleibt, solange die Epidermisierung fortschreitet, d. h. das geschichtete Plattenepithel unterhält seinerseits den Entzündungsprozeß. Auch LANGE teilt den Standpunkt, wonach die Entwicklung der Cholesteatomeiterung eine Epidermisfrage ist, und der Energie des Plattenepithels ein entscheidender Faktor zukommt. Ferner erkennt STEURER dem Plattenepithel eine konstitutionell bedingte, sehr starke Wucherungstendenz zu, ausgelöst durch einen entzündlichen Reiz. Schließlich ist es die Auffassung von ALBRECHT, nach der das geschichtete Plattenepithel die Schleimhaut verdrängt. Auch hier wird der Epidermis eine sehr aktive Tätigkeit, ein Expansionsdrang zuerkannt, wenn dabei ,,zugleich das Bindegewebe der Schleimhaut zum großen Teil zerstört und durch Bloßlegung des Knochens die Voraussetzung für das Eindringen von Eitererregern in das Knochengewebe geschaffen wird''. So entsteht die rarefizierende Otitis, die sich bei der Cholesteatomeiterung findet. Dieser ,,Zerstörungsprozeß'', wie ihn ALBRECHT bezeichnet, ist seiner Auffassung nach von zwei sich bekämpfenden Kräften abhängig, von der Angriffsenergie des Plattenepithels einerseits und von der Abwehrkraft des Bindegewebes andererseits. Sie werden beide als sehr verschieden und von konstitutionellen Faktoren abhängig bezeichnet.

Alle Theorien einer Erklärung der Cholesteatomeiterung müssen, so viel ist sicher, in erster Linie den Umstand berücksichtigen, wonach die Natur versucht, Krankheitszustände durch zweckmäßige Maßnahmen auszugleichen. Die Einwucherung des geschichteten Plattenepithels ist daher, falls sie in dieser Weise auftritt, als ein Heilungsversuch zu deuten, und dies um so mehr, als wir überall an der Körperoberfläche, auch dort, wo die Epidermis normalerweise in die Tiefe reicht, immer wieder beobachten können, wie granulierende Wundflächen in gleicher Weise überhäutet werden. Bei der Cholesteatomeiterung liegen parallele Verhältnisse vor. Die chronische Entzündung bewirkt eine entzündliche Gewebsneubildung, d. h. ein Aufschießen von Granulationen aus der Schleimhaut und auch aus dem Knochen. Zwar ist nicht eindeutig geklärt, wie die randständigen Defekte im Trommelfell, als Voraussetzung für die Einwucherung des Plattenepithels zustandekommen, es liegt aber nahe anzunehmen, daß toxische Einflüsse die Ursache der Einschmelzung sind. Das geschichtete Plattenepithel versucht dann die gewucherten Granulationen zu überhäuten, um eine Ausheilung zu erreichen. Die Annahme eines Kampfes verschiedener Epithelarten muß demgegenüber als problematisch erscheinen.

Das wogende Hin und Her der krankhaften Erscheinungen, die sich bei der Cholesteatomeiterung im klinischen Bild, wie auf histologischen Schnitten finden, mögen den Gedanken an einen Kampf, Epidermis gegen Schleimhaut, geweckt und gefördert haben. Stellen wir uns aber der Frage nach der Art eines solchen Kampfes kritisch gegenüber, so kann mit Sicherheit nur ein chronischer Entzündungszustand angenommen werden, der einen Einfluß auf das geschichtete Plattenepithel der Umgebung genommen hat. So konnte DÖDERLEIN sehr schön zeigen, wie die Coriumpapillen z. B. auch bei der akuten Mittelohrentzündung im Bereich des Trommelfells und im Gehörgang um das Mehrfache ihrer normalen

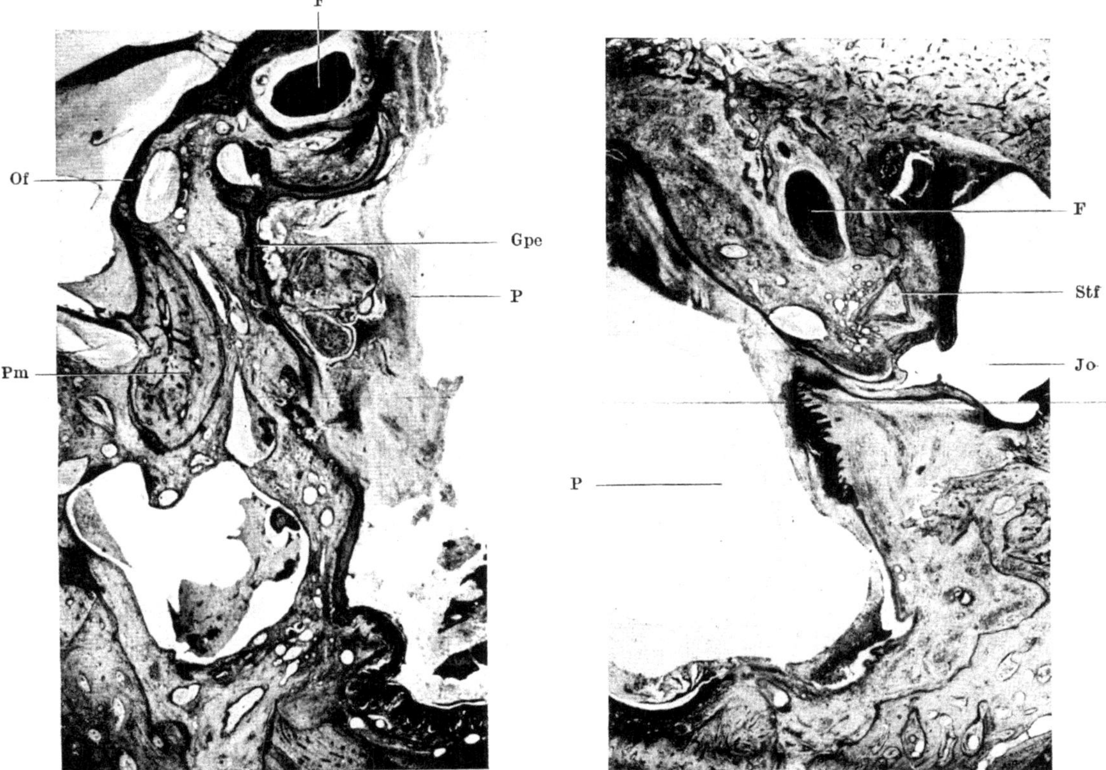

Abb. 38. Schnitt durch das Mittelohr bei einer Choleateatomeiterung. Vorwiegend flächenhaftes Wachstum des geschichteten Plattenepithels, das die mediale Paukenwand bis zum Facialis überkleidet. Paukenlumen = P, Promontorium = Pm, ovales Fenster = Of, Facialis = F, geschichtetes Plattenepithel = Gpe.

Abb. 39. Schnitt durch das Mittelohr bei einer Cholesteatomeiterung. Vorwiegend transversales, in die Tiefe gerichtetes Wachstum der Epidermispapillen, besonders ausgeprägt direkt unterhalb der Einwucherung ins Innenohr. Paukenlumen = P, Facialis = F, Steigbügelfußplatte = Stf, Innenohr = Io.

Höhe anschwellen bzw. anwachsen und sich in umliegendes Gewebe hineinsenken. Dieser Zustand gleicht sich in der Ausheilung wieder aus. Was hier an den Papillen zu beobachten ist, kann nur als Ausdruck eines allgemeinen, durch die Entzündung auf die ganze Epidermis wirkenden Reizes gedeutet werden, d. h. es entsteht vor allem eine Wucherung in der Fläche, wenn die Voraussetzungen dafür gegeben sind (s. Abb. 38). Werden aber auf diese Weise die granulierenden, d. h. von Schleimhaut entblößten Stellen im Mittelohr überhäutet, so ist dadurch praktisch die Ausheilung erreicht. Die minderwertige Schleimhaut, die einer chronischen Entzündung nicht mehr Herr werden konnte, wird durch geschichtetes Plattenepithel ersetzt. Nur die besonderen räumlichen Verhältnisse des Mittelohres sind es, die eine völlige Ausheilung nicht nur erschweren, sondern so gut wie unmöglich machen, denn schließlich wird das abgeschuppte Epithel seinerseits zum Entzündungsfaktor und zwar durch den Reiz, den es auf die Schleimhaut ausübt. Rezidive sind aber unausbleiblich, weil Reste der minderwertigen Schleimhaut im Mittelohr stehen bleiben, und so entsteht das Auf und Nieder der Entzündung einerseits und der Heilung durch Überhäutung andererseits, das sich nicht nur zeitlich verschieden verhält, sondern auch im Mittelohr wechselnde Verhältnisse schafft. Es ist also „ein Kampf um die Ausheilung", kein Kampf Epidermis gegen Schleimhaut. Die Schleimhaut aber „unterliegt" gewissermaßen nur, weil sie in ausgesprochenem Maß zur chronisch-entzündlichen Erkrankung neigt, entsprechend krank bleibt und schließlich durch Plattenepithel ersetzt wird.

Auch die Frage einer aktiven Verdrängung der Schleimhaut durch geschichtetes Plattenepithel ist in gleicher Weise zu beantworten. Es liegen zwei Wachstumsrichtungen vor, die am Epithel zu beobachten sind, eine vertikale, die von den Coriumpapillen ausgeht (s. Abb. 39) und in die Tiefe gerichtet ist und eine horizontale (s. Abb. 38), in die Fläche gehende, am freien Rand der Epidermis. Welche Wachstumsrichtung sich auswirkt, hängt von den anatomischen, d. h. räumlichen Verhältnissen und von der Örtlichkeit des Entzündungsreizes ab. So kann, obwohl Epithel an Epithel stößt, das Wachstum der Coriumpapillen in den bindegewebigen Grundstock hinein weitergehen, so lange, bis auch dort das letzte entzündlich erkrankte Gewebe beseitigt, also eine reizlose Überhäutung erreicht wird (s. Abb. 40). Das liegt aber nicht an der Aktivität der Epidermis, vielmehr am Entzündungsreiz, den die granulierende Schleimhaut ausübt. Schließlich handelt es sich

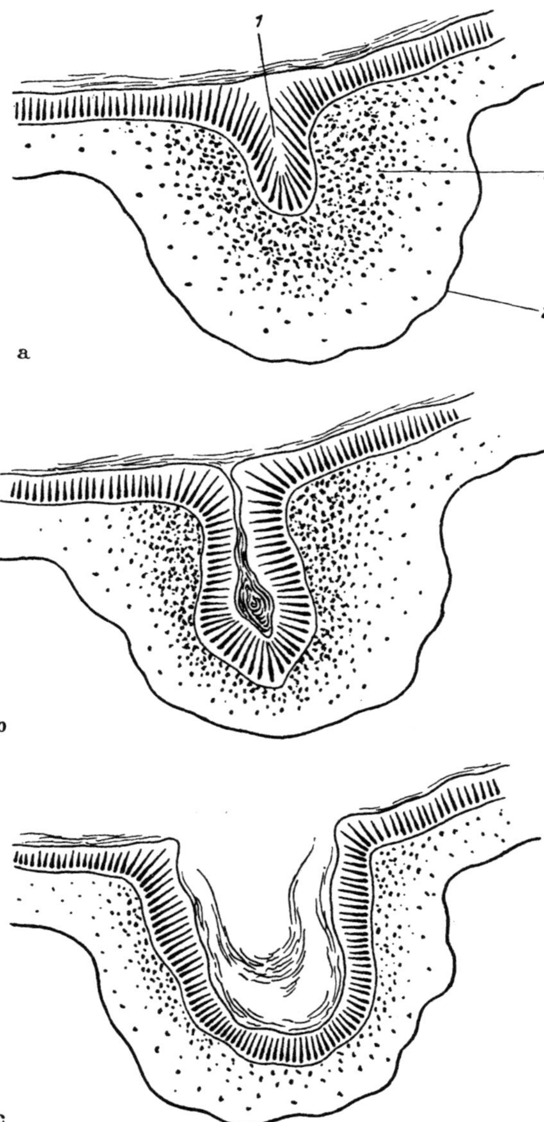

Abb. 40. Drei Stadien einer Heilung durch transversale Überhäutung. a) Papillenwachstum (1) in einer knöchern umschlossenen Mittelohrbucht (2), die von entzündlich erkrankten Resten des Schleimhautgrundstockes (3) ausgefüllt ist. b) Zwiebelschalenartige Ansammlung von verhornten, abgestoßenen Epithellamellen in der Mitte der neuentstandenen Papille. c) Durch die Schuppenansammlung ausgeweitete Papille, aus der die Epithellamellen abgestoßen werden. Infiltration im restlichen Schleimhautgrundstock in zunehmender Rückbildung. Halbschematische Darstellung. Geschichtetes, verhorntes Plattenepithel der Wachstumsrichtung entsprechend schraffiert. Entzündliche Infiltration punktiert.

nicht nur um die Überhäutung, sondern auch um die Ausheilung, und diese setzt die Wegräumung der letzten entzündlichen Erscheinungen im subepithelialen Bindegewebe, wie im Knochen voraus. Das Bindegewebe erreicht dann wieder seine normale Schichtdicke, ist durch den Epidermisüberzug geschützt und gibt keine Veranlassung zu weiterer Papillenwucherung.

Konstitutionelle bzw. anlagebedingte Faktoren in diesem Krankheitsgeschehen können vorerst also nur der minderwertigen Schleimhaut des Mittelohres zugeschrieben werden. In welchem Ausmaß die Wucherungstendenz des geschichteten Plattenepithels von solchen Voraussetzungen abhängt, ist nicht erwiesen; ihre Auswirkung allerdings, wie sich aus folgendem ergibt, eine verschiedene, auch was die Örtlichkeit der krankhaften Vorgänge betrifft.

d) Das genuine, primäre oder Flaccidacholesteatom.

Obwohl es sich im Prinzip um denselben krankhaften Vorgang handelt, nämlich um die Einwucherung von geschichtetem Plattenepithel in die Paukenhöhle, werden im jüngeren Schrifttum, aus genetischen und anatomischen Gründen, zwei Arten von Cholesteatomen unterschieden, das genuine, das von der Flaccidamembran ausgeht, und hier als primäres Cholesteatom bezeichnet werden soll und das sekundäre Cholesteatom, das als häufigere Art, am Rand der Pars tensa einwächst. Das primäre Cholesteatom aber verdient unsere besondere Aufmerksamkeit, weil hier die unbedingten Voraussetzungen für das Cholesteatomwachstum in klassischer Weise vereinigt sind.

Die Einwucherung des geschichteten Plattenepithels geschieht nur unter besonderen Umständen. Diese sind nicht nur gegeben, falls ein randständiger Defekt im Trommelfell eine horizontale, in die Fläche gerichtete Überhäutung zuläßt, sondern finden sich auch ohne einen derartigen Defekt, wenn für das vertikale, das in die Tiefe gerichtete Wachstum der Choriumpapillen der nötige Mutterboden zur Verfügung steht. Letzterer muß allerdings ohne weiteres und direkt angrenzen, und ferner so beschaffen sein, daß von ihm ein entsprechender und länger dauernder Reiz auf die Epidermis ausgeht. Lange und Döderlein haben, wie bereits erwähnt, zeigen können, daß das geschichtete Plattenepithel des Trommelfells eine große Neigung hat, bei protrahiert verlaufenden Eiterungen tiefer zu dringen, d. h. lange Coriumpapillen in das darunter gelegene Bindegewebe zu treiben und zwar nicht nur an Perforationen, sondern auch an anderen Stellen des Trommelfells. Döderlein findet diese Einwucherung überall da, wo hinter geschichtetem Plattenepithel, im submucösen Bindegewebe, Infiltrationen oder Granulationen nachzuweisen sind. Sie deuten auf eine entsprechende Schädigung bzw. Erkrankung des Bindegewebes hin. Albrecht hebt zudem hervor, daß das Bindegewebe nicht straff, d. h. keinen Narbencharakter tragen darf.

Besonders günstige Umstände für die Tiefenwucherung der Coriumpapillen finden sich am Trommelfell im Bereich der Pars flaccida, falls der Prussak-Raum dahinter von einem Bindegewebspolster ausgefüllt ist. Die verschiedenen Möglichkeiten seiner Herkunft sind eingehend genannt worden. In diesem Zusammenhang muß jedoch noch einmal erwähnt werden, daß es sich dann entweder um ein sog. Restpolster aus embryonalem Bindegewebe oder um eine entzündlich bedingte lockere Schwarte aus organisiertem Exsudat handeln kann. Die Entscheidung darüber bleibt schließlich insofern gleichgültig, als die Voraussetzungen, die einen derartigen Zustand bedingen, im einen, wie im anderen Fall, wenigstens unserer Auffassung nach, dieselben sind. Ist nämlich eine Schleimhaut biologisch minderwertig, dann zeigt sie eine nur geringe Entwicklungspotenz. Diese wirkt sich in der Paukenhöhle, wie gezeigt wurde, besonders im Bereich des Prussak-Raumes aus. Dorthin dringt dann das pneumatisierende Epithel nicht ein und das embryonale Bindegewebe, das ursprünglich die ganze Pauke erfüllt hat, bleibt liegen. Die biologisch minderwertige Schleimhaut neigt aber andererseits auch zur entzündlichen und zwar chronisch-entzündlichen Erkrankung. Unter dieser Voraussetzung, d. h. falls Exsudat organisiert wird, kann der Prussak-Raum durch Segel- und Polsterbildung verödet werden. Auch dann muß ein embryonales Restpolster chronisch entzündlich erkranken, soll ein Cholesteatom entstehen.

Bindegewebspolster, ob sie sekundär entstanden (Habermann, Lange, Döderlein, Manasse, Steurer) oder embryonaler Natur sind, bieten besonders günstige Verhältnisse für die Wucherung der Coriumpapillen, nach Steurer eine „lokal-anatomische Disposition", aus der sich schließlich das Flaccidacholesteatom erklärt (Albrecht). Die Epidermis des Trommelfells liegt dann im Bereich der Pars flaccida, da diese eine eigene bindegewebige Membran, eine Membrana propria, wie sie sich im Bereich der Pars tensa findet, nicht besitzt, direkt einem großen Bindegewebslager auf. Dieses füllt mindestens den Prussak-Raum, meist noch weitere Teile des Recessus epitympanicus aus. Tritt eine chronische Entzündung der Schleimhaut hinzu, dann wuchern die Coriumpapillen, des genannten Wachstumsreizes wegen, in das erkrankte Bindegewebe ein (s. Abb. 40). Damit ist aber der Keim für die Cholesteatomeiterung gelegt. Das ergibt sich aus folgendem.

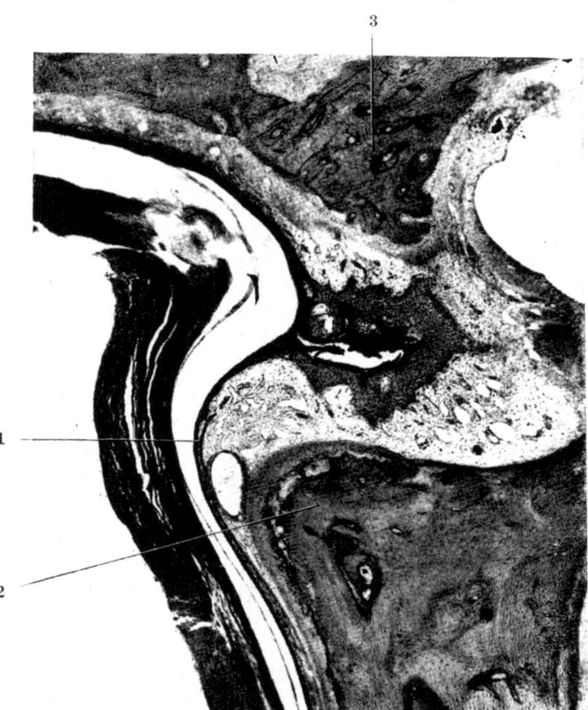

Abb. 41. Große Choriumpapille, die in den Prussakschen Raum eingewachsen ist. Beginnende Lumenbildung durch Verhaltung der Epidermisschuppen (vgl. Abb. 40). 1. Kurzer Fortsatz des Hammergriffs, 2. Membrana propria der Pars tensa, 3. Pars squamosa des Schläfenbeines.

Die Coriumpapillen der entzündlich gereizten Epidermis sind rundliche, d. h. finger- oder walzenförmige Gebilde von verschiedener Länge. An ihrer Außenseite findet sich ringsum das Stratum germinativum, die Keimschicht des geschichteten Plattenepithels. Der Wachstumsreiz führt, wie man sich nicht anders denken kann, nicht nur am freien Ende der Papille zum Tiefen- bzw. Längenwachstum, sondern tritt auch allerorts sonst im Bereich der Keimschicht gleicherweise in Erscheinung. Die dadurch freiwerdenden Zellen drängen nach dem Papilleninneren. Die Papille wächst dadurch in die Breite. Da aber das geschichtete Plattenepithel der Haut nicht nur an der Oberfläche verhornt, sondern dem ständigen Wachstum der Keimschicht entsprechend, auch die oberflächlichen Zellen fortwährend abstößt, bildet sich eine zentrale Ansammlung von Epidermisschuppen. Diese finden jedoch weiterhin keinen Weg nach außen, und so entsteht zunächst eine kleine Epithelperle aus zwiebelschalenartig angeordneten, verhornten Zellen, d. h. ein kleines Cholesteatom. Aber auch dieses wächst so lange weiter, bis die Schuppen einen Abfluß finden. Unterdessen ist, besonders wenn es sich um eine sehr tief gewachsene Coriumpapille handelt, eine große, gänzlich von geschichteten Epidermislamellen ausgefüllte Cholesteatomhöhle entstanden (s. Abb. 41). Sie wird auch fernerhin weiterwachsen, so lange der Entzündungsreiz anhält. So entsteht eine immer größere Höhle im Schläfenbein je geringer die Möglichkeiten für eine Ausstoßung der Epidermismassen sind. Diese werden schließlich immer weiter in den Vordergrund des Cholesteatomwachstums treten, dadurch, daß sie die Entzündung unterhalten und damit schließlich auch den Knochen in Mitleidenschaft ziehen.

Der Vollständigkeit halber sei noch die Cholesteatomentstehung, wie sie sich WITTMAACK vorstellt, kurz erwähnt. Die Einziehung der Pars flaccida des Trommelfells geht der Perforationsbildung voran, wie es in einem Teil der Fälle zweifellos zutrifft. Die Ursache der Einziehung aber wird in einem Unterdruck der Luft im Recessus epitympanicus gesucht, der jedoch nicht wie beim eingezogenen Trommelfell, durch einen Tubenverschluß, sondern durch eine, infolge entzündlicher Organisationsvorgänge neugebildeten, quer durch den oberen Teil des Mesotympanum verlaufende Gewebsbrücke entstehen soll. Die dünne Pars flaccida, die dadurch tief eingedrückt wird, reißt schließlich ein und damit legen sich die freien Epidermisränder der entzündlich erkrankten Schleimhaut an. Ein Zustand wird erreicht, der durch weitere Einwucherung der Epidermis schließlich zum Cholesteatom führen soll.

Folgendes ist darüber zu sagen. Ausgesprochene und bleibende Einsenkungen der Pars flaccida des Trommelfells infolge von Durchlüftungsstörungen des Mittelohres kommen zweifellos vor, doch nur, falls nicht nur Tubenkatarrhe, sondern auch katarrhalische bzw. entzündliche Erscheinungen im Recessus epitympanicus und damit im PRUSSAK-Raum, infolge einer minderwertigen Schleimhaut zustandekommen. Unter diesen Voraussetzungen, über die näher berichtet worden ist, entwickelt sich nicht selten ein Cholesteatom, doch sind dazu die queren Verbindungsbrücken, wie sie WITTMAACK beschuldigt, nicht notwendig, sie sind übrigens auch keineswegs histologisch erwiesen. Insofern hat die Auffassung wenig Anhänger gefunden.

Über Cholesteatomeiterungen in Familien ist im Schrifttum nur einmal berichtet (M. SCHWARZ). Es handelt sich um dieselbe, bereits oben erwähnte Beobachtung, nach der die Mutter des Vaters, wie dieser selbst mit 5 von 7 Kindern eine unausgleichbare Shrapnell-Einsenkung zeigt und zwar jeweils und nur mit Ausnahme des Vaters, doppelseitig. Unter den letzteren sind es die beiden ältesten Söhne, die auf einem Ohr wegen eines primären Flaccidacholesteatoms zu gleicher Zeit (der eine mit $7^3/_4$, der andere mit 9 Jahren) operiert werden mußten. Bei beiden fand sich ein bohnengroßes Cholesteatom im Recessus epitympanicus und Antrum.

Handelt es sich zwar um eine ganz vereinzelte Beobachtung, um eine „ausgesuchte Familie" und ist der Fehler entsprechend groß, so muß doch dazu folgendes bemerkt werden. Das biologische Milieu der Familie, in der diese Cholesteatomeiterung entstanden ist, entspricht durchaus den Erwartungen, die wir an letztere knüpfen. Es handelt sich um eine ausgesprochene Minderwertigkeit der Schleimhaut, die nur bei der Mutter in geringerem Grad, sonst bei sämtlichen Mitgliedern gleicherweise besteht. Dies läßt sich nicht nur aus der dominanten Verteilung der unausgleichbaren Flaccidaeinsenkung, sondern auch aus weiteren charakteristischen Veränderungen an der Pars tensa der Trommelfelle erkennen, nämlich an zentralen Defekten, atrophischen und hypertrophischen Narben,

Einziehungen und Verkalkungen. Die Pneumatisation der Warzenfortsätze ist sehr gering; 16 unter 20 sind kompakt. Aber nicht nur das, auch der übrige Schleimhauttrakt spricht in gleichem Sinn, indem alle Kinder, wie die Mutter berichtet und der Untersuchungsbefund bestätigt, sehr viel an Schnupfen mit Neigung zu eitriger Schleimbildung und ferner, von dem häufigen Ohrlaufen abgesehen, auch an Bindehautkatarrhen und an Anginen leiden. Verschiedentlich ist auch die Rachenmandel so groß, daß die Adenotomie sich als notwendig erwies.

Die Einziehung der Flaccidamembran in ihrer irreparablen Ausprägung steht also mit dem primären Cholesteatom in einem inneren Zusammenhang, der sich nur aus der erblichen Schleimhautminderwertigkeit und nicht aus der Willkürlichkeit und daher meist seitenverschiedenen Einwirkung paratypischer Einflüsse erklären läßt.

Für die Entstehung des primären Cholesteatoms ist also, um es kurz zusammenzufassen, außer dem Reiz, der das geschichtete Plattenepithel, d. h. dessen Coriumpapillen zur Wucherung veranlaßt, eine entsprechende bindegewebige Grundlage notwendig, wie sie sich nur beim hypertrophischen Schleimhautcharakter findet. Es kann sich dann um Restgewebe handeln, das infolge einer unzureichenden Entwicklungspotenz im Prussak-Raum liegen geblieben ist und später chronisch-entzündlich erkrankt oder um sekundäre Verödungsschwarten, die infolge chronischer Mittelohrentzündung auf dem Boden einer anfälligen und zu chronischer Entzündung neigenden Schleimhaut entstanden sind. Damit ist das primäre Cholesteatom weitgehend von der Eigenart der Schleimhaut, d. h. einer anlagebedingten minderwertigen Schleimhaut, wie übrigens der kompakte Warzenfortsatz beweist, abhängig. Gegenüber dem sekundären Cholesteatom besteht aber nicht nur ein Unterschied im Ausgangsort der ersten krankhaften Erscheinungen und darin, daß eine Perforation in der Trommelfellmembran im Beginn nicht erforderlich ist, sondern vor allem auch in der Art der Ausbreitung des Plattenepithels. Beim primären Cholesteatom ist es ursprünglich eine vertikale bzw. transversale Wachstumsrichtung, die von den Coriumpapillen ausgeht und die schon im ersten Beginn der Erkrankung in Erscheinung tritt. Die Wucherung der Epidermis vom freien Rand aus, wie es für die sekundäre Cholesteatomeiterung gilt, tritt erst im weiteren Verlauf in Erscheinung.

e) Die sekundäre Cholesteatomeiterung.

Das Überwachsen des geschichteten Plattenepithels ins Mittelohr setzt diesmal einen randständigen Defekt voraus. Darüber wurde bereits berichtet. Handelt es sich um die Ursache, so erscheint es von vornherein als beachtenswert, daß das Trommelfell im hinteren oberen Quadranten perforiert, an einer Stelle also, die auch bei akuter Mittelohrentzündung, d. h. wenn eine Mastoiditis besteht, unsere besondere Aufmerksamkeit beansprucht. Bekanntlich ist es die Senkung der hinteren oberen Gehörgangswand, die dann sehr häufig als ein frühes Zeichen der Knocheneinschmelzung auftritt. Dort ist die laterale knöcherne Recessuswand sehr dünn, auch von kleinen Gefäßen durchsetzt, daraus erklärt sich ohne weiteres dieses wichtige Symptom. Da bei der chronischen Entzündung, trotz der sehr geringen Pneumatisation, immerhin die Haupträume des Mittelohres, also wenigstens der Atticus und das Antrum entwickelt sind, sind die Voraussetzungen für eine Knocheneinschmelzung an dieser Stelle in gleicher Weise gegeben. Im Vergleich zur akuten Mittelohrentzündung besteht nur der eine Unterschied: infolge der chronisch-schleichenden Entzündung entsteht keine Empyemhöhle, ein Durchbruch und eine Senkung, sondern eine rarefizierende Otitis, die auch den randständigen Defekt im Trommelfell bedingt. Auffallend ist jedenfalls, daß die Cholesteatomeiterungen meist vom Recessus epitympanicus ausgehen.

Die durch die chronisch rarefizierende Entzündung bedingte Zerstörung des Knochens, wie die durch die chronische Entzündung bedingte Entblößung der Schleimhaut von ihrem Epithel, löst eine Granulationsbildung aus, die die geeignete Voraussetzung für die Einwucherung des geschichteten Plattenepithels bildet. Hier überwiegt allerdings das flächenhafte, horizontale Wachstum, denn der Epidermis des Gehörganges steht am randständigen Defekt des Trommelfells ein freies Feld zur Einwucherung offen. Daneben lassen sich in tieferen Nischen, die durch die räumlichen Verhältnisse der Paukenhöhle oder durch die rarefizierende Otitis bedingt sind, auch vertikale Wachstumstendenzen in die Art der oben beschriebenen Papillenwucherung beobachten. Sie führen wieder durch Ansammlung der Epidermisschuppen zu kleinen Cholesteatomzwiebeln und durch die Ausweitung, die dadurch bedingt ist, zur Epithelisierung (s. Abb. 40).

Die Voraussetzungen des sekundären Cholesteatoms sind aber dieselben wie die des primären. Die minderwertige Schleimhaut bedingt den chronischen Entzündungszustand und durch eine weitere Schädigung die reaktive Bildung von Granulationsgewebe. Daraus erklärt sich nicht nur der randständige Defekt im Trommelfell, sondern auch die Erkrankung des Knochens, der seines natürlichen und ernährenden Überzuges beraubt wird. Es muß sich aber um eine gewisse Regenerationsfähigkeit bzw. eine Neigung zur produktiven Entzündung der Schleimhaut handeln, denn es ist nicht denkbar, daß eine exsudativ-alterative Entzündung und eine dadurch bedingte völlige Entblößung des Knochens dem Epithel die Möglichkeit zur Einwucherung bietet. Die Schleimhaut, die wir bei sekundären Cholesteatomen treffen, ist also ausgesprochen hyperplastisch, d. h. hypertrophisch.

Die Cholesteatomeiterung wurde oben als ein durchaus sinnvolles Geschehen erklärt. Die minderwertige Schleimhaut, die nicht imstande ist, den chronischen Entzündungszustand durch eine entsprechende Reaktion zur Ausheilung zu bringen, wird durch geschichtetes Plattenepithel ersetzt. Auch die Operation, zu der drohende Komplikationen zwingen, hat die Bildung einer großen Höhle im Auge, die den durch die Abschuppung freigewordenen Epithelzellen jede Möglichkeit zur freien Abstoßung bietet. Besteht aber trotzdem die Mittelohreiterung weiter, so erklärt sich dieser unerwünschte Zustand aus Resten der Schleimhaut, die bei der Operation nicht entfernbar sind. Die Schleimhaut aber wird trotz der Operation ihre Minderwertigkeit unvermindert behalten, ebenso ihre Neigung zu chronisch rezidivierender Entzündung.

6. Die tuberkulöse Mittelohrentzündung.

Zweierlei muß als bekannt vorausgeschickt werden, die Pathenogenese der Mittelohrtuberkulose und die Beziehungen, die zwischen Anlage und Tuberkulose bestehen. Es würde zu weit führen, an dieser Stelle darauf einzugehen, doch soll hier auf die ausgezeichnete Arbeit von Kallos hingewiesen werden.

Im Mittelohr ist, ganz ebenso wie in der Lunge, eine exsudativ-alterative von einer produktiven Form der Tuberkulose zu unterscheiden. Erstere zeichnet sich durch ausgesprochen ulcerative Vorgänge aus, die die Schleimhaut mehr oder weniger vollständig und bis auf den Knochen zerstören. Letzterer erkrankt mit, während sich keine charakteristischen Tuberkel bilden (s. Abb. 42). Bei der produktiven Form dagegen macht sich eine starke Bindegewebsproliferation mit Tuberkeln bemerkbar, so daß die Propria der Schleimhaut um ein mehrfaches an Schichtdicke zunimmt. Das Epithel bleibt dann meist erhalten und der Knochen unberührt (s. Abb. 43). Diese beiden verschiedenen und streng abgrenzbaren Verlaufsformen der Mittelohrtuberkulose, die keineswegs verschiedene Erkrankungsstadien darstellen, beruhen mit aller Wahrscheinlichkeit auf der individuell wechselnden Leistungsfähigkeit des aktiven Mesenchyms und sind damit anlagebedingt.

In einem eben erschienenen Beitrag zur Ohrtuberkulose erwähnt E. K. Oppikofer auch diese cellulären Vorgänge. Danach finden sich in über 100 histo-

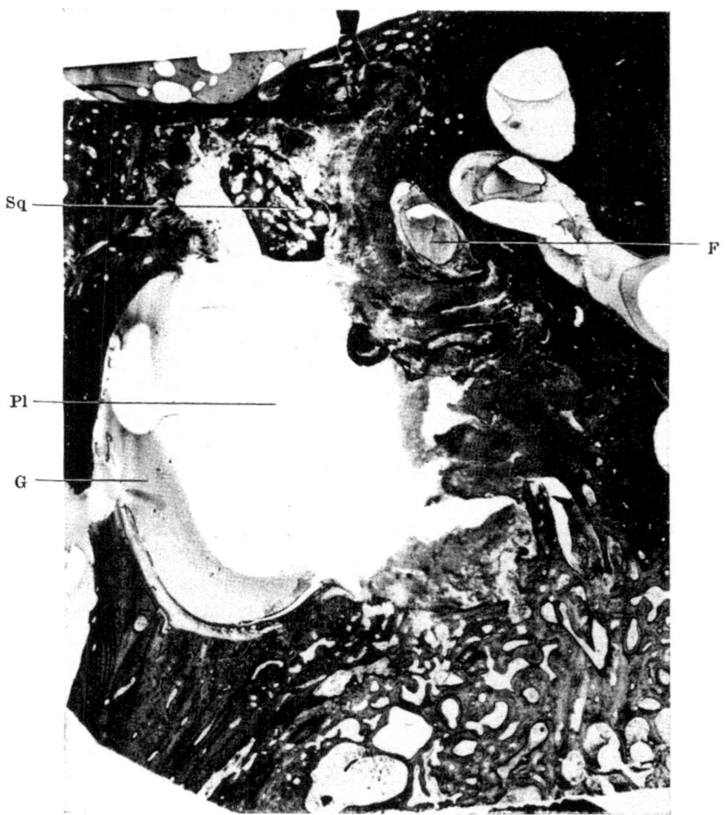

Abb. 42. Tuberkulose des Mittelohres von ausgesprochen alterativ-nekrotisierendem Charakter. Schleimhaut völlig zerstört, ebenso das Trommelfell. Keine Tuberkelbildung. Knochen am Rand cariös. Gehörknöchelchensequester im Paukenlumen. Äußerer Gehörgang = G., Paukenlumen = Pl., Facialis = F., Sequester = Sq.

logisch bearbeiteten Fällen nicht nur polymorphkernige Leukocyten, sondern auch Makrophagen in großer Zahl, also eine starke, ja vorherrschende Beteiligung mesenchymaler Zellen, wie sie auch bei den übrigen Entzündungsformen vorkommt. Letztere aber entwickeln sich aus dem Retikuloendothel. Es wird daran erinnert, daß die Makrophagen infolge ihrer Fähigkeit zur Phagocytose, für die Infektionsabwehr sicherlich von einiger Bedeutung sind und daß von den meisten Autoren, wie erwähnt, dem retikuloendothelialen System die Antikörperbildung zugesprochen wird.

Unter diesen Voraussetzungen müssen also enge Beziehungen zwischen Körperbau einerseits, Verlauf und Art der Mittelohrerkrankung andererseits erwartet werden, wie sie zwischen der exsudativen Form der Lungentuberkulose und dem asthenischen Habitus längst bekannt sind. Leider verfügen wir über keine entsprechenden Reihenuntersuchungen. Sie waren geplant, ließen sich durch die Ungunst der Zeitverhältnisse jedoch nicht verwirklichen. Immerhin können die Beobachtungen von E. K. OPPIKOFER in dem genannten Sinn gedeutet werden. Waren nämlich unter seinen Fällen beide Ohren erkrankt, so konnte in der Regel beiderseits die exsudative oder beiderseits die produktive Form, allenfalls noch

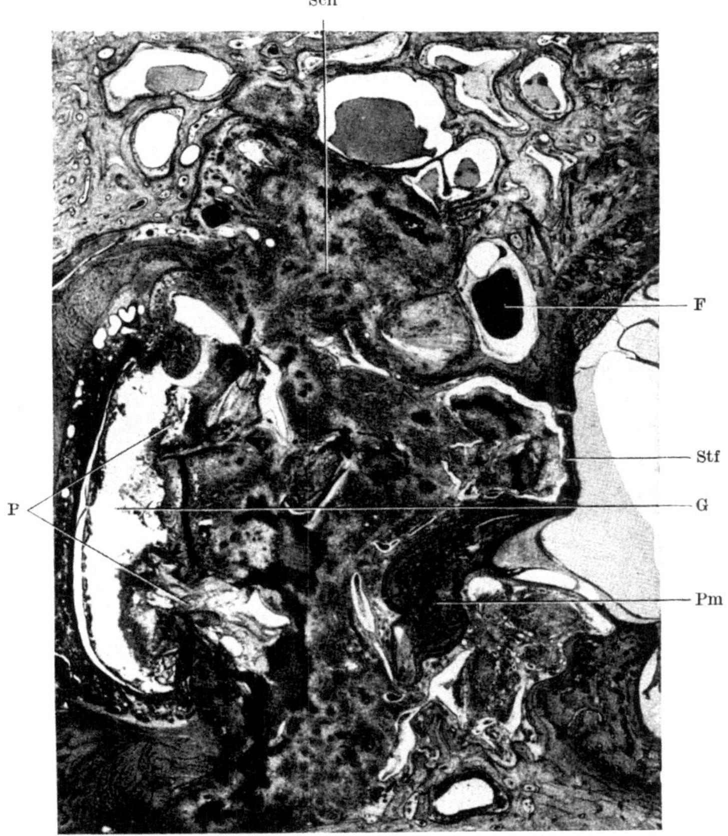

Abb. 43. Tuberkulose des Mittelohres mit ausgesprochen produktivem Charakter. Schichtdicke der Schleimhaut (Sch) um ein Mehrfaches verdickt, so daß das Lumen der Paukenhöhle bis auf einen schmalen Rest ausgefüllt wird. Tuberkel in großer Zahl. Im Trommelfell zwei Perforationen (P). Knochen unbeteiligt. Gehörgang = G., Facialis = F., Steigbügelfußplatte = Stf., Promontorium = Pm.

eine gemischte Form nachgewiesen werden. In keinem einzigen Fall bestand auf der einen Seite eine exsudative, auf der anderen eine produktive Entzündung, ein Umstand, der zweifellos für die anlagebedingte Art der Reaktion des aktiven Mesenchyms auch bei der Tuberkulose spricht.

Für die Therapie schließlich sind diese inneren Zusammenhänge aber durchaus nicht unwesentlich. Die zu exsudativ-alterativer Entzündung neigende Tuberkulose des Asthenikers wird man, von drohenden Komplikationen abgesehen, örtlich möglichst wenig angehen, vielmehr die Allgemeinbehandlung durch Ernährung, Luft, Licht in den Vordergrund stellen. Die produktive Form des Hyperplastikers dagegen läßt sich durch örtliche, auch operative Maßnahmen eher zu weiterer Proliferation anregen und auf diese Weise rascher der Heilung zuführen.

7. Bemerkungen zur Behandlung und Heilungsneigung.

Die Mittelohrentzündung hängt, was ihre Heilungsneigung betrifft, nach alldem was vorausgeschickt wurde, zum wesentlicheren Teil von den Anlagefaktoren der Schleimhaut ab, soweit es sich nicht um überwertige Infekte handelt. Unter dieser Voraussetzung wäre es besonders erwünscht, könnte die biologische Minderwertigkeit, vor allem bei der chronischen Eiterung, günstig beeinflußt werden. Klimatische Einwirkungen sind für die Schleimhaut zwar von Vorteil, wie aber zu erwarten ist, nur vorübergehend. Die Schleimhaut sinkt rasch in ihren alten geringen Leistungszustand zurück. Demgegenüber wird also die örtliche, teils konservative, teils operative Behandlung im Vordergrund stehen müssen. Allerdings ist ein Dauererfolg unwahrscheinlich, so wie auch, weil mindestens Reste der minderwertigen Schleimhaut im Mittelohr und in der Tube verbleiben, nach der operativen Behandlung der Cholesteatomeiterung, eine trockene Radikalhöhle auf Dauer nicht die Regel ist. Ebensowenig wird eine Antrotomie auf eine chronische Schleimhauteiterung von Einfluß sein, jedenfalls Rezidive nicht vermeiden können.

Mit einigen Worten soll schließlich noch die Heilung berücksichtigt werden. Immerhin ergibt sich daraus ein weiterer Beweis für die hier vertretene Auffassung von der Eigenart des Bindegewebes, auch wenn die Eigenschaften der Schleimhaut im Hintergrund stehen. Eine Reihenuntersuchung von H. Ott, die die Beziehungen zwischen Körperbau und Heilungsneigung zu klären suchte, konnte darüber näheren Aufschluß geben. Dabei hat sich gezeigt, daß die Zeit, die nach einer Antrotomie oder Radikaloperation bis zur endgültigen Wiederherstellung vergeht, bei den hyperplastischen Menschen im allgemeinen kürzer ist als bei den Mesoplastikern, während die Astheniker die längste Heilungsdauer aufweisen. Das entspricht durchaus den Erwartungen, da der Krankheitsverlauf bei einem hochwertigen, entsprechend reaktionsfähigen Bindegewebe ein anderer, d. h. kürzerer sein wird, als bei einem minderwertigen. Ersteres ist zu immunisatorischen Funktionen in höherem Maße befähigt, als letzteres; es vermag wahrscheinlich den Entzündungsherd rascher durch einen Granulationswall aus aktivem Mesenchym abzugrenzen (M. Schwarz).

Die Bildung eines Granulationswalles im entzündlich erkrankten Gewebe vergleichend zu prüfen, ist schwierig. Immerhin darf eine Beobachtung, die man am Krankenbett des öfteren machen kann, als aufschlußreich gelten. Unter den Patienten, die wegen Mastoiditis zur Behandlung kommen, sind es immer wieder die Pykniker, d. h. die ausgesprochenen Hyperplastiker, die einen auffallend günstigen Krankheitsverlauf zeigen. Bei der Operation fällt nicht nur die besonders gute Durchblutung des Gewebes, sondern auch die große Neigung zur Abgrenzung des Entzündungsherdes auf. Dafür spricht auch der Umstand, daß die Temperatur, vor wie nach der Operation, fast unbeeinflußt bleibt. Auch bei ausgedehnter Einschmelzung, wie sie durch Verschleppung und späte Einweisung ins Krankenhaus bedingt ist, kommt es bei rahmiger Eiterbildung (pus bonum et laudabile) selten zu Komplikationen. Die Heilung ist entsprechend gut.

Auch die Heilung von Wundhöhlen läßt einen Rückschluß auf das individuelle Verhalten zu. Für einen Vergleich als besonders geeignet hat sich die granulierende Höhle nach der Radikaloperation des Mittelohres erwiesen. Unter der Voraussetzung gleich geräumiger Höhlen läßt sich dann ohne weiteres erkennen, daß bei geringen und schlaffen Granulationen die Höhle weit bleibt und daß sie sich im Gegensatz dazu bei guter Granulationsbildung entsprechend verengt. In der Nachbehandlung ist dann sehr wohl zu unterscheiden zwischen derben und weniger derben, zwischen gut und weniger gut durchbluteten Granulationen. Somit ergibt sich ein Rückschluß auf den mehr oder weniger produktiven Charakter der Heilung.

Die genannte Reihenuntersuchung hat gezeigt, daß die Radikalhöhlen bei Asthenikern ganz überwiegend weit, bei den Hyperplastikern überwiegend eng sind. Demnach neigen letztere zur guten, kräftigen, ja derben Granulationsbildung, zu einer Granulationsbildung, die dem Otologen bei der Nachbehandlung bekanntlich nicht unerhebliche Schwierigkeiten bereitet. Das Zurückdrängen der Granulationen durch Abtragen, Ätzung und Tamponade ist dann ein alltägliches Erfordernis. Schließlich erweist sich aber eine starke Einengung der Radikalhöhle öfter als unvermeidlich, weil eine dicke Schicht neugebildeten Bindegewebes heranwächst. Ganz anders, ja durchaus entgegengesetzt, liegen die Verhältnisse beim Astheniker. Hier muß die Bildung von Wundwärzchen oft angeregt werden. Die Radikalhöhle bleibt aber schließlich weit.

Der Hyperplastiker neigt also zu einer guten, fast überwertigen Granulationsbildung. Diese produktive Reaktion wird zweifellos auch als Hinweis auf eine entsprechende Neigung zur Abkapselung entzündlicher Herde gelten können. Es bedarf für das Ergebnis dieser Reihenuntersuchung wohl keiner weiteren Erklärung, wonach auch die Heilungsneigung beim Hyperplastiker eine auffallend bessere ist, als beim Astheniker.

Die akute Mittelohrentzündung, wenn sie zum Warzenfortsatzempyem führt und dann operativ angegangen werden muß, hinterläßt an der Trommelfellmembran geringe, aber doch erkennbare Rückstände. Bei einem Vergleich unter Lupenbetrachtung zwischen früher erkranktem und nicht erkranktem Ohr kommt diese Tatsache oft klar zum Ausdruck. Es handelt sich dabei wohl weniger um Veränderungen am Epithelüberzug außen und innen, als vielmehr am bindegewebigen Teil der Membran. Hier aber haben wir eine weitere Möglichkeit, die Reaktionsfähigkeit des Mesenchyms und die Art der Ausheilung zu erkennen. Bekanntlich ist das Bild, das sich bei der Endoskopie ergibt, ein verschiedenes, falls im einen Fall die Membran unbeeinflußt dünn, im anderen durch bindegewebige Einlagerungen und Vernarbung verdickt ist. Schon geringfügige, durch Rückstände entzündlicher Erkrankungen bedingte Veränderungen lassen sich an einer leichten bis deutlich milchweißen Trübung und an der Änderung der Durchsicht erkennen. Hier wird also die Reaktionsfähigkeit des Mesenchyms auf die Entzündung direkt ablesbar, jedenfalls der produktive oder alterative Entzündungscharakter, d. h. die verschiedengradige Neigung zur Einlagerung von neugebildetem Bindegewebe. So ergibt sich tatsächlich aus einer Gegenüberstellung mit dem Körperbau ein Überwiegen der leicht- und mittelgradigen Veränderungen der Trommelfellmembran bei den Asthenikern. Es handelt sich dann um das Auftreten von leichten Trübungen und leichter Veränderung der Durchsicht; bei den Hyperplastikern finden sich dagegen in 75% starke Trübungen bis zur Undurchsichtigkeit. So bestätigt sich auch hier wieder die hohe Aktivität des Mesenchyms beim Hyperplastiker aus dem Grad der bindegewebigen, nicht mehr resorbierbaren Rückstände in der Trommelfellmembran, im Gegensatz zum Astheniker.

Schließlich ist es der Hörbefund, der im Einzelfall gewisse Rückschlüsse auf das Verhalten des Mesenchyms der Schleimhaut und somit einen Vergleich mit dem Habitus zuläßt. Handelt es sich in einem Fall, infolge einer hohen Aktivität, um eine ausgesprochene Neigung zur produktiven Entzündung, so kommt es bei einer länger anhaltenden Otitis media zu einer gewissen Einlagerung von neugebildetem Bindegewebe im Grundstock der Schleimhaut und im Mittelohrlumen und durch Organisation des Exsudates zur Strang- und Schwartenbildung, wie dies von WITTMAACK beschrieben ist. Wir müssen in solchen Fällen eine gewisse Beeinträchtigung des Hörvermögens durch Störung der Schalleitung und eine mehr oder weniger ausgesprochene Lateralisation beim WEBERschen Versuch erwarten. Ist die Aktivität des Mesenchyms gering, dann bleibt diese Neubildung aus, das Hörvermögen wird wieder gut, die Lateralisation verschwindet.

An ausgeheilten, also nach einer Antrotomie seit längerer Zeit wiederhergestellten Ohren, hat sich feststellen lassen, daß ein ausgesprochen negativer Rinne eher beim Hyperplastiker, auch beim Mesoplastiker bestehen bleibt. Die Lateralisation nach der kranken Seite, die übrigens in der überwiegenden Zahl der Fälle weiterhin nachweisbar ist, bildet sich dagegen eher bei den Asthenikern wieder zurück.

Auch der SCHWABACHsche Versuch wurde für unsere Zwecke herangezogen, denn eine Verlängerung muß zu erwarten sein, falls eine bindegewebige Obliteration des Lumens, vor allem im Bereich des runden Fensters, als Folge produktiver Entzündung zustande kommt, eine Verkürzung von höherem Grade aber, falls eine besonders dünne bindegewebige Membran im runden Fenster einer sympathischen oder serösen Labyrinthreizung bzw. -entzündung Vorschub leistet. Es hat sich, unter Berücksichtigung der besonderen klinischen Verhältnisse, eine Verlängerung des SCHWABACHschen Versuches eher bei Hyperplastikern ergeben. Andererseits waren Labyrinthausfälle bei Asthenikern überraschend viel häufiger, als bei Mesoplastikern, während kein solcher Fall unter den Hyperplastikern beobachtet werden konnte.

Die Schleimhäute der Luftwege.

Für die Schleimhäute der Luftwege, also der Nase, des Rachens und Kehlkopfes gelten im großen ganzen dieselben Voraussetzungen, wie für die Mittelohrschleimhaut. Im folgenden handelt es sich demnach zunächst einmal um die weitere Begründung dessen, was bereits vorausgeschickt wurde, wie ferner um eine Ergänzung, soweit besondere, örtlich bedingte Verhältnisse vorliegen. Nase und Nasennebenhöhlen aber lassen sich von vornherein und zwar allein schon aus ihrem Aufbau in Parallele setzen zur Pauke und den retrotympanalen Räumen des Ohres. Darauf soll zunächst eingegangen werden, da ein gleichartiger Aufbau auch ein Hinweis sein kann auf eine gleichartige formale Genese. Die Ursache für die variable Entfaltung der Nasennebenhöhlen ist aber nicht weniger umstritten, als die der pneumatischen Zellen des Warzenfortsatzes. So wurde an den Nebenhöhlen der Nase zu beweisen versucht, was bis dahin noch immer ungeklärt geblieben war, nämlich die formbildende Funktion des Epithels und die Erklärung der variablen Entfaltung der Höhlengröße aus der Entwicklungspotenz.

I. Die formale Genese der Nasennebenhöhlen.

Ehe die Erklärung für die individuell wechselnde Entfaltung der Nasennebenhöhlen zu erbringen war, mußte das Wachstumsprinzip bekannt sein, nach dem sie sich entwickeln und entfalten. Obwohl eine ganze Reihe von Autoren sich mit dieser Frage befaßt hatte, war es bis dahin nicht gelungen sie wirklich zu lösen. Dies lag an der Methode, die die Kräfte der Formbildung an unrichtiger Stelle vermutete bzw. suchte. Die Nasen- bzw. Siebbeinmuscheln des Menschen und des höheren Säugers waren als stehengebliebener Teil der ursprünglichen Nasenseitenwand bereits gedeutet, auch war ihre aktive Rolle im Entwicklungsgeschehen abgelehnt worden und trotzdem nimmt sie PAULLI als Basis einer Homologisierung der Bestandteile des Os ethmoidale. Die erste Aufgabe für die Entstehung des Siebbeines, als dem Mutterboden der Nasennebenhöhlen, kommt vielmehr jenen Kräften zu, die die Siebbeingänge schaffen. Letztere sind beim Menschen nur gering, beim höheren Säuger aber außerordentlich stark verzweigt und lassen daraus das herrschende Wachstumsprinzip von vornherein vermuten. Um den Nachweis zu führen, wurden daher Serienschnitte durch die Nase bzw. durch das Siebbein von Feten aller Schwangerschaftsmonate verschiedener höherer Säuger (besonders aber vom Rind) in größerer Zahl hergestellt und auf Form und individuelles Verhalten geprüft.

Mit Rücksicht auf die genannte, im Vordergrund stehende Streitfrage nach der Ursache der variablen Entfaltung der pneumatischen Räume im menschlichen Schädel, müssen zunächst die Entwicklungsvorgänge, die sich bei der Gang- und Höhlenbildung abspielen, am Siebbein, als dem Prototyp der Nasennebenhöhlen, in ihren Einzelheiten geschildert werden. Den notwendigen Einblick hat auch hier die wiederholt genannte synthetische Betrachtungsweise gegeben und die Parallele zu den bereits genannten epithelialen Organen erwiesen.

Ein Querschnitt durch das Siebbein des Rinderfetes, etwa parallel zur Lamina cribriformis, zeigt eigenartige, bemerkenswert tiefgreifende, hirschgeweihartige Einsenkungen des Epithels, jedoch von auffallender Gesetzmäßigkeit (s. Abb. 44). Auf diese Einsenkungen kommt es an, denn sie weisen ohne Zweifel auf eine aktive Einsprossung des Epithels hin. Niemals kann man sich dagegen vorstellen, aus dem Bindegewebe der Umgebung schälten sich die Nasenmuscheln heraus, während sie erst sekundär von Schleimhaut überkleidet würden. Eine nähere Berücksichtigung der Entwicklungsstadien in den verschiedenen Fetalmonaten zeigt auch mit aller Eindeutigkeit die Epithelfunktion als formbildende Kraft.

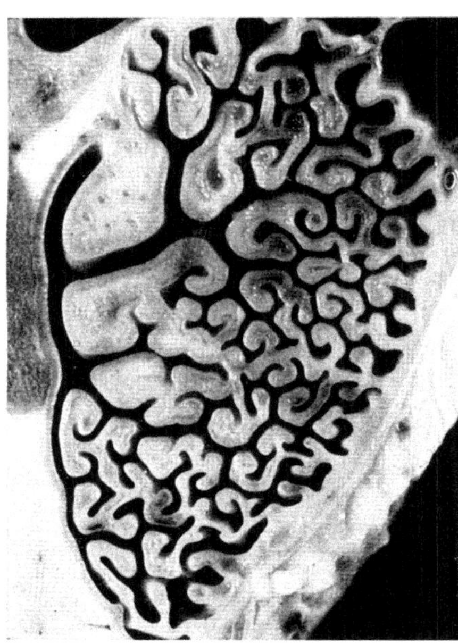

Abb. 44. Der Querschnitt durch das Siebbein eines Kalbsfets zeigt eine gewebliche Stockbildung. Von Bedeutung ist nicht die Form der Muscheln bzw. Nebenmuscheln, sondern das starkverzweigte Lumen der dazwischen gelegenen Gänge und die Art ihrer Verzweigung, als Ausdruck einer Funktion des Epithels.

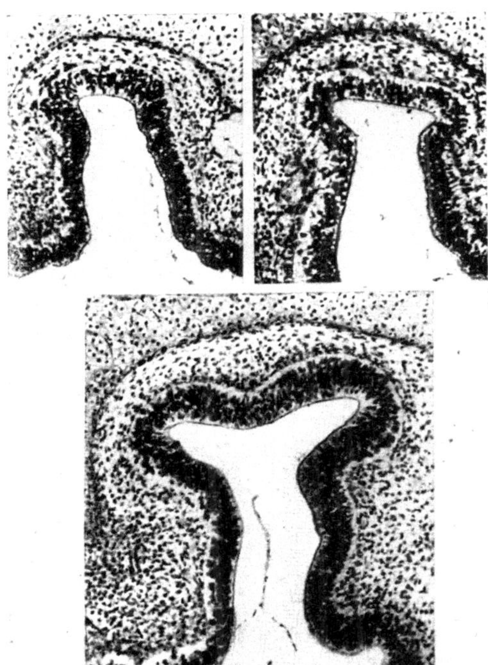

Abb. 45. Siebbeingang in Teilung (vom Kalbsfet). Zu beachten ist die Form des blinden Endes im Beginn derTeilung und die dadurch bedingte Änderung der Wachstumsrichtung.

An dieser Stelle sei zunächst noch einmal an die oben genannte Drüsenbeere erinnert und an ihre Teilung ab „statu nascendi". Es zeigt sich dabei im Beginn des Teilungsaktes am Scheitel der Beere ein zum Ausführungsgang quergerichtetes Wachstum, das dem Gebilde eine Hammerform verleiht. Seitlich vom ursprünglichen Scheitel schieben sich dann zwei neue Wachstumspole vor. Die Furchenbildung, die dabei zustandekommt, teilt schließlich die Drüsenbeere völlig durch. Am Siebbein läßt sich nun ohne Zweifel derselbe Vorgang beobachten, doch was dort die Drüsenbeere ist, ist hier der langgestreckte Gang. Insofern besteht also ein Unterschied, er betrifft aber nur die Form des sich vermehrenden Organes, während das Prinzip der Teilung dagegen gewahrt bleibt. So setzt im Beginn der Teilung eines Siebbeinganges in der Tiefe eine Vermehrung der Epithelzellen ein, die das blinde Ende nach seitlich verbreitern (s. Abb. 45). Das Wachstum ist also nun quer zum Gang gerichtet, während eine transversale Ausweitung des Lumens die Folge ist. Auf dem Querschnitt entsteht also wieder die genannte Hammerform, vergleichbar dem sich teilenden Acinus der Speicheldrüse. Räumlich gesehen handelt es sich allerdings, infolge der langgestreckten Gänge des Siebbeines, um die Form einer T-Schiene (s. Abb. 46 u. 47). Aus der ursprünglichen Wachstumszone entstehen demnach zwei neue, aus denen jeweils ein Siebbeingang neuer Ordnung hervorgeht, während sich gleichzeitig die Wachstumsrichtung ändert.

Dem Siebbeingang muß in Analogie zur Drüsenbeere die Fähigkeit zur aktiven Teilung zugesprochen werden, auch wenn der Sprossungsvorgang latent verläuft. Die Wuchsform, die im Augenblick der Teilung zustandekommt, entspricht jedenfalls durchaus der des Acinus der Speicheldrüse. Ferner ist der Teilungsrhythmus ein einheitlicher und gesetzmäßiger. Dies aber setzt voraus,

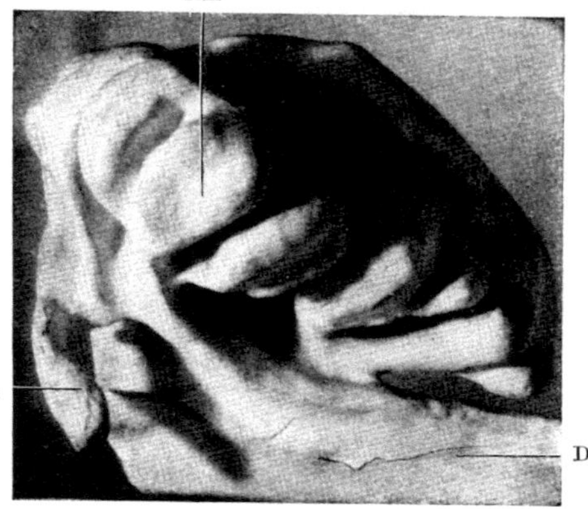

Abb. 46. Rekonstruktion des Siebbeines vom Kalb aus dem 8. Schwangerschaftsmonat, von seitlich gesehen. (20fache Vergrößerung, Modell auf $^1/_3$ verkleinert wiedergegeben.) Dargestellt ist gewissermaßen ein Ausguß des Gangsystems. Em = sich durchteilende Ethmomere, Sm = Kieferhöhle, hinterster Abschnitt, Dph = Ductus nasopharyngicus.

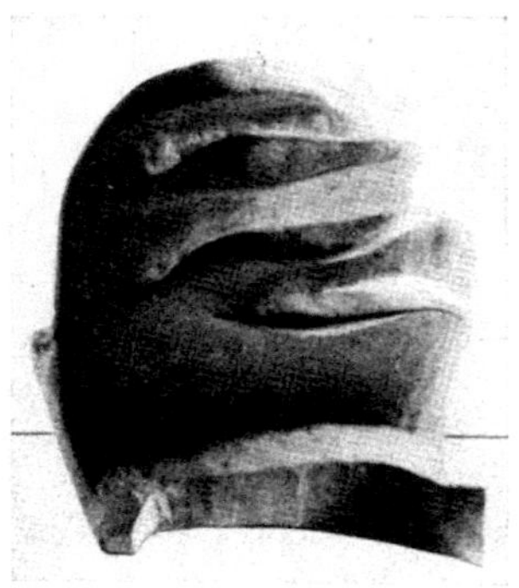

Abb. 47. Späteres Entwicklungsstadium sich durchteilender Siebbeingänge vom Rinderfet (Rekonstruktion in 20facher Vergrößerung, Modell auf $^1/_2$ verkleinert wiedergegeben). Die Falten stellen teils durchgeteilte, teils in Teilung begriffene Siebbeingänge dar (vgl. dazu auch Abb. 46).

daß der primäre Siebbeingang ein epitheliales Element, ein *Histosystem* ist, das in Anlehnung an die Synthetische Morphologie als „Ethmomere" bezeichnet werden kann.

Teilungen gleicher Art in fortgesetzter Folge bedingen das weit verzweigte System der Siebbeingänge. Deren Wuchsform zeigt jedoch noch eine Besonderheit, auf die der Vollständigkeit wegen kurz noch eingegangen werden soll. Die notwendige Folge solcher Teilungen an den sprossenden Enden ist eine Dichotomie der Siebbeingänge, wie sie auch bei pflanzlichem Wachstum häufig beobachtet werden kann. Sie ist jedoch eine asymmetrische, die dadurch zustandekommt, daß der eine der aus einer Teilung hervorgegangenen Gänge rascher wächst. Noch ehe der andere zur Teilung ansetzt, hat sich ersterer bereits wieder durchgeteilt. Da sich aber an jedem neugebildeten Gang der Teilungsrhythmus wiederholt, kommt bei der Auszählung der Endgänge eine bestimmte Zahlenreihe zustande, nämlich: 1, 2, 3, 5, 8, 13 usw., in der jede Zahl gleich der Summe der beiden vorhergehenden ist (s. Abb. 48). Vordem hat schon BENDER an der Lunge jene Wachstumsform und ihre Gesetzmäßigkeit nachweisen können.

Am Siebbein haben wir demnach eine gewebliche Stockbildung vor uns. Das Histosystem ist dabei nichts anderes, als der primäre Siebbeingang, der Urgang, d. h. die langgestreckte, erste tiefe Furche, die sich weiterhin in der gesetzmäßigen Weise teilt. Gehen wir in dieser synthetischen Betrachtung weiter,

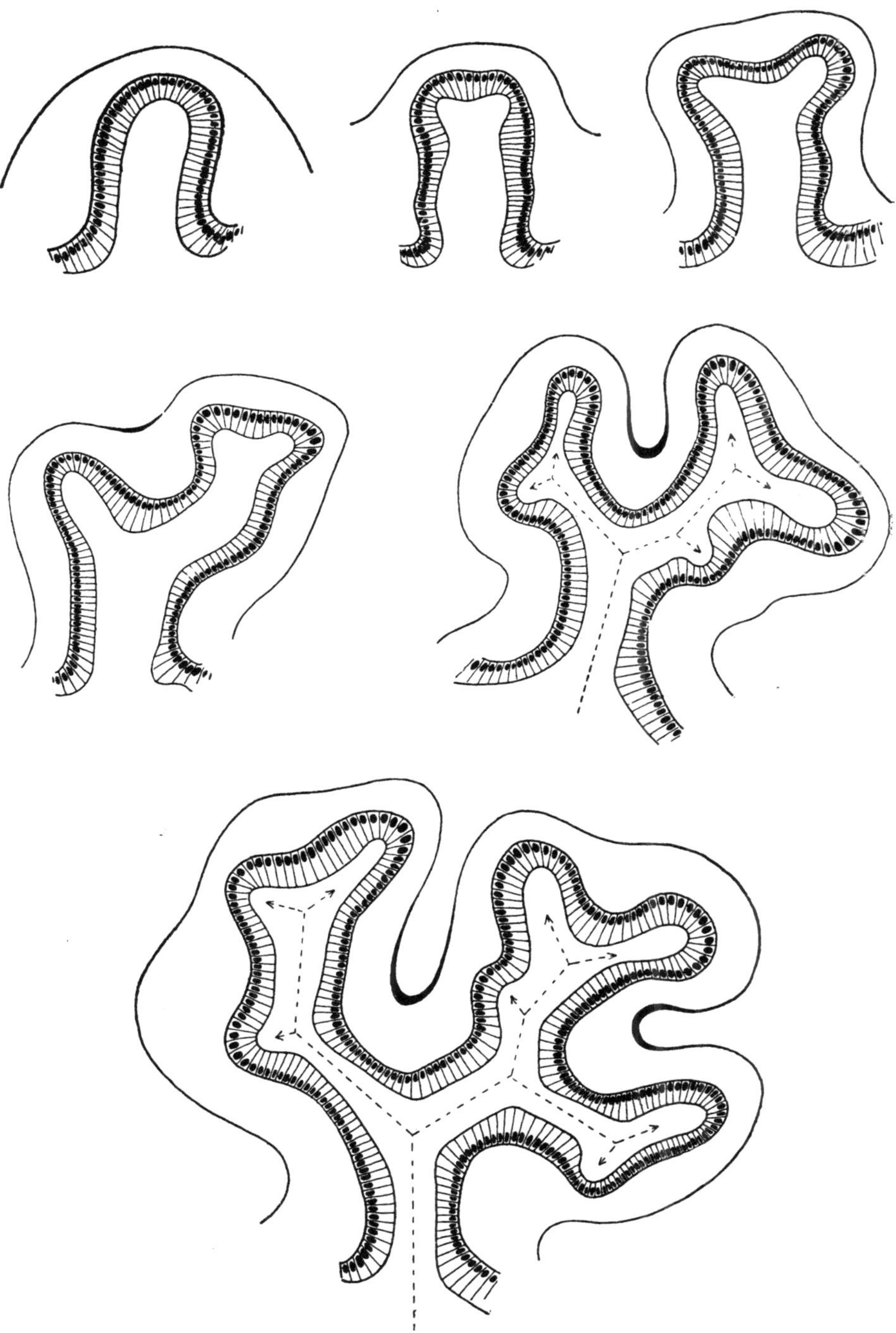

Abb. 48. Halbschematische Wiedergabe sich durchteilender Siebbeingänge vom Rinderfet, direkt dem Objekt entnommen. Zu beachten ist der Teilungsrhythmus im Sinn der asymmetrischen Dichotomie. Die Zahlenreihe aus der Summe der jeweils vorhandenen Scheitelknospen entspricht der des goldenen Schnittes.

d. h. vom Teil des Organes zu seiner Gesamtheit, in unserem Fall zur Nase und berücksichtigen wir dabei das Lumen als Ausdruck der Form, so erklärt sich schließlich auf solchem Wege auch der Aufbau der Nasenhaupthöhle. Ein frontaler Durchschnitt etwa in Höhe des mittleren Drittels zeigt wieder die ebengenannte Stockbildung, wenn auch in einfachster Aufteilung. Ohne Schwierigkeit läßt sich eine asymmetrische Dichotomie erkennen, die zwischen sich die Muscheln faßt (s. Abb. 49). Nicht uninteressant ist es aber damit sowohl an der Nase, als auch am Siebbein, wie schließlich an der Lunge dasselbe Wachstumsprinzip am Werk zu sehen, nämlich die asymmetrische Dichotomie eines primären Histosystems, nämlich der Ethmomere bzw. der Pneumomere. Sie sind aber epitheliale Bildungen.

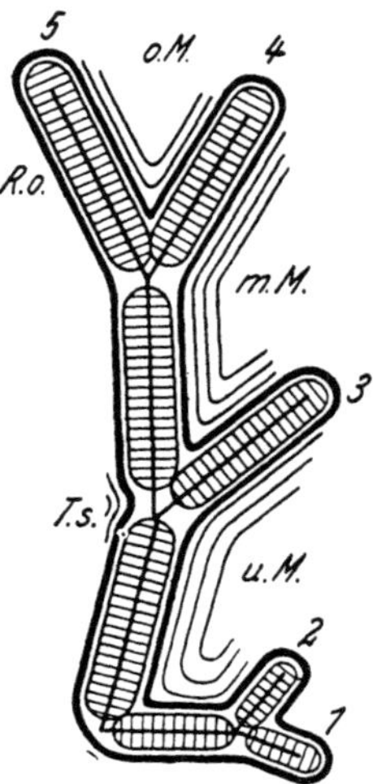

Abb. 49. Menschliche Nase im Frontalschnitt, schematisch. Die Aufteilung der Gänge entspricht der asymmetrischen Dichotomie. Die Ethmomeren sind querschraffiert angegeben. u. M. = untere Muschel, m. M. = mittlere Muschel, o. M. = obere Muschel, R. o. = Rima olfactoria, t. s. = Tuberculum septi.

Die Teilung der Drüsenbeere, wie sie oben eingehend beschrieben wurde, wird meist vollständig durchgeführt, d. h. es entstehen zwei säuberlich getrennte gleichwertige Tochterbeeren, die je einen neuen Stil d. h. einem präterminalen Gang aufsitzen. Diese gesetzmäßige Teilung kann aber gestört werden und dies auf zweierlei Weise (s. Abb. 50). Entweder kommt es zum vorzeitigen Stillstand des Teilungsvorganges oder aber zu einer Überstürzung des Teilungsablaufes. In letzterem Fall folgt der ersten Teilung, noch ehe sie beendet ist, eine zweite und dieser eine dritte usw. Tritt im anderen Fall ein vorzeitiger Stillstand des Teilungsvorganges ein noch ehe also die Tochterbeeren vollständig sind, so entsteht zunächst und im einfachsten Fall eine Doppelbildung, eine sog. ,,Dimere''. Folgen weitere unvollständige Teilungen aufeinander, die ebenfalls in irgend einem Stadium zum Stillstand kommen, so entstehen u. U. recht umfangreiche Mehrlingsbildungen, sog. Formen höherer Ordnung, ,,Trimeren'', ,,Tetrameren'' usw., d. h. Polymeren von blumenkohlartigem Aussehen. An diesen Gebilden bleiben in charakteristischer Weise die Tochterbeeren im Zusammenhang, während die Anlage der Endgänge verzögert wird, bzw. ganz ausbleibt. Das neue Gebilde sitzt also einem einzigen Ausführungsgang auf. An der äußeren Form solcher Mehrlinge geben sich die latenten Teilungsvorgänge später wieder zu erkennen (Neubert, M. Schwarz).

Die adventive Knospung, als weitere Entwicklungs- und Wachstumsmöglichkeit epithelialer Organe, zeigt das sich entwickelnde Pankreas am besten. Neubert hat gezeigt, wie am sprossenden Organ Adventivknospen in großer Zahl auftreten. Ihr Mutterboden ist in erster Linie das indifferente Epithel der Gänge bzw. der Pankreastubuli und in zweiter Linie das Epithel der Drüsenbeeren. Sie entstehen, wie M. Heidenhain an der Stenoschen Drüse der Katze nachgewiesen hat, aus je einer Ursprungszelle. Der Vorgang ist nach der Beschreibung von Neubert der folgende. An den präterminalen Drüsenkanälchen des Pankreas wulsten sich da und dort einzelne Zellen oder ganze Gruppen von solchen aus dem Gangepithel vor (s. Abb. 51). Es sind die ersten Anfänge der Knospen, die sich als kegelförmige Zellen zeigen. Aus ihnen entstehen durch wiederholte Teilungen kleine Zellhäufchen, die kolbenförmig über das Gangepithel vorquellen und im Innern schon frühzeitig ein feines Lumen zeigen, das mit der Hauptlichtung in Verbindung steht. So bildet sich schließlich eine neue Drüsenbeere, die wieder die Fähigkeit zur Teilung besitzt und wieder Mutterboden für Adventivknospen werden kann.

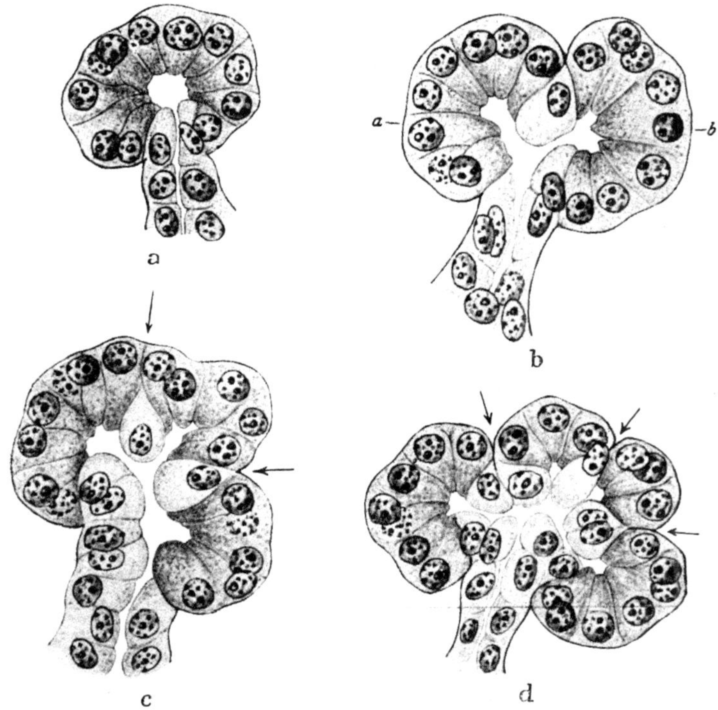

Abb. 50. Vier Stadien der Polymerisierung. Monomere Knospe einer Drüsenbeere. Daneben Dimere, darunter Trimere und Tetramere. (Nach HEIDENHAIN.)

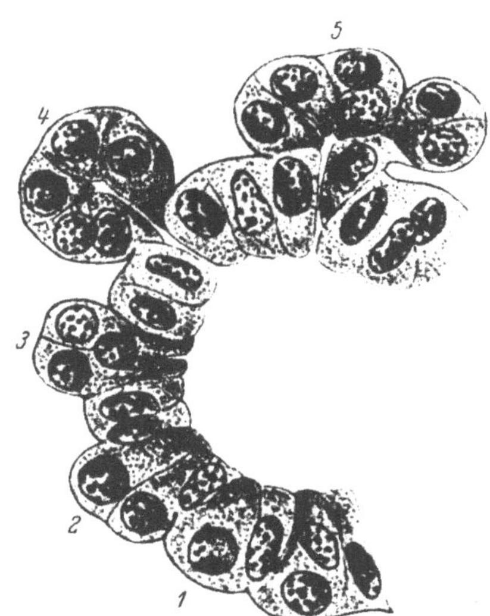

Abb. 51. Adventivknospen 1—5 aus dem Pankreas des Menschen (Embryo 13 cm, Vergrößerung 800 fach. Nach NEUBERT.) 1—3 Anfänge der Knospung, 4—5 fortgeschrittene Stadien. Bei 5 Entstehung einer Tochterknospe aus einer in der Entwicklung begriffenen Mutterknospe.

Unter Zuhilfenahme der Wachsplattenmethode hat sich nachweisen lassen, daß Mehrlinge der genannten Art, wie ebenso die adventive Knospung auch am Siebbein in analoger Weise zustandekommen (s. Abb. 52). Dadurch entstehen allerdings keine Gänge, wie bei der Teilung der Siebbeinethmomere, sondern Höhlen von wechselnder Gestalt und Größe. Ihr Ausführungsgang ist dann langgestreckt oder rund, je nachdem ob die eine oder andere Wuchsform zugrunde liegt. Die unregelmäßig buckelige Begrenzung der Höhlen aber entspricht den Mehrlingsbildungen, wie sie NEUBERT beschrieben hat.

Am Siebbein des Menschen ist diese Gesetzmäßigkeit prinzipiell dieselbe, jedoch stark durchbrochen. Dies hat sich an 145 Serien aus allen Schwangerschaftsmonaten eindeutig erwiesen. Da es sich hier aber nur um das formbildende Gewebe und seine individuelle Entwicklungspotenz handelt, ist dieser Umstand nicht weiter von Belang.

Nachdem nun die Eigenart des Wachstums bekannt war, hat sich, und dies aus dem Vergleich der ebengenannten Schnittserien aus verschiedenen Schwanger-

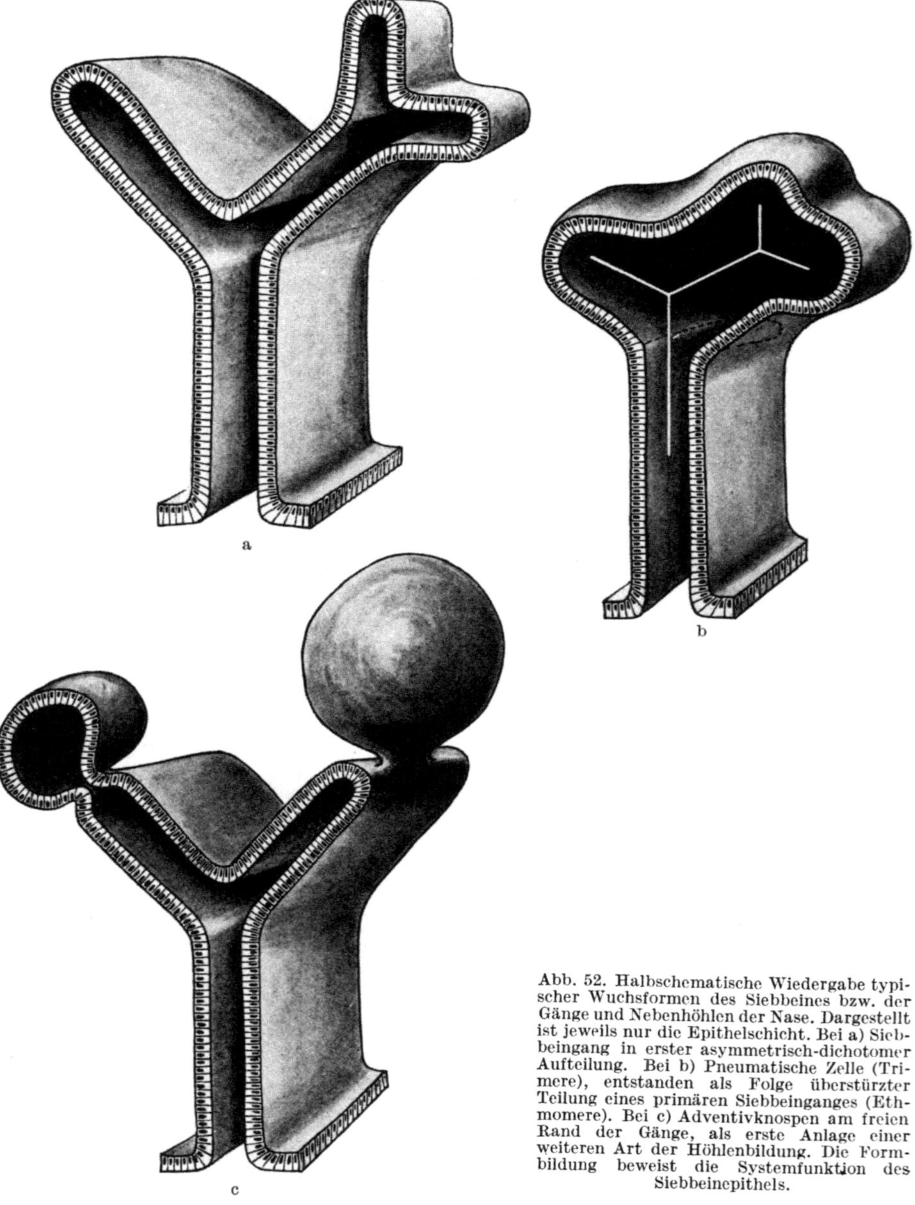

Abb. 52. Halbschematische Wiedergabe typischer Wuchsformen des Siebbeines bzw. der Gänge und Nebenhöhlen der Nase. Dargestellt ist jeweils nur die Epithelschicht. Bei a) Siebbeingang in erster asymmetrisch-dichotomer Aufteilung. Bei b) Pneumatische Zelle (Trimere), entstanden als Folge überstürzter Teilung eines primären Siebbeinganges (Ethmomere). Bei c) Adventivknospen am freien Rand der Gänge, als erste Anlage einer weiteren Art der Höhlenbildung. Die Formbildung beweist die Systemfunktion des Siebbeinepithels.

schaftsmonaten, eine ganz ungewöhnliche Variabilität der Gang- und Höhlenbildung ergeben, die bis in Einzelheiten geht. Das hat schon PAULLI beim höheren Säuger beobachtet und in seiner großangelegten Arbeit mitgeteilt. Vor allem kommt diese Variabilität im Grad der Entfaltung der Nasennebenhöhlen zum Ausdruck. Sie zeigt sich jedoch auch an den Gängen und zwar in der Anzahl der Teilungen. So herrscht im einen Siebbein mehr die Höhlenbildung, im anderen mehr die Verzweigung der Gänge vor. Es ist auch ferner zu beobachten, wie sich die Pneumatisation gelegentlich schon in der Gangbildung mehr und mehr erschöpft. Die Neigung zur Höhlenbildung ist dann entsprechend gering. In vielen weiteren Einzelheiten, so auch in der Lagerung der Ostien, als Folge der mehr oder weniger willkürlichen Knospung, tritt diese Variabilität in Erscheinung. Es muß also von vornherein als ganz unwahrscheinlich gelten, daß diese Verhältnisse auf Umwelteinflüsse zurückzuführen sind. Solche sind um so mehr in Abrede zu stellen, als unter den genannten Serien entzündliche Veränderungen an der Schleimhaut nur in einem einzigen Prozent nachzuweisen waren.

Der Nachweis für die formbildende Funktion des Epithels der Schleimhaut kann aus der aktiven Sprossung am Siebbein als sicher erbracht gelten. Die Variabilität der Form aber ist ein Ausdruck der Eigenart der lebendigen Materie, die zweifellos von Anlagefaktoren bestimmt wird. Sie wirkt sich innerhalb des obengenannten, gesetzmäßigen Wachstums epithelialer Formationen aus. Umwelteinflüssen kommt nur eine untergeordnete Bedeutung zu.

Die statisch-dynamischen Einflüsse auf die Pneumatisation der Nasennebenhöhlen, wie sie von ECKERT-MÖBIUS, WEIDENREICH, WILDERMUTH u. a. beschrieben wurden, sind hier unberücksichtigt geblieben, da sie mit der Schleimhaut nichts zu tun haben.

II. Die individuellen Eigenschaften der Schleimhäute.

A. Die Typen der Schleimhäute.

1. Die Bedeutung der Anlage.

Aus Analogieschlüssen muß von vornherein angenommen werden, daß das, was für die Schleimhaut des Mittelohres gilt, auch für die Schleimhäute der Nase und ihrer Nebenhöhlen, wie für den übrigen Respirationstrakt in gleicher Weise zutrifft. Als Idiovarianten sind also wieder zu nennen die mesoplastische, die hyperplastische und die hypoplastische Schleimhaut.

Der Beweis für das Vorkommen anlagebedingter Varianten der Schleimhäute wurde aus der Abhängigkeit vom Habitus bereits geführt. Doch müssen Einzelheiten, soweit sie die Endoskopie betreffen, noch ergänzend genannt werden. So zeigt sich zunächst bei dünner und zarter, d. h. *hypoplastischer Schleimhaut* folgendes. Die Nasenhaupthöhle erscheint geräumig, sie ist daher leicht zu überblicken, da unter der Schleimhaut auch der Muschelknochen dünn ist (s. Abb. 8). Die Nasengänge stehen daher relativ weit offen, während der Zugang zum Nasenrachen, sofern keine Verbiegungen der Scheidewand bestehen, sich gut einsehen läßt. Die Bewegungen des Gaumensegels bei der Phonation können also ungewöhnlich leicht beobachtet werden. Gleicherweise ist der Rachen sehr weit und geräumig, allerdings weil auch der weiche Gaumen und die Gaumenbögen zart sind und die muskelschwache Zunge sich leicht wegdrücken läßt. Dasselbe schließlich gilt für den Kehlkopf. Die Taschenbänder sind relativ dünn, man glaubt den Zugang zum Sinus Morgagni einsehen zu können, während die Konturen der Aryknorpel deutlich unter der Schleimhaut hervortreten. Die aryepiglottischen Falten sind dünn.

Ganz das Gegenteil trifft für die *hyperplastische Schleimhaut* zu. Das Lumen der Hohlorgane ist relativ eng, das Nasenlumen läßt sich daher nur zu einem recht geringen Teil einsehen. Oftmals zeigt sich nur der Kopf der unteren Muschel, während der der mittleren stark verdeckt ist. Der Einblick in die Nasengänge ist verwehrt, desgleichen der vom unteren Nasengang aus in den Nasenrachen.

Ebenso eng erscheint der Rachen, wobei sich die kräftig entwickelten Gaumenbögen, wie das Gaumensegel und die muskelstarke Zunge, die schwer wegdrückbar ist, auswirken. Im Kehlkopf sind die Taschenbänder plump und überdecken entsprechend den Zugang zum Sinus Morgagni, wie auch die lateralen Anteile der Stimmlippen. Die Konturen der Gießbeckenknorpel sind kaum zu erkennen, die ary-epiglottischen Falten dick.

Aus eingehenden histologischen Untersuchungen nennt auch RUNGE außer der normalen, mesoplastischen, eine hyperplastische Schleimhaut. Sie zeichnet sich durch ihren lockeren Aufbau aus, während der Reichtum an subepithelialen Schleimhautdrüsen, der auffallende Grade erreicht, als markantes Zeichen der Hyperplasie genannt wird. Auch die Zahl der Gefäße ist vermehrt, vor allem in den oberflächlichen Schichten des bindegewebigen Grundstockes. Das Epithel, das sich etwas verschieden verhält, ist in den meisten Fällen verdickt, und zwar durch eine Hyperplasie oder Vermehrung der einzelnen Zellen. Auch Becherzellen, wie Becherknospen treten in großer Zahl auf. Somit handelt es sich tatsächlich um eine numerische Vermehrung der Bestandteile des Epithels, wie des subepithelialen Gewebes. Ganz wesentlich erscheint aber die Beobachtung von RUNGE, wonach in solchem Fall keine entzündlichen Erscheinungen bzw. Veränderungen nachweisbar sind. Das besagt, daß diese hyperplastische Schleimhaut nicht die Folge paratypischer Einflüsse ist.

2. Der Einfluß der Umwelt.

Die oben genannten Typen der Schleimhaut, das zeigt sich bei der Endoskopie, sehen gesund aus; als individuelle Varianten bleiben sie auch, von Alterserscheinungen abgesehen, durchs ganze Leben erhalten. Dies setzt voraus, daß keine überwertigen Infekte, wie sie allerdings in der Jugend besonders häufig zur Einwirkung kommen oder ungünstige Umwelteinflüsse anderer Art die biologische Leistungsfähigkeit der Schleimhaut schädigen. Im folgenden handelt es sich, im Gegensatz dazu, um eine *biologisch minderwertige Schleimhaut*, deren Eigenschaften eingehend genannt wurden. Äußere Einflüsse kommen also um so eher zur Einwirkung und verändern die Schleimhaut recht wesentlich. Die Bedeutung letzterer gibt sich auch an der nur vorübergehend günstigen Beeinflussung der Schleimhaut durch klimatische Kuren zu erkennen. Es handelt sich um die hypertrophische und um die atrophische Schleimhaut.

Die *hypertrophische Schleimhaut* unserer Nomenklatur nennt RUNGE hyperplastisch-fibrös, in Anlehnung an WITTMAACK. Wie er berichtet und was mit unserer Auffassung übereinstimmt, ist „das Primäre dabei die Hypertrophie, das sekundäre die fibröse Umwandlung". In der Nase, von der wir auf die übrigen Schleimhäute entsprechende Rückschlüsse ziehen können, findet sich dann ein sehr hohes Flimmerepithel, auch erscheint die Schleimhaut insgesamt deutlich verdickt. Ferner tritt wieder die Vermehrung der Drüsen hervor, neben örtlich umschriebenen Verminderungen. Der bindegewebige Grundstock ist fibrös umgewandelt, zeigt also eine Einlagerung neugebildeten Bindegewebes. Häufig läßt sich auch eine diffuse Durchsetzung von Leukocyten, Rundzellen und Plasmazellen erkennen. Dies aber bedeutet nichts anderes, als die Umwandlung einer hyperplastischen Schleimhaut durch die Peristase, also chronisch-entzündliche Vorgänge bzw. eine produktive Reaktion in eine hypertrophische Schleimhaut. Die Folge ist eine mehr oder weniger ausgesprochene Einlagerung von neugebildetem Bindegewebe, das schließlich einen narbenartigen Charakter annimmt und damit den fibrösen Eindruck ausmacht. Je nach der Art, wie sich dieses Bindegewebe verhält, wird ein rein hypertrophischer oder ein hypertrophisch-fibröser Typ die Folge sein. Es handelt sich also um verschiedene Entwicklungsstadien.

Weiterhin beschreibt RUNGE eine fibröse Schleimhaut und nennt sie im gleichen Atemzug mit der Ozaena. Dies bedeutet aber von vornherein eine *atrophische Schleimhaut.* Das Gewebe des bindegewebigen Grundstocks ist dann narbenähnlich zellarm, die Drüsen sind stark vermindert und fettig degeneriert. Um Gefäße und Drüsen findet sich eine Infiltration, während erstere eine Endarteritis obliterans zeigen (LAUTENSCHLÄGER, STERNBERG u. a.). Das Flimmerepithel wird zum Übergangsepithel und verhornt. Schließlich aber ist der Nachweis von Osteoklasten im Muschelknochen weiterhin ein Beweis für eine chronische Entzündung, da sie verschwinden, wenn der Entzündungszustand zur Ruhe kommt (CHOLEWA, CORDES). Was wir also vor uns haben, ist eine atrophische, geschwundene Schleimhaut. Sie erklärt sich aus der biologischen Minderwertigkeit und aus der Peristase. Darüber wird noch zu berichten sein.

B. Die wechselnde Entfaltung der Nasennebenhöhlen.

1. Der Umweltfaktor.

Die wechselnde Größe und Form der Nasennebenhöhlen ist ursprünglich in gleicher Weise, wie die verschiedene Pneumatisation des Warzenfortsatzes aus der Peristase erklärt worden. Dieser Gedanke liegt auch durchaus nahe, da die Nebenhöhlen sich erst nach der Geburt, d. h. in den ersten eineinhalb Lebensjahrzehnten entwickeln. In diesem Lebensalter sind bekanntlich Katarrhe und entzündliche Erkrankungen der Nase, auch vor allem im Verlauf von akuten Infektionskrankheiten (Masern, Scharlach, Diphtherie u.a.) recht häufig, während ferner die Schleimhäute nach RUNGE auf entzündliche Reize besonders leicht ansprechen und dadurch dauernde und u. U. schwerwiegende Veränderungen davontragen. Dazu kommen noch die schlechten Abflußverhältnisse im Falle der Erkrankung und die dadurch bedingte Stagnation des krankhaften Exkretes, als zusätzlicher Faktor der Schleimhautschädigung, auch weil dadurch die Ausheilung verzögert wird. SHEA, CARMODY u. a. haben beobachtet, daß tatsächlich entzündliche Prozesse der Nebenhöhlen die Entwicklung besonders am Siebbein verzögern, ja oft kindliche Verhältnisse bedingen. Auch v. GILSE vertritt die Auffassung, wonach die Nebenhöhlen um so stärker zurückbleiben, je früher die Schleimhaut angegriffen wird. Schließlich erklärt wieder RUNGE die Ursache der verschiedenen „Schleimhautkonstitution" aus entzündlichen Vorgängen, die während der Kindheit, d. h. während der Entwicklung die Schleimhaut treffen.

Es steht außer Zweifel, daß entzündliche Erkrankungen die Entwicklungspotenz der Schleimhaut in ungünstigem Sinn beeinträchtigen, ja selbst zum Erliegen bringen können. Daher erklärt sich die Beobachtung, wonach gering entfaltete Höhlen auch pathologisch veränderten Schleimhäuten entsprechen. Ein solches Verhalten ist aber nur auf folgende Weise zu verstehen: Entweder es hat sich um einen überwertigen Infekt gehandelt oder es liegt eine biologisch minderwertige Schleimhaut vor, die eben anfällig ist und daher immer wieder erkrankt, dann aber auch von vornherein eine nur geringe Entwicklungspotenz entsprechender Beeinflußbarkeit besitzt.

2. Die erbliche Anlage.

Wie an den retrotympanalen Räumen des Ohres sind individuelle Varianten auch in der Entfaltung der Nasennebenhöhlen zu erwarten. Es dürfte von vornherein, und nach alldem, was vorausgeschickt wurde, die formbildende Funktion des Epithels in gleicher Weise wirksam sein. Unter solchen Umständen haben die Nebenhöhlen der Nase dieselbe Berücksichtigung bei erbbiologischen Untersuchungen erfahren, wie die Pneumatisation des Warzenfortsatzes. Dabei mußte allerdings berücksichtigt werden, daß die Beurteilung der Nasennebenhöhlen nach dem Röntgenbild einige Schwierigkeiten zu überwinden hat, da sich die Höhlen zum Teil jedenfalls überlagern. Exakter zu beurteilen sind dagegen die Stirnhöhlen. Daraus erklärt sich ihre bevorzugte Berücksichtigung, auch der Versuch eines Vergleiches mit der Pneumatisation des Warzenfortsatzes, da sich beide erst nach der Geburt entwickeln, die Stirnhöhle allerdings noch später. So müßte also, unter Berücksichtigung der in der Jugend durch allerlei Infektionskrankheiten angenommene Einfluß der Peristase auf die Schleimhäute, die Pneumatisation an Stirnhöhlen und Warzenfortsätzen in gleicherWeise beeinträchtigen. Das ist allerdings, sollten die Ergebnisse bisheriger Beobachtungen zutreffen, nicht der Fall.

Um die ursächlichen Faktoren der Entfaltung der Nasennebenhöhlen zu erkennen, sind wieder Zwillingsuntersuchungen angestellt worden (DILLON, LEICHER, M. SCHWARZ) aus Gründen, wie sie bereits genannt wurden. Dabei hat sich eine Übereinstimmung der Höhlen nach Größe, Form und Lagerung unter den eineiigen Zwillingen in 48,8% und unter den zweieiigen in nur 18,8% ergeben (M. SCHWARZ). Der Konkordanzunterschied ist also nicht weniger beträchtlich als am Warzenfortsatz. Dabei wurden die Zwillinge unter 10 Jahren beiseite gelassen, da die noch sehr geringe Entfaltung der Höhlen in diesem Alter eine Übereinstimmung vortäuschen konnte. Tatsächlich gleichen sich unter 12 eineiigen Zwillingen nicht weniger als 9, unter den zweieiigen 11 von 19. Auch LEICHER hat Zwillinge verglichen. Er findet unter 39 eineiigen Paaren bei 13 eine annähernde oder völlige Übereinstimmung, wobei von ihm allerdings zunächst die Stirnhöhlen berücksichtigt werden. Bemerkenswert erscheint auch noch eine Beobachtung, wonach die Nebenhöhlen bei einem eineiigen Zwillingspaar in übereinstimmender Weise sehr klein waren. Dies trifft auch für einzelne Höhlen zu, während sich schließlich einmal gelegentlich ein genau spiegelbildliches Verhalten beobachten läßt. Recht aufschlußreich erscheint ferner die exakte Übereinstimmung der Höhlen bei eineiigen Zwillingen selbst dann, wenn die eine oder andere Höhle insbesondere die Stirnhöhle überhaupt nicht entwickelt war (M. SCHWARZ). Dazu einige Beispiele:

1. Stirnhöhlen fehlen bzw. sind eben angelegt, Kieferhöhlen, Keilbeinhöhlen und Siebbeinlabyrinthe sind übereinstimmend mittelgroß.
2. Stirnhöhlen klein, Siebbeinlabyrinthe schmal, Kieferhöhlen und Keilbeinhöhlen mittelgroß.
3. Stirnhöhlen fehlen, Siebbeinlabyrinthe schmal, Kieferhöhlen groß, Keilbeinhöhlen mittelgroß.
4. Stirnhöhlen fehlen, Siebbeinlabyrinthe sehr schmal, Kieferhöhlen klein, Keilbeinhöhlen groß.

Einen weiteren Nachweis für die Abhängigkeit der Nebenhöhlenentfaltung von Anlagefaktoren verdanken wir LEICHER. Wie erwähnt berücksichtigt er in seinen Familien- und Zwillingsuntersuchungen besonders die Stirnhöhlen und zwar deren Breiten- und Höhenausdehnung, unter Vernachlässigung der schwer bestimmbaren Tiefe. Dabei ließen sich verschiedene Typen unterscheiden und zwar als Typ I niedrige, in die Breite gehende Höhlen, als Typ II große, gefächerte, pyramidenförmige, als Typ III einfache Höhlen ohne wesentliche Fächerung, als Typ IV Höhlen mit rundlichen Kuppen, als Typ V auffallend große Höhlen. Diese allerdings extrem verschiedenen Formen konnten auch deshalb klassifiziert werden, weil für jeden dieser 5 Typen eine Abhängigkeit von erblichen Einflüssen festgestellt werden konnte. In gleichem Sinn würde die Beobachtung sprechen, wonach in Tübingen andere Höhlenformen als in Frankfurt zu finden sind, bestimmte Formen jeweils am einen Ort häufiger als andere. Besonders bemerkenswert erscheint aber die Beobachtung von LEICHER, wonach unter den eineiigen Paaren kein einziges zu erkennen war, bei dem die Stirnhöhlen des einen Zwillings etwa dem Typ I, die des anderen etwa dem Typ II oder III angehört hätten. Auch unter Blutsverwandten konnten derartige Übereinstimmungen der Form beobachtet werden. So fanden sich völlig gleichartige, sehr große und gefächerte Stirnhöhlen bei zwei Brüdern und der Tochter des einen, ferner rundlich-kuppelförmige Höhlen bei drei Geschwistern und dem Sohn des einen, schließlich große gefächerte, ausgesprochen pyramidenförmig gebaute Stirnhöhlen bei zwei Geschwistern und weiterhin bei drei anderen und deren Mutter.

Mit großer Wahrscheinlichkeit läßt sich aus diesen Beobachtungen schließen, daß Größen- und Formentwicklung der Nasennebenhöhlen mindestens zum nicht unwesentlichen Teil anlagebedingt sind. Sie erklärt sich aus der gleichen Variabilität der Entwicklungspotenz, wie dies für den Warzenfortsatz gezeigt wurde. Allerdings geben die Zahlenwerte auch einen Hinweis auf die Peristase.

3. Der Vergleich mit der Pneumatisation des Warzenfortsatzes.

Der Gedanke, wonach enge Beziehungen zwischen der Pneumatisation der Nebenhöhlen der Nase und der Pneumatisation des Warzenfortsatzes bestehen müßten, liegt sehr nahe und ist daher auch keineswegs neu, denn es handelt sich um durchaus analoge Voraussetzungen. Aus der Gegenüberstellung eines größeren Untersuchungsgutes findet J. BECK, daß der Warzenfortsatz in der Pneumatisation häufiger „gehemmt" ist (65%) als das Nebenhöhlensystem (53%). Aus einer Gegenüberstellung gleicher Art gibt LEICHER 29% bzw. 18% an. J. BECK beobachtete sodann bei einer ein- oder doppelseitigen „Hemmung" des Warzenfortsatzes häufiger als dies bei normaler Pneumatisation der Fall ist, auch eine solche der Nasennebenhöhlen. LEICHER stellt bei guter Pneumatisation der Stirnhöhlen eine ein- oder doppelseitige „Hemmung" der Warzenfortsätze in 24%, bei ein- oder doppelseitig „gehemmten" Stirnhöhlen dagegen eine solche in 48% fest.

Angesichts dieser an sich wenig befriedigenden Ergebnisse muß jedoch folgendes berücksichtigt werden. Der Begriff der „Hemmung" ist ein recht vager, jedenfalls läßt sich aus einer geringen Größe einer Nebenhöhle, der Stirnhöhle z. B., nicht ohne weiteres erkennen, wie viel davon auf Anlagefaktoren beruht und wie viel auf der Peristase. Wie sich aus den Beobachtungen von LEICHER eindeutig ergibt, kann ebenso auch eine kleine Stirnhöhle, vielleicht auch eine aplastische, wie eine große erblich bedingt sein. Die Größe oder Kleinheit, ja auch das Fehlen, läßt ohne weiteres keinen Rückschluß auf die ursächlichen Faktoren der Höhlenentwicklung zu. Wollte man also Vergleiche an den Nebenhöhlen und den Warzenfortsätzen unter den genannten Voraussetzungen anstellen, dann müßte in jedem Fall der peristatische Einfluß bzw. das Ausmaß seiner Wirksamkeit bekannt sein. Dies läßt sich aber bestenfalls mit einiger Wahrscheinlichkeit, unter Berücksichtigung der ganzen Familie, bestimmen. Da aber die bisher angestellten Vergleiche diesen Umstand nicht genügend beachtet haben, sind sie ohne Bedeutung.

III. Der Nachweis der erbbiologischen Eigenschaften der Schleimhäute.

A. Aus dem Verhalten bei der Endoskopie.

Die Schleimhäute aus ihren anlagebedingten Eigenschaften zu beurteilen, ist ein unbedingtes klinisches Erfordernis. Die erbbiologische Forschung konnte jedenfalls beweisen, daß aus dem Schleimhautcharakter im Einzelfall recht gewichtige Rückschlüsse auf Art und Verlauf einer Erkrankung möglich sind. Allerdings ist die Beurteilung der Schleimhaut von solchen Gesichtspunkten aus kaum geübt, vielmehr vertritt jeder Facharzt seine eigene, durch persönliche Erfahrung begründete Auffassung. Richtlinien einer Beurteilung fehlen, daher soll dazu noch kurz Stellung genommen werden.

Im Vordergrund stehen nicht die ausgesprochen krankhaften Zustände, sondern die geringen und geringeren Ausprägungsgrade anlagebedingter Eigenschaften, entsprechend dem, was vom Trommelfell berichtet wurde. Es sind also Veränderungen, die nicht eigentlich als pathologisch bezeichnet werden können. Die Beurteilung erfolgt am besten nach Farbe, Befeuchtung, Oberfläche, Konsistenz und Schichtdicke der Schleimhaut.

Die *Farbe* ist in erster Linie vom Blutgehalt der Schleimhaut d. h. vom Grad der Gefäßeinlagerung im bindegewebigen Grundstock, vom Füllungszustand, wie vom Verhalten des Blutes selbst abhängig. Selbstverständlich wirkt sich weiterhin die Beschaffenheit der Gewebe aus, also das Verhalten des Epithels, wie das des bindegewebigen Grundstockes. Die Struktur des letzteren, d. h. die mehr oder minder lockere oder sehr dichte Einlagerung von Bindegewebe muß die Rötung, die durch die Gefäßfüllung bedingt ist, in entsprechendem Grade beeinflussen. Narbenähnliche Veränderungen bedingen durch ihre Eigenfarbe wie durch die Überlagerung der Gefäße ein graurötliches Aussehen, wie das für die indurierte Schleimhaut älterer Hyperplastiker so typisch ist.

Die *Oberfläche* der Schleimhaut ist naturgemäß abhängig vom Verhalten des Epithels, jedoch auch vom Feuchtigkeitsgehalt der Gewebe, damit von ihrem Turgor, wie von der Flüssigkeitsschicht, die aufgelagert ist. Die sehr feuchte Schleimhaut macht einen gesättigt-prallen Eindruck. Sie ist spiegelnd glatt und glänzt. Im Gegensatz dazu ist die trockene Schleimhaut meist schlaff und in verschiedenem Grade matt. Die Beurteilung der Oberfläche betrifft also nicht diese allein, sondern auch den Flüssigkeitshaushalt des Gewebes und schließlich auch die Funktion der Drüsen im subepithelialen Grundstock. Die dünne, hypoplastische Schleimhaut besitzt, im Gegensatz zur dicken, hyperplastischen, weniger Gefäße, wohl auch weniger Drüsen und ist damit entsprechend flüssigkeitsärmer, ferner auch infolge des weiteren Organlumens eher der Austrocknung ausgesetzt, während das Gegenteil für die hyperplastische Schleimhaut zutrifft. Die Auflagerungen, wie sie sich bei ausgesprochen krankhaften Zuständen finden, bedürfen hier nicht der Erörterung.

Wie sich aus alldem ergibt, sind es direkte und indirekte Merkmale, nach denen sich die Beurteilung der Schleimhaut richtet. Noch eindeutiger kommt dieser Umstand bei der Berücksichtigung der *Konsistenz*, wie der Schichtdicke zum Ausdruck. Erstere ist direkt erkennbar durch Betastung mittels einer Sonde, d. h. aus der Eindrückbarkeit. Sie ist übrigens auch auf dem Röntgenbild zu erkennen, da die Konsistenzvermehrung einen entsprechend dichteren Schatten bedingt. Da aber die Konsistenz vor allem vom Verhalten des Bindegewebes, abgesehen vom Schwellgewebe in den Nasenmuscheln abhängig ist, so muß sich eine Änderung gegenüber der Norm, etwa eine Induration nicht nur in der Farbe, sondern auch nach Adrenalisierung auswirken, entzündliche Zustände frischer Art ausgenommen.

Die *Schichtdicke* der Schleimhaut ergibt sich indirekt aus der lichten Weite der Organe und damit auch aus der Luftdurchgängigkeit. Es versteht sich von selbst, daß bei gleicher Größe zweier Hohlorgane, die sich übrigens aus dem knorpeligen bzw. knöchernen Gerüst erfassen läßt, das enge Lumen eine dickere, das weite Lumen eine entsprechend dünne Schleimhautauskleidung voraussetzt. Das innere Relief der Organe aber läßt insofern weitere Rückschlüsse zu, als eine dünne Schleimhaut die Konturen der Unterlage markanter erscheinen läßt und Einzelheiten viel besser zu erkennen gibt, als dies bei einer dicken Schleimhaut der Fall ist. Man stelle, um die große Verschiedenheit zu erkennen, etwa das Rachen- oder Kehlkopfbild eines ausgesprochenen Hyperplastikers dem eines Hypoplastikers gegenüber. Das Notwendige ist darüber bereits gesagt. Im einen Fall ist die Endoskopie wesentlich erschwert, im anderen entsprechend erleichtert.

B. Aus der Familie.

Zum exakten Nachweis der biologischen Eigenschaften einer Schleimhaut genügt allerdings, nach alldem was vorausgeschickt wurde, die Endoskopie allein keineswegs. Außer einer gründlichen *Eigenanamnese* ergeben sich nur aus der *Familie* die notwendigen Voraussetzungen. Dabei muß berücksichtigt werden, daß gelegentlich die Vorgeschichte keinen Anhalt für durchgemachte Erkrankungen bietet, obwohl sie bestanden haben, dem Gedächtnis aber entfallen sind. Diese Tatsache ist von doppelter Bedeutung, denn sie besagt, und damit ist R. Siebeck durchaus zuzustimmen, daß die Einzel-, wie Familienanamnese mit größter Sorgfalt erhoben werden muß, und daß sie trotzdem nur ein Minimum der familiären Erkrankungen und Abwegigkeiten ergibt. Da auch ferner eingehendere Fragen kaum beantwortet werden können, ist in Wirklichkeit zu erwarten, daß die Familienvorgeschichte viel häufiger positiv ist, als aus den Angaben der Patienten hervorgeht. Für eine einwandfreie Beurteilung des Schleimhautcharakters muß also streng genommen auch die Untersuchung wenigstens nächster Familienangehöriger durchgeführt werden.

C. Aus der Pneumatisation der Nasennebenhöhlen.

Von großer klinischer Bedeutung wäre es zu wissen, ob sich aus dem Entfaltungsgrad der Nasennebenhöhlen ein Rückschluß auf den Charakter der Schleimhaut ziehen läßt. Im allgemeinen Teil dieser Abhandlung wurde die Abhängigkeit zwischen der Entwicklungspotenz einerseits und der biologischen Wertigkeit der Schleimhaut andererseits am Beispiel des Mittelohres eingehend erörtert und in der größeren Zahl der Fälle als gültig erachtet. So fragt es sich, ob dies auch für die Nasennebenhöhlen zutrifft.

Von vornherein ist so viel sicher, daß hier die Forschung noch in den Anfängen steht. Nur die Analogie mit der Mittelohrschleimhaut läßt vermuten, daß die geringe Entfaltung der Nebenhöhlen auch für eine geringe Entwicklungspotenz spricht, damit aber auch für eine insgesamt geringwertige Schleimhaut. Dies muß jedoch, wie aus dem Folgenden zu ersehen ist, nicht so sein. Wir wissen, daß sich die Pneumatisation im kompakten Warzenfortsatz gelegentlich in der Entwicklung eines kleinen Antrums erschöpft. Das trifft an den Nasennebenhöhlen bekanntlich nur für die Stirnhöhle und die Keilbeinhöhle zu. Das Siebbein ist jedoch, wenngleich nur in einigen Zellen, vorhanden; auch gehört die Aplasie der Kieferhöhle zu den extremen Seltenheiten. Die Verhältnisse liegen also hier etwas anders. Immerhin könnten dann die Stirnhöhle und die Keilbeinhöhle einen Hinweis geben. Nun hat aber, wie erwähnt, Leicher festgestellt, daß für die Form und auch für die Entfaltung der Stirnhöhle anlagebedingte Faktoren eine nicht unwesentliche Rolle spielen, ohne daß, eine kleine Höhle vorausgesetzt, auch eine entsprechend gestörte Entwicklungstendenz bestehen müßte. Das aber bedeutet die Berücksichtigung der Familie in jedem Fall, als Voraussetzung einer einigermaßen verläßlichen Beurteilung der Schleimhaut. So bleibt eigentlich nur der indirekte Weg, die biologische Leistungsfähigkeit der Schleimhaut zu bestimmen, und zwar aus den Einwirkungsmöglichkeiten der Peristase, d. h. aus der Erkrankungsneigung der Nasen- bzw. Nebenhöhlenschleimhaut in der Jugend und später. Dies setzte zugleich die ungünstige Beeinflußbarkeit der Entwicklungspotenz voraus, wenigstens in frühen Entwicklungsstadien, wie sie RICHTER bei kongenitaler Lues nachweisen konnte. Solche äußeren Einflüsse aber müssen demnach einen erheblichen Grad erreichen und so sollte die Anamnese und das Ergebnis der Endoskopie immerhin einen greifbaren Anhalt geben. Wir können erwarten, daß eine Störung der Entwicklungspotenz, wenn sie zustandekommt, nicht die Folge eines gewöhnlichen Schnupfens sein kann, vielmehr ein Erkrankungsausmaß voraussetzt, das dem Gedächtnis der Eltern oder des Patienten allen Vorschub leistet. So wie das Trommelfell aber die Art einer Erkrankung der Mittelohrschleimhaut sehr getreu und verläßlich widerspiegelt, gibt auch das Verhalten der Nase einen Hinweis auf das Verhalten der Nebenhöhlen. Im allgemeinen gilt jedoch auch für die Schleimhaut letzterer dasselbe, wie für die Schleimhaut des Mittelohres, d. h. von überwertigen äußeren Einflüssen, vor allem Infekten abgesehen, setzt eine chronische Entzündung eine biologisch minderwertige Schleimhaut voraus. Darüber ist noch folgendes zu berichten.

Die Pneumatisation der Nasennebenhöhlen bei der Ozaena.

Ist die Pneumatisation von der anlagebedingten Wertigkeit der Schleimhaut abhängig, so müßten bei einem so ausgesprochenen chronischen Leiden, wie dem der Ozaena, infolge einer entsprechend geringen Entwicklungspotenz, auch die Nebenhöhlen klein bzw. aplastisch sein. Nach den Mitteilungen der größeren Zahl der Autoren trifft dies auch zu. So sind nach K. BECK und RAMDOHR die Röntgenbefunde so charakteristisch, daß der Geübte allein daran schon die Diagnose einer Ozaena stellen kann. Dies unter anderem aus den kleinen, schmalen Kieferhöhlen und den mitunter aplastischen Stirnhöhlen. Sehr kleine Höhlen, allerdings nicht als Folge einer primär geringen Wachstumspotenz, sondern als Folge einer entzündlich bedingten Schleimhautschädigung, nehmen auch LASKIEWICZ, LOEBELL, FERRERI, v. GILSE, HAIKE, PAROLA, RUNGE, VOGEL u. a. an. Dagegen haben LAUTENSCHLÄGER, HAIKE u. a. auch normal entfaltete Nebenhöhlen gefunden. Hier ist jedoch zu bedenken, daß sich der Begriff der „normalen Höhle“, wie erwähnt, aus der Größe nicht ohne weiteres bestimmen läßt. BARTH schließlich stellt bei der Ozaena in 9,2%, bei der Rhinitis atrophica in 6,2% keine Stirnhöhlen fest, während er die Aplasie sonst nur in 2% beobachten konnte. Was die Pneumatisationspotenz der Schleimhaut bei der Ozaena betrifft, so kann nur eine Forschung darüber Auskunft geben, wie sie BARTH eingeschlagen hat (s. Abb. 53).

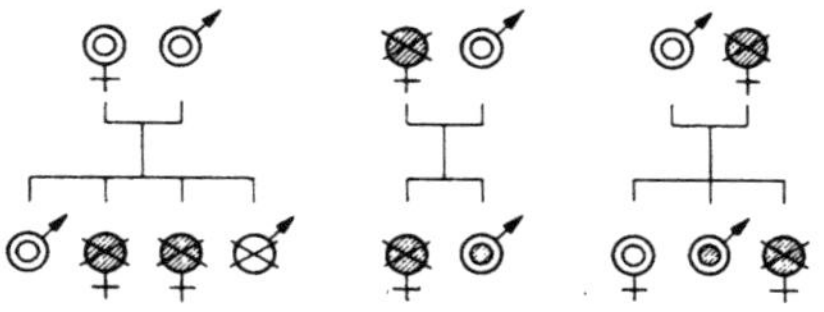

◎ *gut entwickelte Nasennebenhöhlen*
⊗ *keine Stirnhöhlen* ⊗ *keine Stirnhöhlen bei Ozaena*
◉ *Ozaena bei gut entwickelten Nebenhöhlen*

Abb. 53. Stammbäume nach BARTH. Ozaena unter Berücksichtigung der Nasennebenhöhlen.

Kommt also einmal eine gute Pneumatisation der Nebenhöhlen bei der Ozaena zwar vor, so finden sich in den Stammbäumen immerhin in der überwiegenden Zahl keine Stirnhöhlen. Das gehäufte Vorkommen von aplastischen Stirnhöhlen im Verein mit einer chronischen Rhinitis muß aber immerhin zu denken geben.

Die biologische Leistungsfähigkeit der Schleimhaut aus der Entfaltung der Nasennebenhöhlen zu bestimmen, ist bisher nur mit großer Vorsicht möglich. Es lag in der Absicht, die notwendigen Voraussetzungen durch eine weitere

Forschung zu ergründen, die leider aus eigenen Kräften unmöglich wurde, da die erforderlichen Voraussetzungen verloren gegangen sind.

IV. Die erbbiologischen Eigenschaften der Schleimhäute und ihre Erkrankungen.

A. Die Diathesen.

Werden hier die Diathesen mit berücksichtigt, so jeweils aus zweierlei Umständen. Nach CZERNY und PFAUNDLER handelt es sich bekanntlich um Krankheitsbereitschaften, die auf einer primären Mesenchymminderwertigkeit und einer anlagebedingten Überempfindlichkeit beruhen, so daß endogene und exogene Faktoren bestimmte Krankheitszeichen auszulösen vermögen. Während von den beiden Autoren die exsudative und die lymphatische Diathese unterschieden werden, obwohl sie sich in Einzelheiten ähnlich sind bzw. sich überschneiden, zeichnet sich erstere durch eine besondere Bereitschaft der Schleimhäute zu katarrhalischen und zu entzündlichen Erscheinungen aus, letztere durch eine besondere Neigung des lymphatischen Gewebes sich zu vermehren. Die Allergie bzw. Antikörperdiathese zeigt gleichfalls eine bevorzugte Beteiligung der Gewebe mesenchymaler Herkunft, während in erster Linie die Schleimhäute der Luftwege Schockgewebe sind.

1. Die exsudative und die lymphatische Diathese.

Einzelheiten über diese Krankheitsbereitschaften müssen hier als bekannt vorausgesetzt werden. Nur kurz sei erwähnt, daß die exsudative Diathese nach PFAUNDLER keine Krankheit, sondern eine Krankheitsanlage ist. Es handelt sich um latente Zustände, um erhöhte Bereitschaften oder Prädispositionen zur Beantwortung von Reizen in krankhafter Form. Sie äußert sich in katarrhalisch-entzündlichen Erscheinungen, die mit Ausschwitzungen einhergehen, denen oft allergische, desquamtiv-seborrhoische Reizeffekte, lymphatische Wucherungen, verschiedene sensible und motorische Reaktionen des animalen und vegetativen Nervensystems angegliedert sind. Dabei handelt es sich nicht um zwangsläufige, aber doch keineswegs zufällige Kombinationen von Einzelbereitschaften, deren Zusammengehörigkeit sich bis zu einem gewissen Grad aus ihrem gleichzeitigen oder aufeinanderfolgenden Auftreten beim gleichen Individuum, aus dem gemeinsamen, dem gleichsam durch Übertreibung bedingten Zustandekommen von art- und zweckmäßigen, förderlichen Reaktionen ergibt. Die Einzelbereitschaften sind auf den gemeinsamen Nenner der herabgesetzten Reizschwelle zu bringen. Während die Erblichkeit zunächst bestritten worden ist, spricht HUFELAND bereits von „hereditärer krankhafter Reizbarkeit". Inzwischen hat die Forschung ergeben, daß die Bereitschaften, einzeln oder vereint, mit an Sicherheit grenzender Wahrscheinlichkeit aus dem Erbgut ihren Ursprung nehmen. Der Erbgang richtet sich überwiegend nach der einfachen (unregelmäßigen) Dominanz.

Von besonderem Interesse ist hier die sog. *pastöse Schleimhaut*, wobei der Charakter des pastösen Habitus im Sinn der genannten Diathesenlehre aufgefaßt wird. Die abnorme Bereitschaft auf bestimmte Reize zu antworten, bedingt wohl auch an den Schleimhäuten, wie an der äußeren Haut die charakteristische Aufquellung des Gewebes, wahrscheinlich infolge starker Flüssigkeitsspeicherung und Vermehrung der Lymphe.

Während der Habitus bei der lymphatischen Diathese nach der Auffassung der genannten Autoren immer ein pastöser ist, finden wir bei der exsudativen Diathese im wesentlichen zwei verschiedene Typen. Es ist ein fetter Typ, der

Habitus pastosus, von dem mageren schwachen und zarten Typ zu unterscheiden. Der erstere zeichnet sich durch eine übernormale körperliche Zunahme aus, die den Eindruck der Massigkeit erweckt, so daß die Kinder sehr kräftig erscheinen. Tatsächlich handelt es sich aber um ein aufgeschwemmtes Aussehen, um eine Succulenz, wohl infolge Störung des Wasserhaushaltes und schließlich um eine pathologische Verfettung. Die Autoren nehmen an, daß dabei erstens starke Erweiterungen der Saftkanäle in der Haut und in den Schleimhäuten bestehen, zweitens, daß es sich um ein wässeriges, schlecht turgescentes Unterhautzellgewebe und drittens um einen starken Ansatz schlaffen wässerigen, blassen Unterhautfettgewebes handelt, während auch die Muskulatur atonisch, schlaff und gleichfalls wässerig, beschaffen ist. Es findet sich dabei ferner eine teils permanente, teils flüchtige hochgradige Blässe der Haut infolge angiospastischer Pseudoanämie. Das Temperament ist phlegmatisch und träge.

Der zweite magere Typ ist grazil, schlank und asthenisch. Er steht oft in auffallendem Gegensatz zu der körperlichen Fülle der Eltern und auch der Geschwister. Dabei besteht eine motorische Unruhe, mit der eine hochgradige Ansprechbarkeit und Frühreife einhergeht.

Bei einer Reihenuntersuchung pastöser Kinder (Amstutz) hat sich zunächst gezeigt, wie mit der Zunahme der pastösen Erscheinungen der Pignet-Index abnimmt. Damit entspricht der Körperbau der pastösen Kinder im wesentlichen dem Körperbau des Pyknikers, er ist jedenfalls ausschließlich rund und breitschulterig bei mittlerem Knochenbau und mittlerer Entwicklung der Muskulatur, bei kurzem Hals, breiten bis mittelbreiten Schultern, gewölbtem Brustkorb und dickem Fettbauch. Die Schleimhäute, wie die äußere Haut, zeigen dieselben charakteristischen Eigenschaften, d. h. sie sind dick und zwar um so dicker, je ausgesprochener der pastöse Habitus in Erscheinung tritt, sie sind locker und von blasser Farbe, während die Haut bekanntlich dick, gedunsen und fahl erscheint. Auch hieraus ist die Bedeutung mesenchymaler Elemente erkennbar.

2. Die allergische oder Antikörperdiathese.

Unter Allergie verstehen wir eine „Andersempfindlichkeit" (H. Schmidt), die auf einem immunbiologischen bzw. serologischen Geschehen und auf der Anwesenheit von Antikörpern beruht. Während sich ein Eingehen auf Einzelheiten angesichts der ausgezeichneten Monographien von Hansen, Kämmerer und Anderen erübrigt, sei hier nur auf das wiederholt schon genannte Retikuloendothel hingewiesen, da es die Antikörper bildet. Es sind demnach vor allem die Gewebe mesenchymaler Herkunft beteiligt, wahrscheinlich unter Bildung histaminartiger Körper, während die allergischen Erscheinungen davon abhängen, wo die Antigen-Antikörperreaktion stattfindet. Es ist der Bindegewebsraum, der sich überall einschaltet, einschließlich dem ganzen Blut- und Lymphgefäßsystem. Damit dürfte auch die Frage entschieden sein, ob die anaphylaktische Reaktion eine humorale oder vielmehr eine celluläre ist. Das Ödem, das schließlich zustandekommt, beruht auf einem biologischen Faktor, einer Schädigung des Gefäß-Gewebskomplexes (Nonnenbruch). Auch hier steht also das Mesenchym in seiner Eigenart beherrschend im Vordergrund.

Von der spezifischen Allergie unterscheidet W. Albrecht eine unspezifische, nervöse Überempfindlichkeit, bei der eine über das physiologische Maß erhöhte Empfindlichkeit gegen verschiedene Reize, vor allem auch physikalischer Natur besteht. Sie wird als Teilerscheinung einer allgemeinen vegetativen Neurose und daher als erblich bezeichnet. Doch liegt der Gedanke nahe, wonach auch die unspezifische Form ursprünglich eine spezifische ist, und dies um so mehr, als die beiden Formen häufig kombiniert vorkommen. Ferner muß berücksichtigt werden, wie schwer es oft ist, die spezifische Überempfindlichkeit nachzuweisen, während der spezifische Reiz mit der Zeit sensibilisierend auf das Schockgewebe einwirkt und damit eine unspezifische Reizbarkeit entsteht. Das Auftreten der ersten allergischen Erscheinungen frühestens in der Pubertät und in der reiferen Jugend, aber auch nur schwere Fälle vorausgesetzt, kann dahin gedeutet werden, daß bis zur Sensibilisierung eine gewisse Zeit vergeht. Psychische Einflüsse sollen dabei durchaus nicht in Abrede gestellt werden, sie sind zu offensichtlich, auch ist zu bedenken, daß der von der Antigen-Antikörperreaktion ausgelöste Reiz über das autonome Nervensystem das Gewebe erreicht.

Für die Entstehung der Allergie müssen demnach erbliche Faktoren von besonderer Bedeutung sein. Es wird nicht eine bestimmte Form der Allergie, noch eine bestimmte Überempfindlichkeit an sich, etwa bestimmter Organsysteme an bestimmte Stoffe vererbt, sondern die Neigung zur Überempfindlichkeit, d. h. die Reaktionsbereitschaft gegen Allergene überhaupt. Die Empfindlichkeit gegenüber bestimmten Allergenen ist anscheinend immer erworben (Kämmerer, Kallos und Deffner).

Die Einteilung der „allergiebedingten" Erkrankungen ist uneinheitlich. Dies beruht auf ihrer verschiedenen Pathogenese, die einmal von den auslösenden Stoffen oder von der Eintrittspforte, meist aber vom klinischen Erscheinungsbild, dem Heuschnupfen, der vasomotorischen Rhinitis, dem anaphylaktischen Kehlkopfödem, dem Quinckeschen Ödem, dem Asthma usw. ausgeht. Es sind dies Krankheitsbilder, die jedoch keineswegs allein durch Allergie bedingt sind, so daß also aus der Form der Erkrankung die Ursache zunächst nur vermutet werden kann. Berger geht so weit zu behaupten, sie ließe sich niemals beweisen. Da aber die spezifische Allergie durch den Erwerb spezifischer Antigene zustandekommt, wird sie auch klinisch erkennbar sein.

B. Die akut-entzündlichen Erkrankungen bei biologsich hoch- bis mittelwertiger Schleimhaut.

Da ohne Zweifel zwischen der Mittelohrschleimhaut und den Schleimhäuten der Luftwege, vor allem der Nase und ihrer Nebenhöhlen, eine ganze Reihe von Gemeinsamkeiten bestehen, ist im Gegensatz zu Runge nicht einzusehen, warum dies nicht auch für die Klinik gelten sollte. Es werden daher im folgenden die genuinen Entzündungskrankheiten der Schleimhäute in Parallele gestellt zu jenen des Mittelohres und dementsprechend auch eingeteilt. Die Begründung liegt vor allem in den wiederholt genannten Schleimhauttypen. Auch Runge konnte aus bakteriologischen Untersuchungen des Nasensekretes keine genügenden Anhaltspunkte für die Verschiedenartigkeit der entzündlichen Erscheinungsbilder finden und sucht daher, unserer Auffassung entsprechend, die ersten Voraussetzungen in der Schleimhaut selbst. Was aber schließlich für die Nase und ihre Nebenhöhlen gilt, trifft auch in gleicher Weise für die übrigen Schleimhäute des Respirationstraktes zu, einschließlich der Trachea und der Bronchien. Insofern kann die Nasenschleimhaut als Prototyp gelten, während sich eine besondere Berücksichtigung der Rachen- und Kehlkopfentzündungen erübrigt.

Die Nasenschleimhaut gilt als ein sehr abwehrbereites Organ, in gleicher Weise übrigens alle Organe des Respirationstraktes, im Gegensatz zu den Endothelien der geschlossenen Körperhöhlen. Dies erklärt sich aus der dauernden Berührung mit der keimreichen Außenluft. Aber auch einer ganzen Reihe anderer Einflüsse ist die Nase und dies in einem ganz besonderen Maße ausgesetzt, übrigens mehr als der Rachen und der Kehlkopf. Es sei noch einmal in diesem Zusammenhang an die großen Aufgaben der Nasenschleimhaut erinnert, die mit der ständigen Reinigung, der Erhaltung der Feuchtigkeit und des durch die Atmung bedingten Wärmeentzuges verbunden sind. Die Schleimhaut aber kann nur gesund bleiben, wenn sie ihre Aufgaben in ganzem Umfang erfüllt. Fällt eine jener Funktionen aus, so sind die Folgen um so ungünstiger, je länger der abnorme Zustand anhält. So führt eine ungünstige Flimmerfunktion zur Verschmutzung der Oberfläche, eine ungenügende Befeuchtung zur Austrocknung, die ihrerseits wieder für erstere von Nachteil ist, da sie, wie erwähnt, einen bestimmten Feuchtigkeitsgrad voraussetzt. Eine ungenügende Flimmerfunktion wird aber weiterhin auch pathogenen Erregern eher die Möglichkeit geben, in die tieferen Schichten der Schleimhaut einzudringen. Es sei an dieser Stelle auch daran erinnert, daß DOLD die Abwehrbereitschaft der Schleimhaut aus der Vitalinhibition erklärt, die eine Hemmung für das Reproduktionsvermögen pathogener Keime bedeutet. Sie geht von den lebenden Zellen aus bzw. von ihren Exkreten und ist omnicellulär. Auch dem von den Drüsen sezernierten Schleim kommt nicht nur eine mechanische Wirkung zu, er ist vielmehr auch biologisch resistent und Gegenspieler des Stoffes, der die Invasionskraft der Erreger zu bestimmen scheint. So spielen wohl im Falle der Erkrankung eine ganze Reihe von Faktoren zusammen, die wir bisher nur vermuten, jedoch noch nicht erfassen können.

Die akute Rhinitis und Sinuitis.

Der landläufige Schnupfen, die infektiöse Rhinitis oder Rhinitis acuta, vergleichbar der Otitis media acuta, setzt eine normale oder leicht hyperplastische, also wohl nicht ganz vollwertige Schleimhaut voraus. Daraus erklärt sich der akute, allerdings im Vergleich zur Otitis acuta rascher abklingende Verlauf, die gute Rückbildungsfähigkeit, wie das einmalige, nur gelegentlich rezidivierende Auftreten. Typisch ist ferner die der akuten Entzündung entsprechende tiefrote Verfärbung der Schleimhaut, wie der serös bis eitrige Ausfluß, dem nur wenig Schleim beigemengt ist. Die restitutio ad integrum ist eine völlige.

Was aber für die Nase gilt, trifft in gleicher Weise für die Nebenhöhlen zu. Die biologischen Voraussetzungen der Schleimhaut sind dieselben. Hochvirulente Infekte sind im allgemeinen notwendig, soll eine Sinuitis zustandekommen. Zu bedenken ist, daß der Verlauf durch Stauungen und Retentionen ungünstig beeinflußt wird, daher eine geringere Neigung zur Ausheilung zeigt. Daher erklärt sich wohl auch die viel häufigere Erkrankung der Kieferhöhle im Vergleich mit der Stirnhöhle und ihren viel günstigeren Abflußbedingungen. Zweifellos spielen auch all die Umstände eine Rolle, die Infektionen begünstigen und die Heilungsneigung beeinträchtigen. Das konnten wir während des Krieges und in den Nachkriegszeiten mit aller Eindeutigkeit beobachten.

C. Die chronisch-entzündlichen Erkrankungen bei minderwertiger Schleimhaut.

1. Die hypertrophische Form (Rhinitis chronica hypertrophica).

In Übereinstimmung mit anderen Autoren teilt RUNGE die chronische Rhinitis in die Rhinitis chronica simplex, die Rhinitis chronica hyperplastica (GERBER, ZARNIKOW) und in die Rhinitis oedematosa (VOGEL) ein. Die katarrhalische Rhinitis zählt er dagegen zu den akuten Formen. Diese Unterteilung ist mehr theoretisch als praktisch durchführbar, denn es handelt sich doch nur um verschiedene Ausprägungsgrade der chronisch-hypertrophischen Rhinitis. Auch pathologisch-anatomisch lassen sich diese Formen nur nach dem Grad der Einlagerung neugebildeten Bindegewebes unterscheiden. RUNGE gibt auch zu, daß seine „akute katarrhalische Rhinitis" weitgehend der chronisch hyperplastischen Rhinitis entspricht, indem beide an einen leichter oder stärker ausgesprochenen hyperplastischen Schleimhautcharakter gebunden sind. Was aber besonders auf eine Parallele zur chronischen Schleimhauteiterung des Mittelohres hinweist, das ist die sofort einsetzende, ausgesprochen in Erscheinung tretende Schleimbildung aus der Nase, auch die mehr fleischrote Verfärbung der Schleimhaut, wie sie der chronischen Entzündung entspricht. Auch der langwierige Verlauf, wie die Neigung zu Rezidiven, ist dieselbe. Die Besserung der Rhinitis chronica im Anschluß an eine Adenotomie spricht aber nicht gegen unsere Annahme einer biologisch minderwertigen, daher entsprechend schwer beeinflußbaren Schleimhaut, sondern für die zusätzlich sich ungünstig auswirkende Stagnation des Exkretes in der Nase. Als eindeutiges Beispiel für die Anlagebedingtheit solcher chronischer Rhinitis möge der beigegebene Stammbaum der Familie Pf. gelten (Abb. 54).

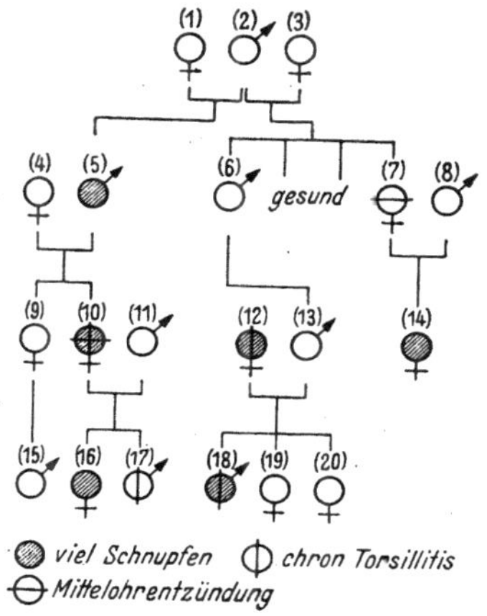

RUNGE unterscheidet schließlich noch eine Rhinitis chronica hyperplastica-fibrosa, die sich aus der Endoskopie insofern ergibt, als durch Adrenalin keine Abschwellung erreicht werden kann. Dies erklärt sich aus der Umwandlung des bindegewebigen Grundstockes in die faserreiche Form, als Folge der chronischen Entzündung einer hypertrophischen Schleimhaut. Es handelt sich also, wie RUNGE sagt, um ein Stadium der „Weiterentwicklung" aus der hyperplastischen, d. h. also biologisch minderwertigen Schleimhaut. So finden wir diese Schleimhaut vor allem bei älteren Hyperplastikern. Die Einlagerung von neugebildetem Bindegewebe läßt sich dann auch an einer blasseren Farbe erkennen. VOGEL findet ferner degenerative Prozesse, also regressive Erscheinungen, nämlich einen allmählichen Schwund der Drüsen, der Gefäße und eine Umwandlung des lockeren Bindegewebes in eine narbenähnliche Form. Das Epithel ist dann durchweg hoch, zeigt auch Metaplasien.

Unter solchen Voraussetzungen bleiben wir besser bei dem ungeteilten Begriff der chronisch hyperplastischen Rhinitis, da die Einlagerung von neugebildetem Bindegewebe wie die Vermehrung aller Bestandteile der Schleimhaut einmal von der Dauer der Erkrankung und zum anderen, wesentlicheren Teil, von der produktiven Reaktion, d. h. der reaktiven Energie des aktiven Mesenchyms abhängt, die naturgemäß alle Spielarten zeigt.

(1) (2) (3)
(4) (5) (6) gesund (7) (8)
(9) (10) (11) (12) (13) (14)
(15) (16) (17) (18) (19) (20)

viel Schnupfen — chron Tonsillitis — Mittelohrentzündung

Abb. 54. Stammbaum der Familie Pf. Der Proband (16) kommt mit einem Siebbeinempyem und geschwollenen Lidern der rechten Seite in die Sprechstunde, zeigt außerdem gleicherseits eine mäßige Einsenkung der Shrapnellschen Membran und eine Narbe im Trommelfell. Die Berücksichtigung der Familie aber ergibt auf eingehendes Befragen folgendes: (5) leidet seit früher Jugend viel an Schnupfen, ist 4—5mal wegen Nebenhöhlenerkrankung operiert worden. (7) leidet an Ohrlaufen seit der Jugend und ist einmal am Ohr operiert worden. (10) ein Muttermilchkind, wurde tonsillektomiert und adenotomiert, letzteres wegen einer anhaltenden Ohreiterung. Jeden Winter Ohrlaufen, nach jeder Erkältung. Zeigt am l. Trommelfell eine große Verkalkung und leichte Shrapnelleinsenkung und r. dasselbe, neben trüber, undurchsichtiger Membran. Leidet dauernd und schon als Kind an Schnupfen, wurde mit 20 Jahren an beiden Kieferhöhlen operiert. Hat alle Kinderkrankheiten durchgemacht. (12) hat „sein Lebtag an Schnupfen gelitten" und wurde dreimal an den Nebenhöhlen operiert, beiderseits. Mandeln in der Jugend gekappt, später enucleiert. Zwischendurch immer wieder Polypen aus der Nase entfernt worden. (17) leidet dauernd an Schnupfen. (16) als Kleinkind blühend, dann nach Keuchhusteninfektion dauernd Schnupfen und Nebenhöhlenkatarrhe. (18) dauernd Schnupfen, früher Rachenmandel entfernt. (17) Mittelohrentzündung, wiederholt. (19) wie (18).

Immerhin läßt sich in Parallele zur chronischen Schleimhauteiterung des Mittelohres auch eine *Säuglingsrhinitis* als früh in Erscheinung tretende chronische Rhinitis unterscheiden. Für die im Anschluß an Masern und Scharlach auftretende chronische Rhinitis, die wir nicht selten beobachten können, gilt wohl dasselbe wie für die chronische Otitis solcher Genese bzw. Manifestation. Darüber fehlt noch die notwendige Forschung.

Muß der Ausgangsort der Nasenpolypen weniger in den Nebenhöhlen, wie es GRÜNWALD annimmt, als vielmehr in den Schleimhautduplikaturen der in die Nasengänge führenden Ostien (UFFENORDE, UNTERBERGER, ZUCKERKANDL u. a.) gesucht werden, so bleibt doch ihre eigentliche Entstehungsursache heute noch strittig. MITTERMAIER ist der Auffassung, daß die Polypen sich aus einer abnormen Gefäßdurchlässigkeit und nicht, wie es v. EICKEN annimmt, aus Stauungserscheinungen und Zirkulationsstörungen erklären. Diese Gefäßdurchlässigkeit ist Ersterem nach die Folge einer toxischen Gewebsschädigung, wie sie sich aus einer entzündlichen Erkrankung oder durch Histamin wohl ergeben kann, auch nimmt er an, daß sie bei manchen Menschen primär bestehe. Nach seinen Beobachtungen zeigt das Gewebe der chronisch-katarrhalisch-hyperplastischen Schleimhaut eine große Neigung, Wasser an sich zu ziehen und dies aus einem primär erhöhten Mineralgehalt, wie ihn auch ERTL nachweisen konnte. Das würde auch die Verdrängungserscheinungen nicht unerheblichen Grades erklären, die sich bei der Polyposis am knöchernen Gerüst der Nase finden, nämlich wie v. EICKEN annimmt, aus der Osmose.

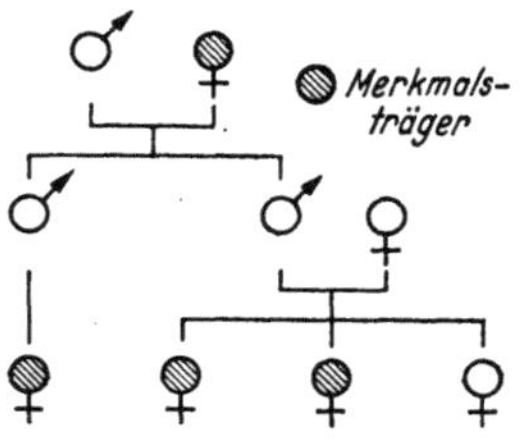

Abb. 55. Polyposis nasi in einer Familie (S).

Angesichts dieser Frage nach der Entstehung der Polypen ist jedoch zunächst, und als eine wesentliche Eigentümlichkeit dieser Erkrankung, die Doppelseitigkeit ihres Auftretens zu beachten, da symmetrische Veränderungen an paarig angelegten Organen kaum allein auf äußeren Einflüssen beruhen. Trifft ferner nach RUNGE zu, daß die normale Schleimhaut nicht zur Polyposis neigt, letztere vielmehr eine hyperplastische Schleimhaut extremen Grades voraussetzt und findet sich gelegentlich auch ein familiäres Vorkommen (s. Abb. 55), so steht, unter Berücksichtigung ihrer chronisch-entzündlichen Natur, die bestimmte Art der anlagebedingten Schleimhautverfassung als erste Voraussetzung für die Entstehung dieser Krankheit außer Zweifel. Schließlich ist die außergewöhnliche Neigung zu Rezidiven, die sich nicht aus der Peristase erklären lassen, hinlänglich bekannt. Allerdings bleibt zu berücksichtigen, daß die histologische Untersuchung der Polypen in nicht seltenen Fällen eine starke Einlagerung eosinophiler Zellen ergibt, die auf eine Allergie um so mehr hinweisen, als bekanntlich bei einer Polyposis gleichzeitig auch einmal eine Rhinitis vasomotoria, Asthma usw. bestehen. Dabei wird zu bedenken sein, was in einer solchen Situation das Primäre ist, die Allergie oder die allergische Reaktion auf eine chronische Entzündung. Schließlich sei aber an dieser Stelle an jene Untersuchungen von A. MAYER erinnert, wonach sich unter Polyposiskranken in der überwiegenden Zahl der Beobachtungen hyperplastische Menschen ergeben haben. Daraus würde sich ohne weiteres die Neigung zu produktiver Reaktion einer in Anlagefaktoren begründeten, d. h. auf einer biologischen Minderwertigkeit der Schleimhaut beruhenden chronischen Rhinitis bzw. auch Sinuitis und damit eben die Erklärung aus einer hypertrophischen Schleimhaut ergeben. Nicht die Polyposis ist also erblich, sondern die Voraussetzung dazu.

2. Die atrophische Form.
(Rhinitis chronica atrophica bzw. Ozaena).

Die atrophische Form der chronischen Rhinitis ist nicht weniger umstritten als die Polyposis nasi. Es kann hier nicht auf alle jene Theorien eingegangen werden, die die Ursache der Erkrankung zu deuten versuchen, auch deshalb, weil sie zum nicht geringen Teil als ungenügend begründet gelten müssen. Sicher erwiesen ist nur das familiäre Vorkommen, wie es aus einer Reihe von Stammbäumen und ferner aus Zwillingsuntersuchungen hervorgeht (ALBRECHT, KAHLER, REICHARD). Zu bedenken ist ferner die Doppelseitigkeit der Erkrankung, die kaum einmal und dann nur graduelle Unterschiede im Vergleich der beiden Nasenhaupthöhlen erkennen läßt, wie schließlich auch die Beteiligung der Nasennebenhöhlen und der tieferen Luftwege. Weiterhin liegt wieder ein ausgesprochen chronisches Leiden vor, das so gut wie unbeeinflußbar, sich in einem Schwund der Schleimhaut äußert. Die genuine Rhinitis atrophica bzw. Ozaena zeigt damit Erscheinungen, die das extreme Gegenteil der Polyposis nasi sind. So steht auch hier die anlagebedingte Verfassung der Schleimhaut als erste Voraussetzung des Leidens von vornherein kaum im Zweifel.

Aus den Ergebnissen seiner Familienforschung hat ALBRECHT den Schluß gezogen, daß bei der Vererbung der Rhinitis atrophica die idiotypischen Eigenschaften einer Schleimhautentzündung, die für die Entwicklung der chronischen Katarrhe bestimmend wirkt, weitergegeben werden müssen. Nach FLEISCHMANN ist es die bestimmte Gewebsanomalie, welche dann mehr oder minder zwangsläufig zur Rhinitis atrophica führt.

Unter solchen Erklärungsversuchen ist jedoch die letzte Ursache der Ozaena noch nicht genannt. Zur Erläuterung dessen, was hier darunter verstanden wird, ist es notwendig, an die im Allgemeinen Teil dieser Mitteilung erwähnten Verhältnisse zu erinnern, die sich auf die Anatomie und die Physiologie der Schleimhäute beziehen. Die biologische Minderwertigkeit wurde demnach nicht nur auf das Epithel, sondern auch auf den bindegewebigen Grundstock bezogen, d. h. schließlich auf alle Bestandteile des Aufbaues.

Es ist FLEISCHMANN, nach dem die Mucosa auf einer embryonalen Entwicklungsstufe stehen bleibt. Wie erwähnt, stützt sich seine Auffassung auf die Anidrosis hypotrichotica. Auch der Ozaenaschädel ist demnach eine Hemmungsbildung, bedingt durch einen Ektodermdefekt, der aus der abhängigen Differenzierung erklärt wird. Auf gleiche Weise sollen auch die Knochenanomalien, d. h. die des Nasengerüstes zustandekommen. So sieht auch SIEBENMANN die primäre Ursache der Ozaena in jener abnormen Breite der Nase und einer dadurch bedingten sekundären Epithelmetaplasie, die auch MEISSNER als kongenital bedingt auffaßt. Diese anatomischen Eigenschaften der Erkrankung können jedoch nicht als genügend erforscht gelten, um so weniger, als noch nicht eindeutig erwiesen ist, ob sie tatsächlich anlagebedingt, ihr Dasein einer Störung der Entwicklungsfunktionen verdanken, oder eine Folge der Schleimhauterkrankung sind. Solange dies nicht sichersteht, wird man in der Annahme eines Ektodermdefektes als ausschließliche Ursache der Ozaena, vorsichtig sein müssen.

Anders liegen die Verhältnisse, was die Entwicklungspotenz der Schleimhaut betrifft (s. Schema S. 124). Unter der Annahme einer anlagebedingt minderwertigen Schleimhaut, von zudem extrem ausgesprochenem Grad, dürfte eine primäre Entwicklungsstörung der Nasennebenhöhlen aus einer entsprechend geringen plastischen Kraft der Schleimhaut kaum bezweifelt werden. Darüber ist das Notwendige bereits genannt worden. Da aber die Entwicklungspotenz aller Wahrscheinlichkeit nach auch in der Entfaltung der subepithelialen Drüsen zum Ausdruck kommen wird, darf auf ihre mangelhafte Entwicklung bei der Ozaena geschlossen werden. Allerdings sind wir darin vorerst auf Vermutungen angewiesen, wenngleich GLASSCHEIB und später SCHÖNLANK einen Mangel an Schleimdrüsen als wichtige Voraussetzung einer Ozaena ansehen. Dieser Mangel ist allerdings nach Ersterem die Folge einer Avitaminose und nicht anlagebedingt, während letzterer ein primäres Ausbleiben annimmt. Auch nach den Beobachtungen von FLEISCHMANN an der Anidrosis fehlen der Ozaenaschleimhaut die Drüsen. Sie sind, das kann als histologisch erwiesen gelten, zwar angelegt, aber nicht ausentwickelt. Der Mangel an Drüsen ist also nicht die Folge der Erkrankung, sondern eine ihrer ursächlichen Faktoren, und zwar aus der Anlage bedingt.

Die Erklärung der Rhinitis atrophica bzw. Ozaena aus der anlagebedingten biologischen Minderwertigkeit der Schleimhaut.

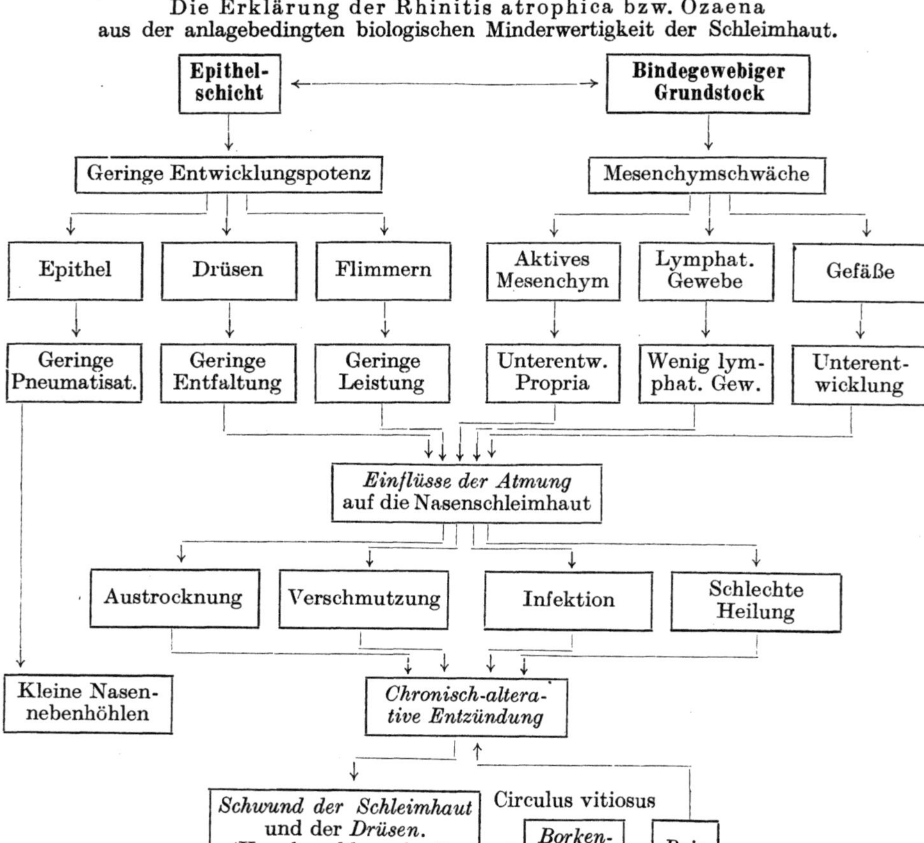

Ob weiterhin aus den gleichen Überlegungen her auch eine geringe Leistungsfähigkeit des Flimmerepithels angenommen werden kann, entzieht sich unserer Kenntnis, sie liegt aber durchaus im Bereich der Wahrscheinlichkeit. Dabei muß berücksichtigt werden, daß die Unterfunktion der Drüsen einer nicht genügend leistungsfähigen Mucosa mit ihrem entsprechend unterentwickelten Blut- und Lymphgefäßapparat nur ganz unzureichende Feuchtigkeitsverhältnisse an der Schleimhautoberfläche schafft, die eine normale Flimmerfunktion nicht zulassen. Die Folgen sind nicht nur Austrocknungserscheinungen, sondern vor allem auch eine starke Verschmutzung der Schleimhautoberfläche, die sich nicht nur mechanisch ungünstig auswirkt, sondern auch das Eindringen pathogener Erreger erleichtert.

Während es sich bisher um das Epithel gehandelt hat, muß weiterhin der bindegewebige Grundstock der Schleimhaut berücksichtigt werden. Ihm kommt, wie erwähnt, nicht nur eine ernährende, sondern auch eine wesentliche Funktion für die Erhaltung der Schleimhaut zu. Neigt aber das Bindegewebe bzw. das aktive Mesenchym der Ozaenaschleimhaut zu alterativer Reaktion bzw. zum Schwund, so deutet dies gewiß auf eine Leistungsschwäche an sich und damit auch auf eine geringe Abwehrbereitschaft gegen äußere Einflüsse aller Art hin. Diese Bindegewebsschwäche hat sich vor allem aus der Untersuchungsreihe von ZINSER ergeben, sie läßt sich aber auch aus den Beobachtungen von ALEXANDER und KATO herleiten, indem sie nicht nur eine morphologische, sondern auch eine funktionelle ist. So findet letzterer unter obduzierten Ozaenapatienten in 68%, der erstere in 44% eine Phthisis pulmonum. Dafür aber kann ursächlich wohl kaum die Ozaena beschuldigt werden, vielmehr der bei diesem Leiden häufig zu beobachtende asthenische Habitus, der seinerseits zur Tuberkulose disponiert.

In diesem Zusammenhang soll auch die Beobachtung von KAYSER genannt werden, wonach bei der Ozaena ein nur mangelhaft entwickeltes lymphatisches Gewebe anzutreffen ist. Aus einer entsprechend abnormen Konstitutionsanomalie erklärt er auch die Ozaena, bei der sich nie große Mandeln finden. Dies ist wohl richtig, es ist aber nicht die mangelhafte Entwicklung des lymphatischen Gewebes, aus der sich die Ozaena herleitet, wieder handelt es sich vielmehr um das unterwertige Mesenchym. STARZ hat aus einer Reihenuntersuchung nachweisen können, daß Astheniker, im Gegensatz zu den pastösen Hyperplastikern, über recht wenig lymphatisches Gewebe verfügen. Auch die Erklärung, wie sie von HALASZ gegeben wird, muß abgelehnt werden, denn aus kleinen Mandeln kann niemals auf innersekretorische Störungen als Ursache der Ozaena geschlossen werden. Schließlich ist der flache Gaumen, den MEISSNER findet, nur ein Hinweis auf die geringe Entfaltung des lymphatischen Gewebes, da der hohe Gaumen bekanntlich das Gegenteil voraussetzt. So kann daraus nur geschlossen werden, daß die atrophische Schleimhaut arm ist an lymphatischem Gewebe. Doch wie sollte es anders sein. Letzteres hängt in der Entfaltung vom biologischen Wert, d. h. schließlich von der Entwicklungs- und Wachstumsenergie des aktiven Mesenchyms ab, dem es genetisch zugehört.

Über das Verhalten des Gefäßapparates in der Schleimhaut der Ozaena wissen wir nur, daß er sowohl durch die Vernarbung des bindegewebigen Grundstockes wie durch eine Endarteritis obliterans erheblich beeinträchtigt wird. Auch an den Schwellkörpern findet UNTERBERGER keine respiratorischen Atemschwankungen, wie übrigens bei allen pathologischen Veränderungen der Schleimhaut erheblichen Ausmaßes. Er erklärt sie aus einem Schwund der ersteren, doch liegt auch hier eine Unterentwicklung bei der Ozaena wieder im Bereich des Möglichen und dies aus den genannten Gründen.

Ohne Zweifel sind es jedoch nicht nur die ungünstigen Eigenschaften der Nasenschleimhaut, die eine Ozaena bedingen, vielmehr auch die vielseitigen äußeren Einflüsse, wie sie sich aus der Atmung ergeben. Erst daraus leiten sich die Voraussetzungen her, die die chronische Entzündung bedingen. Schließlich aber ist die Reaktion der Schleimhaut eine alterative. So kommt im Verlauf der Erkrankung zusätzlich ein Verlust an reaktivem Gewebe zustande. Die Folgen sind eine fortschreitende Austrocknung der Schleimhaut, wie erwähnt, eine entsprechend starke Beeinträchtigung der Flimmerfunktion und damit eine Verschmutzung, die zusammen mit dem eingedickten, minderwertigen Sekret der Drüsen und dem krankhaften Exkret aus der Schleimhaut die charakteristische Borkenbildung erklärt. Letztere aber muß für die Schleimhaut von um so größerem Nachteil sein, als dadurch nicht nur ein ständiger mechanischer Reiz bewirkt, sondern auch die Ansammlung von allerlei Erregern in weitgehendem Maße gefördert wird. Auch wenn diese nur saprophytären Charakter haben, sind sie doch wohl nicht ohne Bedeutung. Daher wird die chronische Entzündung unterhalten, die weiterhin zum Schwund führt und damit wieder zur vermehrten Borkenbildung auf der Schleimhaut. Damit aber wird ein Circulus vitiosus geschlossen, dem unsere ganze Aufmerksamkeit gehört (s. Schema).

Die atrophischen Veränderungen in der Nase beschränken sich aber bekanntlich nicht nur auf die Schleimhaut, sondern betreffen auch den Knochen. Wo aber ein Entzündungsprozeß an einen solchen anstößt, finden sich Ostoklasten und HAWSHIPsche Lacunen. Auf solche Weise wird der Muschelknochen immer kleiner und schwindet schließlich bis auf eine schmale Spange. Aber auch die Verkürzung der Nasenscheidewand, wie sie HOPPMANN findet, ist wohl auf eine gleiche Ursache zurückzuführen. Solange jedenfalls nicht feststeht, ob die Formveränderungen am Nasengerüst schon primär und nicht erst im Stadium der ausentwickelten Erkrankung zustandekommen, wird die Annahme einer sekundären Entstehung naheliegender sein. Jedenfalls ist soviel gewiß, daß der Knochen im Krankheitsgeschehen der Ozaena nicht unbeteiligt ist.

Soll aber schließlich zur Behandlung noch ein Wort gesagt werden, so erscheint die Entfernung der Borken zum Zweck, den genannten Circulus zu unterbrechen, als Methode der Wahl. Zum anderen gilt es, der Schleimhaut die fehlende Feuchtigkeit zu ersetzen, nicht nur um die Neubildung der Borken zu unterbinden, sondern auch um dem Flimmerepithel die notwendigen Voraussetzungen zu bieten. Gleichzeitig wird durch eine fleißige Inhalation auch krankhaftes Exkret weggeschafft. Im Gegensatz dazu muß eine mechanische, wie jede Reizbehandlung nur eine weitere Schädigung der an sich hochempfindlichen Schleimhaut bewirken. Leider aber sind wir heute noch nicht genügend über die Möglichkeiten einer Aktivierung des Mesenchyms unterrichtet.

Ozaena und Pharyngitis bezw. Laryngitis atrophica.

In erheblicher Häufigkeit findet sich bei der Rhinitis atrophica und Ozaena auch eine atrophische Pharyngitis und Laryngitis atrophica. ZINSER beobachtet die erstere in 96,5%, die letztere in 68,9%, während sich aus einer von FLEISCHMANN mitgeteilten Tabelle eine Laryngitis sicca in 66% errechnen läßt. Dieses Zusammentreffen kann kein zufälliges sein. Allerdings wäre das gleichzeitige Vorkommen einer gleichartigen Erkrankung im Rachen und Kehlkopf, falls die Auffassung von FLEISCHMANN zuträfe (wonach die Ozaena auf einem ektodermalen Defekt beruht, der ausschließlich die Nasenschleimhaut betrifft), um so unverständlicher, als gleichzeitig „das Band der Schleimhautatrophien in der gestörten Drüsenfunktion" gesehen wird. Die Ursache dieses Zusammentreffens muß also eine andere sein, wie sich aus folgender Gegenüberstellung mit dem gegensätzlichen Leiden, der Polyposis nasi ergibt. Hier findet A. MAYER eine hypertrophische Schleimhaut im Rachen in 53% und im Kehlkopf in 43%. Somit ist nicht nur zu beobachten, daß beide Leiden sich am ausgesprochensten in der Nase auswirken, sondern die dabei bestehenden Schleimhautveränderungen auch von der Nase zum Rachen und von diesem zum Kehlkopf in nahezu übereinstimmender Weise abnehmen. Auch eine weitere Untersuchungsreihe von KNÖDLER an Patienten mit chronischer Mittelohrentzündung zeigt dasselbe Bild. Schließlich sei in diesem Zusammenhang daran erinnert, daß der akute Schnupfen viel häufiger ist als die akute Pharyngitis und diese wieder häufiger als die akute Laryngitis. Dies aber weist ohne Zweifel auf die Einflüsse der Peristase hin, wie sie sich aus der Atmung ergeben und die Nase, ihrer exponierten Lage wegen, am stärksten betreffen. Wären die Schleimhäute der Luftwege, wie es die Anhänger der bakteriellen Aera annehmen, von durchgehend gleicher Beschaffenheit, so müßten die Austrocknungserscheinungen im Rachen und Kehlkopf, bedingt einerseits durch die Polypen-, andererseits durch die Borkenbildung in der Nase, mehr oder weniger übereinstimmen. In Wirklichkeit und in einem bemerkenswerten Gegensatz zur Ozaena geht aber die Polyposis nasi selten mit atrophischen Veränderungen im Rachen und Kehlkopf einher, zeigt vielmehr, wie oben erwähnt wurde, eine Neigung zur Hypertrophie (A. MAYER). So treten also zwei extrem verschiedene Reaktionen auf Einflüsse gleicher Art auf. Die Ursache muß also in der Schleimhaut gesucht werden, d. h. in ihrer Eigenart, äußere Einflüsse zu beantworten. Der Neigung der Nasenschleimhaut zur Hypertrophie bzw. zur Atrophie entspricht dieselbe Neigung der Schleimhaut des Rachens und des Kehlkopfes. Als weiterer Beweis kann aber das Verhalten der Mittelohrschleimhaut gelten. ZINSER findet bei der Ozaena in rund 90% und MAYER bei der Polyposis nasi in rund 93% ein von der Norm abweichendes Bild des Trommelfells. So entspricht diese Beobachtung der Auffassung von W. ALBRECHT, wonach sowohl bei der Ozaena wie bei der Polyposis nasi eine anlagebedingte Schleimhautminderwertigkeit vorliegt. Sie unterscheidet sich in der Art der Reaktion auf äußere Einflüsse in einer alterativ-atrophischen im einen und einer produktiven im anderen Fall.

3. Die Sinuitis chronica.

Für die chronische Entzündung der Nasennebenhöhlen gilt wohl praktisch dasselbe wie für die übrigen Schleimhäute der oberen Luftwege. RUNGE unterscheidet eine chronisch-katarrhalische und eine chronisch-eitrige Form. Auch hier ist wieder zwischen produktiven und alterativen Reaktionen der Schleimhaut zu unterscheiden, die allerdings durch die besonderen Verhältnisse der Nasennebenhöhlen, vor allem die Stauungserscheinungen gelegentlich kombiniert in Erscheinung treten. Eine starke Vermehrung der normalen Bestandteile der Schleimhaut ist, ähnlich wie im Mittelohr, auf solche Umstände zu beziehen. Auch hier geht die chronisch-hypertrophische Form der Schleimhaut schließlich in eine fibröse Form über als Folge der Weiterentwicklung bzw. der Vernarbung des im Grundstock der Schleimhaut neugebildeten Bindegewebes. Leider sind unsere Kenntnisse darüber hinaus noch recht beschränkt. Hier bietet sich ein dankbares Feld für die weitere Forschung, auch was die Möglichkeit der Beteiligung der Nebenhöhlen bei allergischen Erkrankungen betrifft.

4. Polyposis laryngis.

Setzte der Kehlkopfpolyp eine entzündliche Erkrankung der Schleimhaut voraus, so müßte, falls unsere Auffassung über die Art der Abhängigkeit produktiver Reaktionen zu Recht besteht, auch eine Beziehung dieser Erkrankung zum Habitus bestehen. Darüber hat auf Grund einer Reihenuntersuchung an 19 Fällen WÜSTHOFF berichtet. Zunächst sei vorausgeschickt, daß der bindegewebige Grundstock der Kehlkopfschleimhaut in der Gegend der vorderen Kommissur der Stimmbänder aus zarten und locker gefügten Bindegewebsfasern besteht, die von ebenso zarten elastischen Fasern durchflochten werden. CHIARI, HAJEK und LANGE haben nun festgestellt, daß die Polypen scharf abgesetzte Hypertrophien eben dieser bindegewebigen Anteile der Stimmlippen darstellen. Soweit ist es also die Schleimhaut, an der sich das krankhafte Geschehen abspielt, und zwar deren lockeres Bindegewebe, also das Mesenchym. Da letzteres aber der Schauplatz der Entzündung ist, ergibt sich daraus von vornherein ein Hinweis auf die entzündliche Genese der Polypen. Dies bestätigen die Beobachtungen einer Reihe von Autoren, die eine entsprechende Anamnese erheben konnten, wie auch der pathologisch-histologische Befund (CHIARI, ALEXANDER, HAJEK, LANGE, VAHERI u. a.). Dabei soll nicht in Abrede gestellt werden, daß auch funktionell-mechanische Faktoren im Spiele sein können.

Sind somit die Polypen des Stimmbandes umschriebene Hyperplasien des epithelialen Gewebes, im wesentlichen auf entzündlicher Basis entstanden, dann müßten erbliche Einflüsse eine Rolle spielen. Darüber ist wenig bekannt, doch lassen die bereits genannten Umstände darauf schließen, nämlich die anlagebedingte Schleimhautanfälligkeit, aus der sich der chronische Katarrh erklärt und die produktiv-entzündliche Reaktion, die in Beziehung steht zur Aktivität des Bindegewebes. FAUVEL und POYET berichten von einem Bruder und dessen Schwester und ferner von zwei Brüdern, die wegen Polyposis laryngis behandelt werden mußten. Auch JURAZ gibt die Möglichkeit zu, daß erbliche Veranlagung der auslösende Faktor bei der Entstehung der Kehlkopfpolypen sei. Nachdem aber schon RUNGE und A. MAYER zeigen konnten, daß die Voraussetzung für die Entstehung der Nasenpolypen die hyperplastische Schleimhautgrundlage ist, konnte WÜSTHOFF denselben Nachweis für die Kehlkopfpolypen erbringen. Letzterer stellt die Schleimhauthyperplasie dann nicht nur im Bereich der Stimmlippen, sondern auch am gesamten Schleimhauttrakt fest. Schließlich ergab aber die genannte Reihenuntersuchung eine unverkennbare Beziehung zum Habitus hyperplastischer Art. Dies beweist auch der Umstand, wonach unter den Erkrankten besonders Schmiede und Schlosser, also Berufe vertreten waren, die einen kräftigen Körperbau voraussetzen.

Das lymphatische Gewebe.

Allgemeines.

Die Anatomie der lympho-epithelialen Organe muß als bekannt gelten. So bedarf es wohl nur eines kurzen Hinweises auf den feingeweblichen Aufbau. Das lymphatische Stroma besteht aus einem sehr locker gefügten, syncytialen Bindegewebe, in das weiße Blutzellen eingestreut sind. Damit gehört das lymphatische Gewebe gleich dem bindegewebigen Grundstock der Schleimhaut zum Retikuloendothel; es geht jedenfalls aus dem Mesenchym hervor.

Auf histologischen Schnitten tritt eine besondere Differenzierung des Gewebes in runde, „helle Zonen" hervor, deren Bedeutung noch nicht als sicher erkannt gelten kann. FLEMMING hat sie in der Annahme, es handele sich um Brutstätten von weißen Blutzellen, als Keimzentren bezeichnet, während HEIBERG die Auffassung vertritt, daß es sich um Reaktionszentren handelt, worin eine planmäßige Vernichtung weißer Blutzellen vor sich geht. Doch werden die Zentren von letzterem nicht nur als Ausdruck defensiver Reizzustände des retikuloendothelialen Systems im Anschluß an Infektionen aufgefaßt, sondern auch als normaler Bestandteil des lymphatischen Gewebes. ASCHOFF glaubt, daß es Reaktionsherde gegen einwandernde Toxine sind, die im Notfall auch Lymphocyten bilden können.

Von dieser Auffassung ist die von FLEMMING am wahrscheinlichsten, wenn das anatomische Substrat berücksichtigt wird. Diese „helle Zonen" sind eine normale Erscheinung im Mandelgewebe und kommen in großer Zahl vor. Sie zeigen stets nach dem Lumen der entsprechenden Krypte hin, eine im Schnitt halbmondförmige, besondere Schicht, die von M. HEIDENHAIN als Kopfkappe bezeichnet wurde. Es handelt sich in ihrem Bereich um eine dicht gedrängte Einlagerung weißer Blutzellen und um eine auffallende Retikulierung des Kryptenepithels. Dies kann nur aus einer entsprechenden Vermehrung der Zellen bzw. aus der Auswanderung ins freie Lumen gedeutet werden. Zu berücksichtigen ist auch die tiefe Einsenkung der Krypten und die Anordnung der hellen Zonen rings um diese. Dadurch treten letztere, trotz ihrer großen Zahl, überall in nächste Nachbarschaft zum Epithel.

Die Physiologie der Tonsillen ist sehr verschieden gedeutet worden ohne Berücksichtigung des Umstandes, daß lymphatisches Gewebe, auch in organartiger Anhäufung, sich überall in den Schleimhäuten findet (Processus vermiformis, PAYERsche Plaques). Wird von der einen Seite ihre besondere Aufgabe im Wasserhaushalt des Rachens gesucht, so ist zu bedenken, daß entsprechende anatomische Voraussetzungen dafür fehlen. Dasselbe gilt für die Möglichkeit einer Lymphdrüsenfunktion, denn wir kennen keine zuführenden Lymphgefäße (SCHLEMMER), auch keine Lymphsinus, wie sie für diese charakteristisch sind. Die nach Operationen an der Nase selten genug auftretende Angina kann jedenfalls nicht als Beweis dafür gelten. Im allgemeinen ist ferner die innere Sekretion an bestimmte Organe gebunden. Die Tonsillen bestehen ausschließlich aus Epithel und lymphatischem Gewebe, während die organartige Anhäufung im Rachen allein kaum eine Funktion erlaubt, wie sie in letzter Zeit vor allem von FLEISCHMANN angenommen wird. Die Beeinflussung des Körperwachstums und der Geschlechtsreifung bei jungen Menschen (PELLER) im Anschluß an eine Mandelausschälung erklärt sich viel eher aus der Beseitigung der chronischen Tonsillitis bzw. eines Infektherdes und der dadurch bedingten Besserung des Allgemeinzustandes. Dies geht auch aus einer Reihe anderer Erscheinungen deutlich genug hervor (Gewichtszunahme, geringere Ermüdbarkeit u. a.).

Um die physiologische Bedeutung der Tonsillen zu erklären, muß in erster Linie berücksichtigt werden, daß sie, wie erwähnt, zum Retikuloendothel bzw. zum aktiven Mesenchym gehören und daß ihnen damit nur eine Rolle bei der Abwehr äußerer Einflüsse, vor allem bakterieller Art, zukommen kann. Daher die besondere Anhäufung lymphatischen Gewebes im WALDAYERschen Schlundring als Schutzwall an der Pforte der Luft- und Speisewege wie der Ohrtrompete (STÖHR, HEUBERG). EIGLER lehnt eine solche Auffassung ab. Zu berücksichtigen ist aber ferner die Größenzunahme im ersten Lebensjahrzehnt und die physiologische Involution im zweiten und dritten. Hat sich der Organismus im Laufe des Lebens die notwendigen Immunstoffe gesammelt, dann verlieren die Tonsillen an Bedeutung, so wie letztere umgekehrt in der Jugend sehr groß ist. Mit dieser Auffassung würde sich auch die Annahme von DIGBY decken, nach der die Tonsillen Antikörper bilden. Die Tonsillen sind also Schutzorgane für die Infektabwehr und haben darüber hinaus wohl keine spezifische Funktion.

I. Die Varianten der Tonsillen.

Vergleicht man das Mandelgewebe, etwa bei einer Reihenuntersuchung, so fällt die verschiedene Entfaltung besonders auf. Wie kurz angedeutet, hängt dieser Umstand einmal vom Alter ab. In der Jugend und auch noch in der reifen Jugend ist eine gute Entfaltung physiologisch (NAEGELI). Dann geht das lymphatische Gewebe unter normalen Verhältnissen mehr und mehr und derart zurück, daß etwa zur Zeit der Pubertät die Involution der Rachenmandel abgeschlossen ist. Später, nach dem 20. Lebensjahr etwa, verlieren auch die Gaumenmandeln an Größe, ohne jedoch völlig zu verschwinden. Die Größenbeurteilung der Tonsillen hat also zunächst diesen Umstand zu berücksichtigen.

A. Die morphologischen Faktoren.

Die Vererbungsforschung beweist, einer ärztlichen Erfahrung entsprechend, daß die Größe der Mandeln zum wesentlichen Teil anlagebedingt ist. An eineiigen Zwillingen in einem Durchschnittsalter von 12 Jahren hat sich ein auffallend gleiches Verhalten gezeigt, nämlich unter 13 Paaren bei 12 eine große Rachenmandel. Ganz dasselbe besagen 24 Paare mit involvierten Rachenmandeln, von denen nur 2 eine Differenz erkennen lassen (M. SCHWARZ). Die bei eineiigen Zwillingen gleiche, übrigens bei zweieiigen Zwillingen viel geringere Konkordanz, ist als Beweis für die Auswirkung der Anlage des lymphatischen Gewebes um so mehr zu beachten, als die physiologische Involution durch Katarrhe der Luftwege im allgemeinen ungünstig beeinflußt wird. Gleiche Involution setzt also nicht nur die gleiche Anlage des lymphatischen Gewebes, sondern auch der Schleimhaut voraus. Über die Gaumenmandel ist dasselbe zu berichten. SIEMENS konnte eine völlige Übereinstimmung bei 10 eineiigen Zwillingspaaren beobachten, während 3 zweieiige Zwillingspaare sich diskordant verhalten. Unter den 11 eineiigen Zwillingspaaren, über die WEITZ berichtet, zeigen 10 eine Hypertrophie der Tonsillen, beim Paar hatte nur der eine Zwilling große Mandeln.

Unter Berücksichtigung der genannten Zugehörigkeit des lymphatischen Gewebes ist der große Konkordanzunterschied zwischen eineiigen und zweieiigen Zwillingen nicht verwunderlich. Wir dürfen aber bei den engen Beziehungen zum bindegewebigen Grundstock der Schleimhaut schließen, daß die Variabilität jeweils die gleiche ist und daß auch hier Beziehungen zum Körperbau (STARZ) zum Ausdruck kommen. Dies hat eine Reihenuntersuchung an 250 Studenten eindeutig ergeben. Unter den Hyperplastikern unserer Einteilung, d. h. den Pyknikern und Muskulären KRETSCHMERs, fanden sich vorwiegend derbe Tonsillen, weiche dagegen unter den Hypoplastikern bzw. bei den Asthenikern. Kommt hier nicht nur der Charakter des Bindegewebes, sondern auch die Art der Reaktion des Mesenchyms, die sich bei der Aufgabe der Tonsillen in besonderem Ausmaße auswirken muß, zum Ausdruck, so ist daher eine Analogie zur Variabilität der Schleimhaut wahrscheinlich.

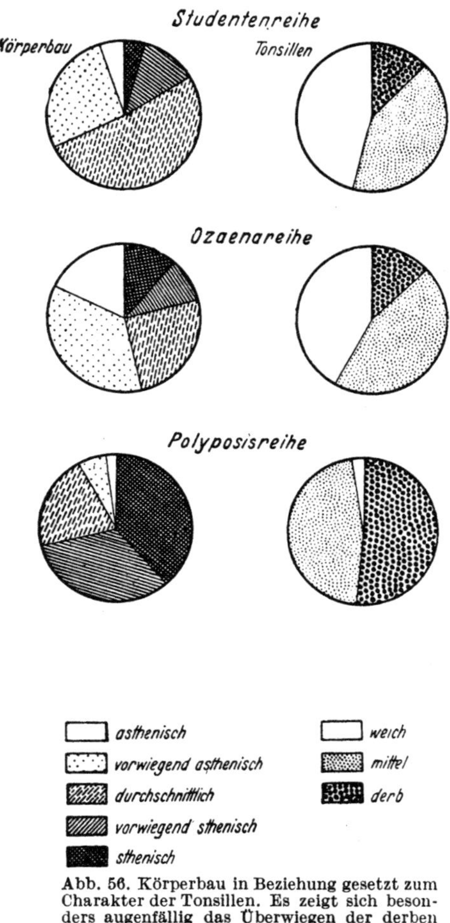

Abb. 56. Körperbau in Beziehung gesetzt zum Charakter der Tonsillen. Es zeigt sich besonders augenfällig das Überwiegen der derben Tonsillen in der Polyposisreihe.

B. Die Leistungsfaktoren.

An zweierlei ist in diesem Zusammenhang erneut zu erinnern, an die Zugehörigkeit des lymphatischen Gewebes zum Retikuloendothel und an die aktive Energie des Mesenchyms, die in Beziehung steht zur Art des Körperbaues. Daher erklärt sich, daß die Größe und das Verhalten der Tonsillen in hohem Maße von der Gesamtkonstitution abhängt. Ferner ist zu erwarten, daß äußere Einflüsse entweder eine produktive oder eine alterative Reaktion des lymphatischen Gewebes auslösen und damit zu einer Hypertrophie oder zu einer Atrophie der Tonsillen führen. Diese Annahme stimmt auch mit den histologischen Untersuchungen von SCHÜTZ überein, wonach ein Entzündungsreiz zunächst durch eine funktionelle Mehrleistung, durch eine lymphatische Reaktion beantwortet wird. Erreicht die Entzündung jedoch stärkere Grade und gewinnt, wie SCHÜTZ schreibt, die Oberhand, dann tritt eine fibro-vasculäre Reaktion in Erscheinung. An Stelle des lymphatischen Gewebes bildet sich unspezifisches Granulationsgewebe. Die Tonsille wird klein, gewinnt aber gleichzeitig an Konsistenz.

In unseren Reihenuntersuchungen sind ferner unter Berücksichtigung entsprechender Verhältnisse die Gaumenmandeln dem Habitus gegenübergestellt worden (STARZ) (s. Abb. 56). Sind die genannten Voraussetzungen richtig, dann ist zu erwarten, daß die fibro-vasculäre Reaktion nach ihrem Ausgleich zu einer Konsistenzzunahme der Tonsillen im Verhältnis zum Körperbautyp führt. Tatsächlich hat sich ergeben, daß in der im allgemeinen Teil erwähnten Untersuchungsreihe von Patienten, die an Polyposis nasi erkrankt sind und in der die Hyperplastiker überwiegen, sich vor allem kleine, derbe und ganz gering zerklüftete Tonsillen finden. In der Reihe der Ozaenakranken, in der die Hypoplastiker überwiegen, ist dagegen ein entgegengesetztes Verhalten zu beobachten, indem die weichen und mittelweichen Tonsillen viel häufiger sind als die derben (Verhältnis 42:45:13 gegenüber 11:46:51).

Die Erklärung für diese Beziehung zwischen Tonsillen und Habitus ist im Mengenverhältnis des fibrillären Bindegewebes zu suchen, denn letzteres bedingt die Zunahme der Konsistenz. Die kleine und derbe Tonsille wird also weniger lymphatisches als kollagenes Gewebe enthalten. Dies kann sich einerseits aus der physiologischen Involution ergeben, wenn an sich reichlich vorhandenes fibrilläres Bindegewebe, durch ein Zurückgehen des lymphatischen, relativ an Menge gewinnt. Handelt es sich um die Folgen äußerer Einflüsse, so ist zu erwarten, daß der Hyperplastiker, der Art seines aktiven Mesenchyms wegen, mit einer produktiven Reaktion, d. h. einer entsprechenden Einlagerung von Narbengewebe antwortet. Die Tonsille wird also derb und gleichzeitig kleiner, weil spezifisches Stroma verloren geht. Die geringe Zerklüftung erklärt sich wohl aus dem entsprechenden Narbenzug. Beim Hypoplastiker bewirkt die Umwelt dagegen eine alterative Reaktion; dabei wird aber der Verlust an lymphatischem Gewebe nicht durch kollagenes Gewebe ausgeglichen. Bei gleichbleibender Größe sind also die Tonsillen unvermindert weich, dabei stark zerklüftet.

II. Die Typen der Variabilität.

A. Die großen und die kleinen Mandeln.

Wie sich an der Schleimhaut eine mesoplastische von einer hyper- und einer hypoplastischen Form unterscheiden läßt, kommen nach dem, was näher erörtert wurde, hyperplastische, sog. große Mandeln und hypoplastische, kleine Mandeln als rein anlagebedingte Varianten vor. *Große Mandeln* müssen also nicht krank sein, vielmehr ist die Größe variabel, auch ohne daß Umweltfaktoren im Spiele sind. Mit Rücksicht auf die klinische Beurteilung der Tonsillen soll nur soviel Erwähnung finden, daß die Größe als anlagebedingt gelten kann, wenn die Mandel gesund ist und auch keine Lymphdrüsenvergrößerung am Kieferwinkel besteht. Allerdings muß zugegeben werden, daß eine derartige Entscheidung nicht immer leicht ist. Nach NAKAJIMA ist die hochgradige Tonsillenhyperplasie stets erblich.

B. Die hypertrophischen und die atrophischen Mandeln.

Anders liegen die Verhältnisse bei den *hypertrophischen* und *atrophischen* Tonsillen. Erstere zeichnen sich durch eine starke Vermehrung des lymphatischen Stromas, nicht des fibrillären Bindegewebes aus. Es erfahren dabei die „hellen Zonen" eine ganz erhebliche Vergrößerung, verlieren auch ihre runde Form und werden unregelmäßig gelappt. Das Lumen der Krypten wird zugunsten des lymphatischen Gewebes in einer Weise verengt, daß man auf histologischen Schnitten Mühe hat, die epitheliale Auskleidung zu finden. Die Tonsillen sind sehr groß und nehmen ein ausgesprochen knollenartiges Aussehen an. Die Trabekel aus kollagenem Bindegewebe treten ganz auffallend stark zurück. Zweifellos ist die große Tonsille auch vom vermehrten Flüssigkeitsgehalt abhängig, wie ALBRECHT mit Hilfe der Blasenmethode und durch Veraschung der Tonsillen nachweisen konnte.

Die hypertrophischen Tonsillen leiten sich nach der Auffassung von GUSTAVIO entweder aus häufigen Infekten der oberen Luftwege, die ihrerseits eben auf eine Schleimhautminderwertigkeit zurückzuführen sind, oder ferner aus der lymphatischen Diathese her.

Die durch alterative Entzündungsschübe bedingten atrophischen Tonsillen sind nicht in jedem Fall klein, aber mehr oder weniger stark zerklüftet. Wie erwähnt, beruht dies auf dem Verlust spezifischen Gewebsstromas. Die „hellen Zonen" sind klein und verschwinden stellenweise ganz. Auf dem histologischen Schnitt fallen, neben der Verdickung der Tonsillenkapsel, ganz besonders die verbreiterten bindegewebigen Trabekel auf, die wohl im wesentlichen, neben der Einlagerung kollagener Fasern ins lymphatische Gewebe, die Zunahme der Konsistenz bedingen. Daß sich in den erweiterten Krypten allerlei Detritus ansammelt, sei, ebenso wie die hypertrophische Verdickung ihres Epithels, nebenbei erwähnt.

III. Das biologisch vollwertige und das minderwertige Mandelgewebe.

Auch das Mandelgewebe ist von biologisch verschiedener Wertigkeit. Diese steht zweifellos in einem engen Verhältnis zu der Wertigkeit der Schleimhaut, denn sie ist von den gleichen Voraussetzungen abhängig. Demnach muß zwischen biologisch hochwertigen und biologisch minderwertigen Tonsillen unterschieden werden. Erstere erhalten sich, von überwertigen Einflüssen abgesehen, durch das ganze Leben gesund, letztere erkranken leicht und zeigen dann schließlich das genannte Bild der hypertrophischen bzw. atrophischen Mandeln. Auch ist zu erwarten, daß sich lymphatisches Gewebe und Schleimhäute gegenseitig beeinflussen.

Die hypertrophische Tonsille findet sich vor allem bei der lymphatischen Diathese. Bekanntlich verstehen wir darunter eine Krankheitsbereitschaft, die aus einer anlagebedingten Empfindlichkeit gegen endogene und exogene Einflüsse beruht. Dadurch werden bestimmte Krankheitszeichen ausgelöst. Der Habitus ist im Gegensatz zur exsudativen Diathese immer ein pastöser. Das lymphatische Gewebe zeichnet sich durch eine besondere Neigung aus, sich zu vermehren. Dabei spielen Ernährungs- und Stoffwechselstörungen eine Rolle, die allem Anschein nach eine starke Flüssigkeitsspeicherung und eine Vermehrung der Lymphe bedingen.

Auch der in der Hals-, Nasen-, Ohrenheilkunde sog. „adenoide Habitus" ist in erster Linie von der Erbmasse her bedingt. Bekanntlich kommt er durch eine Vergrößerung der Rachenmandel zustande und zwar infolge einer lymphatischen Diathese oder infolge eines minderwertigen lymphatischen Gewebes, das zur produktiv-hypertrophischen Reaktion neigt. In diesen Fällen ist dann meist auch der übrige Schleimhauttrakt nicht leistungsfähig, wie sich aus folgenden zwei Beobachtungen ergibt.

Ilse und Erna B., 7 Jahre, sehr wahrscheinlich eineiig, werden zur Behandlung gebracht wegen Schnarchen bei Nacht, Mundatmung und häufigen Katarrhen.

Befund bei beiden in gleicher Weise: etwas blasses Aussehen. Offener Mund, verstrichene Nasolabialfalte (s. Abb. 57). Nasenschleimhaut etwas blaß, verschmutzt. Nasenvorhof sehr feucht, schleimig belegt. Große Rachenmandel. Die rechte Gaumenmandel bei beiden deutlich größer als die linke. Mäßig hoher Gaumen bei beiden. Die Trommelfelle reizlos, intakt, aber matt, stark getrübt und undurchsichtig. Einziehung der Membrana flaccida jeweils links etwas ausgeprägter als rechts. Pneumatisation des Warzenfortsatzes von mittlerer Ausdehnung, etwas irregulär. Nach der Adenotomie tritt 6 Tage später bei beiden eine rechtsseitige Otitis media acuta auf, die rasch ausheilt.

Es handelt sich zweifellos um eine anlagebedingte Hypertrophie der Rachenmandel, worauf auch die bei beiden durchaus übereinstimmende, aber verschieden große Entfaltung der Gaumenmandeln hinweist. Auch die Schleimhäute sind nicht ganz vollwertig.

Hellmuth und Heinz W., 14 Jahre, eineiige Zwillinge. Keine Katarrhe, aber bei beiden Masern, Keuchhusten, Mumps und Windpocken in der Anamnese.

Befund: Etwas blasses Aussehen. Offener Mund, verstrichene Nasolabialfalte. Nasenschleimhaut etwas schleimig belegt. Mittelgroßes Rachenmandelpolster. Leicht hyperplastische Tonsillen, nicht gerötet, kaum zerklüftet, kein krankhaftes Exkret. Trommelfelle reizlos, intakt, mattglänzend, etwas trüb, Membrana flaccida an allen 4 Ohren eingezogen, auch die Membrana tensa in geringem Grad. Warzenfortsätze kompakt.

Auch hier liegt eine anlagebedingte Hyperplasie der Rachenmandel vor.

Die Bedeutung der Anlage für die Erkrankung der Mandeln geht recht eindeutig aus dem Vorkommen von chronischer Tonsillitis in Familien hervor. Wir verdanken entsprechende Untersuchungen ALBRECHT, auch STARZ aus der Tübinger Klinik. Bei einem eineiigen Zwillingspaar ferner, das gleichzeitig operiert wurde, waren die pathologisch-anatomischen Veränderungen dieselben. Bemerkenswert ist, daß in manchen Familien auch eine Neigung zum peritonsillären Absceß besteht, wie sich aus entsprechenden Stammbäumen ergibt. Es liegt auch die Beobachtung eines eineiigen Zwillingspaares vor, das an wiederholten Mandelabscessen erkrankt war. Der eine Partner mußte deshalb zweimal, der andere fünfmal incidiert werden. Die Ursache der Abscesse ist aber wohl kaum im morphologischen Verhalten der Tonsillen, etwa in dem der Krypten zur Kapsel, zu suchen, vielmehr wieder in der Minderwertigkeit des Gewebes. Je ausgesprochener diese in Erscheinung tritt, um so eher ist damit zu rechnen, daß sich der einzelne Entzündungsschub nicht auf die Tonsille beschränkt, sondern die Nachbarschaft, also das peritonsilläre Gewebe in Mitleidenschaft zieht. Dies trifft tatsächlich häufiger zu, wie es die schlechte Luxierbarkeit der Tonsillen in solchen Fällen beweist. Die geringe Leistungsfähigkeit des aktiven Mesenchyms in diesen Fällen geht aber aus der Beobachtung hervor, wonach die nach Angina gelegentlich auftretende Sepsis in erster Linie asthenisch-hypoplastische Menschen trifft. SCHÜTZ hat beobachtet, daß die peritonsilläre Entzündung entlang den Blutgefäßen bei der hypertrophischen Form mit produktivem Charakter, meist gekennzeichnet durch eine gleichfalls hypertrophische Rachenmandel, bei 50% Komplikationen die bessere Prognose zeigt, gegenüber der atrophischen bei 75% Komplikationen.

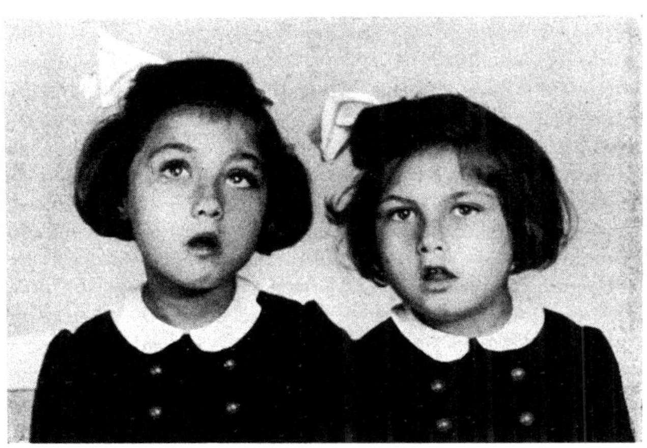

Abb. 57. Eineiiges Zwillingspaar mit großen Rachenmandeln. Man beachte bei beiden die Facies adenoidea bzw. den offenen Mund. Einzelheiten siehe Text.

Schließlich soll nicht unerwähnt bleiben, daß auch für die Entstehung der Agranulocytose nicht nur äußere, sondern auch konstitutionelle Faktoren eine Rolle spielen (SCHÜTTENHELM, H. UFFENORDE). Handelt es sich dabei um eine Schädigung des leukopoetischen Apparates, so ist eine Erklärung aus der anlagebedingten Eigenart des Retikuloendothels, d. h. seiner Minderwertigkeit und frühen Erschöpfbarkeit sehr naheliegend.

Das Verhalten der Mandeln ist damit in erster Linie von der Anlage des lymphatischen Gewebes, d. h. von seiner biologischen Leistungsfähigkeit abhängig. Je nachdem bleiben sie von äußeren Einwirkungen unbeeinflußt oder verändern sich abhängig von der Reaktion des aktiven Mesenchyms. Aber auch die Komplikationen nach Mandelentzündungen hängen von diesen Umständen zum wesentlichen Teil ab.

Rückblick und Ausblick.

Unter den Problemen dieser Abhandlung stehen zwei weit im Vordergrund: die *formbildende Funktion der Schleimhaut*, d. h. ihres Epithels und die *Aufgabe des Retikuloendothels* bzw. *aktiven Mesenchyms*. Ohne Zweifel gehört ersteres zu den bedeutungsvollsten, aber nach wie vor auch umstrittensten Kapiteln der Schleimhautbiologie. Daraus erklärt sich der hier unternommene Versuch, ein möglichst umfassendes Bild der Pneumatisationslehre zu entwerfen, sowie gleichzeitig die noch immer geteilte Auffassung über den Einfluß der Anlage und der Umwelt auf einen Nenner zu bringen. Der Nachweis der Entwicklungsvorgänge, wie der Ursache individueller Variabilität von Form und Funktion in ihren letzten Einzelheiten steht allerdings noch aus. Obwohl die bisher geübten Forschungsmethoden anscheinend erschöpfende Möglichkeiten zu bieten hatten, reichten sie für diese letzten Erkenntnisse nicht aus. Dies trifft auch für die reine Morphologie zu, die uns nur Zustandsbilder vermittelt. Als einzige Möglichkeit bleibt schließlich nur die Vermutung eines unsichtbar gesteuerten Kräftespiels im Entwicklungsgeschehen, wie es durch die jüngste erbbiologische Forschung tatsächlich in Form der „Genwirkstoffe" erwiesen werden konnte. Wir wissen heute ferner, daß als unterste Lebenseinheit nicht mehr die Zelle als Ganzes gelten darf, vielmehr der Erbfaktor, also das Gen. Bei der Merkmalsbildung und damit wohl auch bei der Pneumatisierung des Warzenfortsatzes und des Gesichtsschädels aber spielen jene Wirkstoffe die entscheidende Rolle, indem sie von Zelle zu Zelle oder durch die Körperflüssigkeit weitergegeben, nur von solchen Geweben verarbeitet werden, die zu dieser Zeit dafür empfänglich sind. Naturgemäß beeinflußt aber nicht jeder Wirkstoff jedes Substrat, während die Beschränktheit der Genwirkung nur bestimmte Strukturen entstehen läßt (Gottschewski). Der Forschung stehen hier recht wesentliche Erkenntnisse bevor, die nicht ohne Einfluß auf die Pneumatisationslehre sein werden und die auch schließlich eine völlige und eindeutige Erklärung der individuellen Variabilität und ihrer formalen Genese erhoffen lassen.

Das andere Problem betrifft das *Retikuloendothel*, einerseits *seine Beziehungen zum Körperbau* und andererseits *seine Bedeutung für den individuell wechselnden Ablauf entzündlicher Abwehrreaktionen im Fall ungünstiger Umwelteinflüsse.* Im Hinblick auf die Allergie jedenfalls und den in jüngster Zeit zu ihrer Erklärung mehr und mehr in den Vordergrund gerückten Einfluß des Zentralnervensystems, mag eine Beschränkung dieser Abhandlung auf den Gefäß-Bindegewebsapparat bzw. das Mesenchym als zu einseitig erscheinen. Dies gilt um so mehr als Kalbfleisch neuerdings darauf hinweist, daß es ohne primäre Beteiligung des Nervensystems auch keine anaphylaktische oder sonstige allgemeine und örtliche Reaktion geben könne und daß ferner das Nervensystem immer den Ablauf der Geschehnisse bestimme. Diese Vernachlässigung des Nervensystems läßt sich jedoch aus zweierlei Umständen erklären. Zum ersten haben die Forschungserkenntnisse auf diesem Gebiet vor allem durch SPERANSKI eine völlig neue Situation geschaffen, die erst noch der Nachprüfung bedarf, zum andern aber fehlen die Voraussetzungen einer Urteilsbildung aus eigener experimenteller Bearbeitung dieser schwierigen Frage.

Schrifttum.

ADAM u. CURTIUS: Individualpathologie. Jena: G. Fischer 1939. — ALBRECHT, W.: Erbbiologie und Erbpathologie des Ohres und der oberen Luftwege. Hdb. d. Erbbiol. d. Menschen von JUST, IV, 1. Berlin: Julius Springer. — Pneumatisation und Konstitution. Z. Hals- usw. Hk. **10**, 51; **20**, 213. — Mittelohreiterung und Pneumatisation des Warzenfortsatzes. Z. Hals- usw. Hk. **10**. — Die Bedeutung der Konstitution bei den Erkrankungen des Ohres usw. Z. Laryng. usw. **14**, 1. — Die Bedeutung der Keimsubstanz für die Entstehung der Ozaena. Z. Hals- usw. Hk. **15**. — Die Bedeutung der Erbmasse bei Infektionen der Schleimhäute usw. Acta oto-laryng. (Stockh.) **11**, 16 u. Z. Hals- usw. Hk. **40**, 295. — Zur Frage der Pneumatisation des Mittelohres usw. Acta oto-laryng. (Stockh.) **15**, 375. — Zur Pathogenese des Mittelohrcholesteatoms. Acta oto-laryng. (Stockh.) **15**, 375. — The general constitution and its local expressions. Acta oto-laryng. (Stockh.) **17**. — Die allgemeine Konstitution und ihre lokale Auswirkung in Hals, Nase und Ohr. Klin. Wschr. **1932 I**. — Zur Cholesteatomgenese. Z. Hals- usw. Hk. **32**. — Über thrombophlebitische Sepsis. Arch. Ohr- usw. Hk. **134**. — ALBRECHT, W. u. BOSSE: Die mangelhafte antitoxische Abwehr bei entzündlichen Erkrankungen des Ohres und der Tonsillen. Z. Laryng. usw. Hk. **1925**. — ALBRECHT, W., u. SCHWARZ: Anlage und Pneumatisation. Arch. Ohr- usw. Hk. **134**, 50. — ALFEJEW: Z. Zellforsch. **3**, 149. — AMERSBACH u. KRAUS: Über den konstitutionellen Faktor beim Zustandekommen der sog. Spontanradikaloperation. Z. Hals- usw. Hk. **29**, 423. — AMSTUTZ: Inaug.-Diss. Frankfurt 1940. — ASCHOFF: Z. Ohren- usw. Hk. **31**; Münch. med. Wschr. **1925**; Erg. inn. Med. **26**, Klin. Wschr. **1928**. — ASCHOFF u. FULD: Passow-Schaefers Beitr. 23.

BAER: Zur Ätiologie der symptomatischen Epistaxis. Mschr. Ohrenhk. **1937**. — BAUER, K. H.: Z. Chirurg. **162**, 198; Klin. Wschr. **2**, **I**, 624; Hdb. d. allg. u. spez. Konstitutionslehre **3**, 223 (Hdb. d. Biologie d. Person v. BRUGSCH). Wien: Urban u. Schwarzenberg. — BAUER u. STEIN: Konstitutionspathologie in der Ohrenheilkunde. Berlin: Julius Springer 1926. — BARTH: Über den Einfluß der Nasennebenhöhlenentzündungen im Kindesalter auf die Pneumatisation usw. Z. Hals- usw. Hk. **43**, 149. — Die Pneumatisation der Stirnhöhlen bei der Rhinitis atrophicans simplex bzw. Ozaena. Z. Hals- usw. Hk. **44**; Z. Hals- usw. Hk. **26**; **38**. Arch. Laryng. **14**; Berl. oto-laryng. Ges. 1935 (Zbl. Hals- usw. Hk. **26**, 239). — BECK, J.: Beziehungen zwischen der Pneumatisation des Warzenfortsatzes und der Pneumatisation der Nasennebenhöhlen. Z. Hals- usw. Hk. **18**; Passow-Schaefers Beitr. **22**; **24**; Z. Hals- usw. Hk. **15**. — BENNEWITZ: Mittelohreiterung und Konstitution. Hippokrates **1937**. — BENDER, W.: Über die Entwicklung der Lungen. Z. Anat. **75**, 639. — BERGER u. HANSEN: Allergie. Leipzig: Gg. Thieme 1940; Dtsch. Arch. klin. Med. **170**, 458. — BERNFELD: Neue Gesichtspunkte der Pneumatisationslehre der Nasennebenhöhlen. Praet. ot. etc. **2**, 276; Zbl. Hals- usw. Hk. **33**, 458. — BESELIN: Erbliche Neigung zu Mittelohrentzündungen. Arch. Ohren- usw. Hk. **132**, 335. — BEZOLD: Die Corrosionsanatomie des Ohres. München 1882. — Über den Verlauf der Eustachischen Tube usw. Berl. klin. Wschr. **1883**, 551. — BIER: Münch. med. Wschr. **69**, 993. — BLOCH: Z. Ohren- usw. Hk. **18**, 215. — BOGOMOLEZ: Zbl. Path. **35**, 375. — BORCHARDT: Neuere Ergebnisse der klinischen Konstitutionsforschung. Internat. Zbl. Ohrenhk. **22**, 189. — BRANDT: Erg. Anat. **28**. — BROCK: Trommelfellbild und Pneumatisation des Warzenfortsatzes usw. Z. Hals- usw. Hk. **15**, 241; Z. Hals- usw. Hk. **19**; 20. — Mikroskopischer Nachweis des Vorkommens von Spontanperforationen im Bereich der Membrana Shrapnelli. Z. Hals- usw. Hk. **33**, 439. — Die chronischen Mittelohreiterungen. Hdb. Hals- usw. Hk. v. DENKER-KAHLER **7**, 205. — Pathogenese und vergleichende Anatomie des Gehörorganes. Hdb. Hals- usw. Hk. v. DENKER-KAHLER, Bd. 6.

CAFFIER: Gewebezüchtung als Methode zur Darstellung organspezifischer Strukturen. Z. Zellforsch. **12**. — CALICETI: Die Pathogenese einiger Larynxpolypen. Zbl. Hals- usw. Hk. **27**, 105. — CHAJUTIN: Zur Frage der Ätiologie und Therapie der vasomotorischen Rhinitis. Arch. Ohren- usw. Hk. **136**, 3. — CONRAD: Der Konstitutionstyp als genetisches Problem. Berlin: Julius Springer 1941. — CSILLAG: Chronische Mittelohrentzündung und Warzenfortsatzpneumatisation. Zbl. Hals- usw. Hk. **29**, 32. — CURTIUS: Septumvaricen und OSLERsche Krankheit usw. Klin. Wschr. **1928 I**. — CZERNY: Med. Klin. **16**, 29 u. 55. — Die exsudative Diathese. Jb. Kinderheilk. **61**; Mschr. Kinderheilk. **6**.

DÄMONT: Otitis and air cell system. Arch. oto-laryng. **34**, 24. — Otitis and pneumatisation of the mastoid bone. Acta oto-laryng. (Stockh.), Suppl. **41**. — DIAMANT u. LILJA: Acta radiol. Stockh. **29**, 37. — DIEBOLD: Arch. Laryng. **28**, 441. — DILLON: Amer. J. Roentgenol. **35**, 782; Zbl. Hals- usw. Hk. **27**, 692. — DÖDERLEIN: Papillenwachstum. Z. Hals- usw. Heilk. **26**. — Über Organisation von Exsudat im Mittelohr. Z. Ohren- usw. Hk. **79**, 1. — DOLD: Med. Klin. **42**, Nr. 2, 45. — DRESCHKE: Med. Klin. **29**, Nr. 2, 1387. — DRIESCH, H.: Philosophische Gegenwartsfragen. Reinicke-Verlag 1933. — Philosophie des Organischen. Leipzig: Quelle & Meyer 1928. — DÜRKEN, B.: Entwicklungsbiologie und Ganzheit. Leipzig: C. G. Täubner 1936.

ECKERT-MÖBIUS: Grundsätzliches zum Pneumatisationsproblem. Arch. Ohren- usw. Hk. **124**. — Vergleiche anatomische Vorweisungen zum Pneumatisationsproblem. Zbl. Hals- usw. Hk. **30**, 167; Handbuch der Hals-Nasen-Ohren-Heilkunde v. DENKER-KAHLER 6 u. Handbuch der Pathologischen Anatomie v. HENKE-LUBARSCH, 12. — EDEL u. v. GILSE: Einige niederländische Familien mit erblichen Teleangiektasien der Schleimhäute. Acta oto-laryng. (Stockh.) **13**. — EIGLER: Ist der lymphatische Rachenring ein Schutzorgan gegen Infektionen? Münch. med. Wschr. **1937 I**, 284 u. Arch. Ohren- usw. Hk. **140**, 1. — ERTL: Konstitutionelle Untersuchung bei Polyposis nasi. Hals- usw. Arzt **1937**, 243.

FENTON: Immunität in der Otolaryngologie. Ann. Ot. etc. (Am.) **40**, 1; Zbl. Hals- usw. Hk. **17**, 205. — Das Vorkommen von Phagocyten in der Mittelohrschleimhaut. Ann. Ot. etc. (Am.) **41**, 393; Zbl. Hals- usw. Hk. **19**, 493. — FEUSSNER: Die Bedeutung der Umwelteinflüsse der Atmung für die Schleimhäute der oberen Luftwege. Inaug.-Diss. Frankfurt 1940. —. FISCHEL: Lehrbuch der Entwicklung des Menschen. Berlin: Julius Springer 1929. — FISCHER: Die histologischen Veränderungen der Osteogenesis imperf. Z. Ohrenhk. **81**. — FLEISCHMANN: Angeborener Schweißdrüsenmangel und Ozaena. Z. Laryng. **20**, 503. — Ozaena. Mschr. Ohrenhk. **66**. — Untersuchungen zum sog. Ozaenaschädel. Z. Laryng. **22**, 167. — Zum Problem der Ozaena. 2. Jahresvers. Ges. d. Hals- usw. Ärzte. Juni 1932. — Zum biologischen Nachweis der Zugehörigkeit der genuinen Ozaena zur Gruppe der Anidrosis hypotrichotica. Z. Hals- usw. Hk. **3**', 291. — Kritische Betrachtungen über die Tübinger Lehre von der Schleimhautkonstitution. Z. Hals- usw. Hk. **43**, 306. — FORSTER: Zum Studium der Entwicklungsgeschichte des Warzenfortsatzes. Arch. Anat. **13**, 361; Zbl. Hals- usw. Hk. **17**, 728. — FRITZ: Chronischer Tubenmittelohrkatarrh, Schleimhauteiterung des Mittelohres und Körperbau. Inaug.-Diss. Tübingen 1937. — FRÄNKEL: Arch. klin. Med. **136**, 192. — FÜRSTNER: Die Bedeutung der Konstitution in der Entstehung der Mittelohrentzündung. Zbl. Hals- usw. Hk. **27**, 549.

GABLER: Cholesteatomeiterung und Pneumatisation des Schläfenbeines. Diss. Erlangen 1936. — GAZA, v.: Klin. Wschr. **115**, 296; Beitr. klin. Chir. **115**, 296. — GILSE, v.: Zum Einfluß der Konstitution auf die Erkrankung von Hals, Nase und Ohr. Z. Hals- usw. Hk. **40**, 359; 3, 10 u. 16; Acta oto-laryng. (Stockh.) **13**. — Über die Entwicklung der Keilbeinhöhle beim Menschen. Z. Hals- usw. Hk. **1926**, 202 u. 298; Arch. Laryng. u. Rhinol. **33**, 140 u. Jahresvers. Ges. d. Hals- usw. Ärzte 1922. — Der Kampf um den Platz in der Entwicklung der Nasensinus. Acta oto-laryng. (Stockh.) **22**, 468. — GLASSCHEIB: Zur Pathenogenese und Therapie der Nasenpolypen. Zbl. Hals- usw. Hk. **31**, 336. — Ozaena. Med. Klin. **1927 II**. — Zur Klinik der Ozaena. Mschr. Ohrenhk. **65**. — Zur Genese und Therapie der allergischen Entzündung der Nebenhöhlen der Nase. Mschr. Ohrenhk. **67**, 565. — GÖPPERT: Untersuchungen über das Mittelohr des Säuglings. Jber. Kinderhk. **45**, 1. — Die Nasen-, Rachen- und Ohrenkrankheiten des Kindes. Berlin: Julius Springer 1914. — GOERKE: Die exsudativen und platischen Veränderungen im Mittelohr. Arch. Ohrenhk. **65**, 226. — GOETHE, J. W. Sämtliche Werke 16, 57. Leipzig: Insel-Verlag u. zit. nach BAUMGARTNER „Mozart", S. 37. Atlantisverlag 1940. — GRAHE: Beitrag zur Entwicklung der Nasennebenhöhlen. Zbl. Hals- usw. Hk. **17**, 807. — GRIEBEL: Über den Einfluß der Milz auf allergische Zustände. Arch. Ohren- usw. Hk. **140**, 101. — GRUNER: Arch. Ohren- usw. Hk. **151**. — GÜNTHER, H.: Grundlagen der biologischen Konstitutionslehre. Leipzig 1922.

HABERMANN: Arch. Ohren- usw. Heilk. **27**, 42; **50**, 232. — Z. Ohren- usw. Hk. **9**, 131 u. 188. — HAIKE: Beitrag zur Pathologie der Nasennebenhöhlen. Passow-Schaefers Beitr. **5**, 301; Arch. Laryng. **23**, 206. — HAMMAR: Arch. mikrosk. Anat. **59**. — HANSEN: Allergie und Konstitution. Leipzig: Georg Thieme 1935. — HEIDENHAIN, M.: Formen und Kräfte in der lebendigen Natur. Beitr. VII z. Synth. Morphologie. Berlin: Julius Springer 1923. — Die Spaltungsgesetze der Blätter. Jena: G. Fischer 1933. — Über die Grundlagen einer synthetischen Theorie des tierischen Körpers. Klin. Wschr. **4**, Nr. 3 u. 11; Dtsch. med. Wschr. **1922**. — Über die teilungsfähigen Drüseneinheiten usw. Arch. Entw.-mechan. **49**. — HELLMANN: Z. Laryng. **15**, 1. — HEDDERICH: Z. Hals- usw. Hk. **33**, 429. — HEINEMANN: Passow-Schaefers Beitr. **19**. — HELMHOLTZ: Pflügers Arch. **1**, 1. — HERMANN: Zur Physiologie und Pathologie der Schleimhautfunktion usw. Z. Hals- usw. Hk. **36**, 279. — HERRMANN: Z. Laryng. **24**, 479. — HEUBERG: Würzbg. Abh. 27. Kabitsch-Verlag 1931. — HLAVACEK:

Zbl. Hals- usw. Hk. 30, 145. — Der Einfluß der Konstitution auf die Funktion der Nasen- und Nasennebenhöhlenschleimhaut. Sborn. let. **42**, 209; Zbl. Hals- usw. Hk. **35**, 692. — Hof: Inaug.-Diss. Frankfurt 1936; Zbl. Hals- usw. Hk. **30**, 250. — Hoesslin: Erbkrankheiten des Respirationssystemes. Leipzig: Georg Thieme 1935. — Hornberger: Über die Doppelseitigkeit der Cholesteatomeiterung. Inaug.-Diss. Tübingen 1937. — Hünermann: Passow-Schaefers Beitr. **29**, 79 u. 282. — Hu, Djin, H.: Die mikroskopische Technik an den Nasennebenhöhlen. Inaug. Diss. Tübingen 1933.

Jansen: Passow-Schaefers Beitr. **25**, 145. — Jsselstein: Inaug.-Diss. Tübingen 1935. — Jungeblut, Cl. W.: Die Bedeutung des retikulo-endothelialen Systems für die Infektion und die Immunität. Erg. Hyg. usw. **11**, 1. — Just: Zur gegenwärtigen Lage der menschlichen Vererbungs- und Konstitutionslehre. Z. menschl. Vererb. u. Konstit.lehre **19**, 1. — Umschau im Schrifttum 1937 zur Vererbungs- und Konstitutionslehre. Jkurse ärztl. Fortbild. Jan. 1938.

Kämmerer: Allergie. — Kahler: Zur Frage der Erblichkeit der Rhinitis atroph. Festschrift f. Ino Kubo 1934. Zbl. Hals- usw. Hk. **25**, 327. — Kallos: Beitrag zur Immunbiologie der Tuberkulose. Stockholm: W. Tullberg Förlag 1941. — Die experimentellen Grundlagen der Erkennung und Behandlung der allergischen Erkrankungen. Erg. Hyg. usw. **19**. — Kayser: Z. Ohrenhk. **20**, 96. — Kenzie, M.: Über die Pathogenese des Ohrcholesteatoms. Royal Soc. of Med. sect. of otolaryng. London 1930. — Kiesselbach: Berl. klin. Wschr. **1884**. — Killian: Arch. Laryng. **2**, 3 u. 4. — Kitamura: Zbl. Hals- usw. Hk. **31**, 65. — Klestadt: Die akute Rhinitis. Handbuch der Hals-Nasen-Ohren-Heilkunde von Denker-Kahler 2, 523. — Kleinschmidt: Konstitution und Konstitutionsanomalien des Kindes. Dtsch. med. Wschr. **71**, 12. — Klemperer: Verh. südd. Laryng. **1896**, 99. — Klugkist: Inaug. Diss. Tübingen 1938. — Knick u. Witte: Röntgenologische Studien über die Entwicklung der Warzenfortsatzzellen usw. Arch. Ohren- usw. Hk. **119**, 228. — Knödler, E.: Ein Beitrag zur Erforschung der Schleimhautkonstitution usw. Erbbl. Hals- usw. Arzt **1943**. Koch, J.: Arch. Ohren- usw. Hk. **125**. — Koelsch: Handbuch der sozialen Hygiene. Von Grotjahn u. Kaup **2**, 512. — Komendantow: Zbl. Hals- usw. Hk. **25**, 441. — Krainz: Über die Auskleidung der lufthaltigen Warzenfortsatzzellen. Z. Hals- usw. Hk. 8, 46; **13**, **5**, **20** u. **23**. — Die tuberkulöse Otitis media des Kindes. Wien. klin. Wschr. **1931 II**, 1457. — Krepuska: Otolaryngische Untersuchungsresultate bei Zwillingen. Z. Hals- usw. Hk. **42**, 345. — Kretschmer: Körperbau und Charakter. Berlin: Julius Springer 1940. — Handbuch der Erbbiologie des Menschen von Just **2**, 730. — Kriegsmann: Röntgenologische Untersuchungen am Warzenfortsatz nach durchgemachter Otitis. Z. Hals- usw. Hk. **29**, 259. — Kutepow: Z. Hals- usw. Hk. **11**, 497. — Über die Bedeutung der Konstitutionsmomente in der Pathogenese der Ohrerkrankungen. Z. Hals- usw. Hk. **9**, 497. — Otolaryngisches Verfahren zur Identifizierung von Zwillingen. Zbl. Hals- usw. Hk. **29**, 122.

Lange: Das Ohr des Kindes. Handbuch der Anatomie des Kindes, Bd. 2, H. 2. München: J. F. Bergmann. — Z. Hals- usw. Hk. **11**, 250; **20**, 3 u. **30**, 575. — Stimmbandpolypen. Z. ärztl. Fortbild. **33**, 97; Zbl. Hals- usw. Hk. **26**, 522. — Wien. klin. Wschr. **1933 I**, 358 u. Klin. Wschr. **1936 II**, 1350. — Laskiewicz: Rev. Laryng. etc. **55**, 175; Zbl. Hals- usw. Hk. **23**, 106; Acta Soc. otol. etc. lat. 3. Conv. **2**, 249; Zbl. Hals- usw. Hk. **25**, 387. — Polski Przgl. otol. **9**, 3; Zbl. Hals- usw. Hk. **20**, 477. — Lautenschläger: Z. Hals- usw. Hk. 8, 239. — Lehmann: Münch. med. Wschr. **80**, 1166; Erg. Hyg. usw. **19**, 1. — Lehmann, K. B.: Arch. Hyg. **68**, 321; **76**, 98. — Leicher: Die Vererbung anatomischer Varianten der Nase, ihrer Nebenhöhlen und des Gehörorganes. München: J. F. Bergmann 1928. — Lepneff: Passow-Schaefers Beitr. **29**, 7; Zbl. Hals- usw. Hk. **18**, 65. — Lemere: Arch. Otolaryng. (Am.) **18**, 326; Zbl. Hals- usw. Hk. **22**, 41. — Leroux u. Delarue: Ann. d'Anat. pathol. **10**, 879; Zbl. Hals- usw. Hk. **22**, 37. — Linck: Das Cholesteatom des Schläfenbeines. Wiesbaden: J. F. Bergmann 1914. — Linston: Laryngosco. **43**, 242; Zbl. Hals- usw. Hk. **21**, 363. — Loebell: Z. Laryng. **21**. — Lüscher: Über erbbiologische Merkmale an Zwillingstrommelfellen. Arch. Ohren- usw. Hk. **149**, 277. — Über den neurovasculären Symptomenkomplex Acta oto-laryng. (Stockh.) **23**, 458; Zbl. Hals- usw. Hk. **27**, 5; Mschr. Ohrenhk. **72**, 13. — Lubarsch: Verh. dtsch. path. Ges. **19**, 3.

Mayer, A.: Polyposis nasi und Körperbau. Inaug.-Diss. Tübingen 1937. — Mayer, E. G.: Passow-Schaefers Beitr. **20**; Mschr. Ohrenhk. **61**. — Otologische Röntgendiagnostik. Berlin: Julius Springer 1933. — Mayer, H.: Scharlachotitis und Schleimhautkonstitution. Erbbl. Hals- usw. Arzt **1937**. — Mayer, H. E.: Über Bronchiektasen bei Zwillingen. Zbl. inn. Med. **1938**, 255. — Mayer, O.: Acta oto-laryng. (Stockh.) **14**, 242. — Markus: Die Pneumatisation des Warzenfortsatzes bei rhachitischen Kindern. Inaug.-Diss. Tübingen 1929. — Marx: Kurzes Handbuch der Ohrenheilkunde. Jena: G. Fischer 1938. — Arch. Ohren- usw. Hk. **126**, 71; Beitr. Anat. usw., Ohr usw. **31**, 431; Z. Ohren- usw. Hk. **72**, 37. — Martin: Lehrbuch der Anthropologie. Jena: G. Fischer 1928. — Martius: Konstitution und Vererbung in ihren Beziehungen zur Pathologie. Berlin: Julius Springer 1914. — Maximow: Handbuch der normalen mikroskopischen Anatomie von v. Möllendorff II, 232. — Meyer, M.: Die Ohrenkrankheiten des Kindes. Berlin: Karger 1930; Handbuch der Hals-

Nasen-Ohren-Heilkunde. DENKER u. KAHLER **7**, 285. — Über Konstitution und Mittelohrschleimhaut. Z. Hals- usw. Hk. **29**, 106; Arch. Ohren- usw. Hk. **139**, 127. — MENZEL: Z. Hals- usw. Hk. **9**, 101; Arch. f. Laryng. **29**, 129 u. 394. — MICHELS: Erbbl. Hals- usw. Arzt **1940**, 21. — MINK: Physiologie der oberen Luftwege. Leipzig: Vogel 1920. — MINKOWSKY: Russ. otol. **24**, 5; Zbl. Hals- usw. Hk. **18**, 592. — Vestn. otol. i. t. d. Nr. 3, 43; Zbl. Hals- usw. Hk. **28**, 57. — MITTERMAIER: Über das Problem der Entstehung der Polypen. Z. Hals- usw. Hk. **34**; Arch. Ohren- usw. Hk. **127**, 1; Z. Hals- usw. Hk. **44**. — MÖLLENDORFF, M.: Über Histiocytenbildung aus Fibroblastenreinkulturen. Z. Zellforsch. usw. **12**. — MORPURGO: Arch. Ohrenhk. **19**, 264. — MORTIMOR: Canad. med. Assoc. J. **445**; Zbl. Hals- usw. Hk. **30**, 500. — MOURET u. PORTMANN: Verh. internat. Congr. Hals- usw. Ärzte Kopenhagen **1928**, 1, 179; Acta otolaryng. (Stockh.) **12**, 139. — MULLIN: Arch. otolaryng. (Am.) **15**, 413; Zbl. Hals- usw. Hk. **18**, 825.

NAEGELI: Allgemeine Konstitutionslehre. Berlin: Julius Springer 1928. — NAGER: Z. Ohrenhk. **61**, 93. — NAKAJINA: Über die Vererbung der Tonsillenhyperplasie. Zbl. Hals- usw. Hk. **34**, 127. — NEGUS: J. Laryng. a. Otol. **49**, 571; Zbl. Hals- usw. Hk. **23**, 490. — NEUBERT: Bau und Entwicklung des menschlichen Pankreas. Roux' Arch. **111**, 29. — Der Bau und die Entwicklung der menschlichen Talgorgane. Z. Anat. **92**. — NEUHAUS: Die feineren pathologisch-histologischen Vorgänge bei der Mittelohrverödung. Inaug.-Diss. Frankfurt 1941. — NEUMANN: Passow-Schaefers Beitr. **20**. — NOWOTNY: Cholesteatom im gut pneumatischen Warzenfortsatz. Zbl. Hals- usw. Hk. **33**, 711.

OKASAKI: Über die Bedeutung der Erbfaktoren bei der Pneumatisation der Warzenfortsätze. Zbl. Hals- usw. Hk. **25**, 353; **27**, 69; Zbl. Hals- usw. Hk. **29**, 217; **31**, 73. — OLTMANN: Arch. Ohren- usw. Hk. **147**, 325. — OPPIKOFER: Beitr. zur Ohrtuberkulose. Z. Hals- usw. Hk. **50**, 299. — ORNEROD, F. C.: Tuberkulöse Erkrankung des Mittelohres. J. Laryng. a. Otol. **46**, 449; Zbl. Hals- usw. Hk. **17**, 736. — OTT, H.: Körperbau und Heilungsneigung. Erbbl. Hals- usw. Arzt **1942**. — OTTO: Festschrift für BEHRING.

TAULLI: Morphol. Jb. 1928. — PAUTOW: Über die Formen der Ohrtrompete. Z. Hals- usw. Hk. **11**, 467. — PERVITZSCHKY: Arch. Ohren- usw. Hk. **117**, 2; **125** u. **126**. — PEYSER: Handbuch der Hals-Nasen-Ohrenheilkunde, Bd. 5, S. 57. — PFAUNDLER: Jkurse ärztl. Fortbild. **1911**. — Über Vererbungsformen bei exsudativer Diathese. Erbarzt **11**, 101. — PFEILER: Das Problem des mesenchymalen Reizes. Jena: G. Fischer 1924. — PREYSING: Otitis media der Säuglinge. Wiesbaden: J. B. Bergmann 1904. — Handbuch der speziellen Chirurgie des Ohres, Bd. 2, S. 225. — PRUSSAK u. POLITZER: Wien. med. Wschr. **1870**.

REICHARDT: Zur Frage der Heredität der Ozaena. Mschr. Ohrenhk. **70**, 389. — REICHMANN, G.: Die Erblichkeit des Nasenblutens usw. Inaug.-Diss. Tübingen 1935. — RENNWALL: Nord. med. Tskr. (Schwed.) **1936**, 175; Zbl. Hals- usw. Hk. **24**, 600. — REUTER: Die Bedeutung der Vererbung bei Allergie. Inaug-Diss. Frankfurt 1944. — RICHTER, H.: Die normale Entwicklung der menschlichen Nase usw. Arch. Ohren- usw. Hk. **131**, 265. — Grundsätzliches über die Entwicklung der Nasennebenhöhlen. Arch. Ohren- usw. Hk. **141**, 54. — Über exogene Einflüsse auf die Entwicklung der Nasennebenhöhlen. Arch. Ohren- usw. Hk. **143**, 251. — Über familiäres Auftreten entzündlicher Mittelohrerkrankungen. Z. Laryng. **21**, 312. — RISSMANN: Immunität und Vererbung unter Berücksichtigung des retikulo-endothelialen Systems. Inaug.-Diss. Frankfurt 1944. — RÖER: Inaug.-Diss. Rostock 1932. — ROHR: Aktuelle Agranuloseprobleme. Münch. med. Wschr. **1936 I**, 460. — RÖSSLE: Die pathologische Anatomie der Familie. Berlin: Julius Springer 1940. — Verh. dtsch. path. Ges. **1918**. — ROSENBAUM: Konstitution und Ohrenerkrankungen. Zbl. Hals- usw. Hk. **28**, 142. — RUDDER, DE: Die akuten Zivilisationsseuchen. Leipzig: Georg Thieme 1934. — RÜEDI: Mittelohrraumentwicklung und Mittelohrentzündung. Z. Hals- usw. Hk. **45**, 175. — Die Mittelohrraumentwicklung vom 5. Embryonalmonat bis zum 10. Lebensjahr. Acta oto-laryng. (Stockh.) Suppl. XXII. — RUNGE: Handbuch der pathologischen Anatomie von HENKE-LUBARSCH, Bd. 3, 1. — Arch. Ohren- usw. HK. **117**. — RUTTIN: Zur Frage der kongenitalen Disposition zum Cholesteatom. Zbl. Hals- usw. Hk. **11**, 103.

SAUERBRUCH: Münch. med. Wschr. **70**, 876. — SCHADE: Z. exper. Path. u. Ther. **66**, 347. — SCHEIDT, V.: Ozaena bei 7 minderjährigen Kindern. Bibl. f. laeg. **116**, 90; Zbl. Hals- usw. Hk. **6**, 27. — SCHIEFFERDECKER: Haymanns Handbuch der Laryngologie usw. Bd. 3, S. 87. — SCHLEGEL: Ein klinisch-erbbiologischer Beitrag zur Frage der Asthenie. Z. Morphol. u. Anthrop. **38**, 175. — SCHMIDT: Ozaena. Internat. Kongr. Madrid 1932. — SCHOEN: Die verschiedenen Verlaufsformen des Lungenabscesses. Dtsch. med. Wschr. **11**, 8. — SCHÖNLANK: Konstitutionspathologie und Therapie der hydropenischen Atrophie der Schleimhäute usw. Mschr. Ohrenhk. **71**, 810. — SCHULJAK: Zur Frage der Verteilung der Elemente des retikulo-endothelialen Systems bei entzündlichen Rhinitiden. Arch. sovet. Otol. Nr. 4, 294; Zbl. Hals- usw. Hk. **28**, 531. — SCHUMACHER: Handbuch der Hals-Nasen-Ohrenheilkunde von DENKER u. KAHLER. — SCHÜTZ: Die chronische Tonsillitis. Arch. Ohren- usw. Hk. **139**, 195. — Beitrag zur pathologischen Histologie der hypertrophischen Tonsillen. Virchows Arch. **296**, 557. — SCHWARZ, E.: Die lymphatische Reaktion. Erg. Path. **26**, 87. — SCHWARZ,

M.: Die Bedeutung der hereditären Anlage für die Pneumatisation der Warzenfortsätze und der Nasennebenhöhlen. Arch. Ohren- usw. Hk. **123**, 161. — Untersuchungen zur individuellen Histologie des Bindegewebes. Arch. Ohren- usw. Hk. **129**, 1. — Das individuelle Verhalten der Schleimhautpropria im Mittelohr usw. Z. Hals- usw. Hk. **29**, 98. — Gewebsaufbau und Entwicklung der Schleimhaut in den Nasennebenhöhlen. Z. Laryng. **22**, 459. — Die Einsenkung der SHRAPNELLschen Membran. Arch. Ohren- usw. Hk. **131**, 16. — Vererbbare Erkrankungen des Ohres. Jkurse ärztl. Fortbild. **1933**. — Zur Entwicklung des Siebbeines. Passow-Schaefers Beitr. **31**, 17 u. 183. — Synthetisches Wachstum u. Formbildung usw. Z. Laryng. **24**, 190. — Mittelohrentzündung und Erbanlage der Schleimhaut. Erbarzt **1935**, Nr. 3. — Die Konstitution der Schleimhaut. Z. Hals- usw. Hk. **40**, 332 u. 556. — Körperbau und Schleimhautcharakter. Z. menschl. Vererb.- u. Konstit.lehre **21**, 68. — Familiäre Shrapnelleinsenkung. Erbbl. Hals- usw. Arzt **1942**. — Trommelfellbild und Schleimhautcharakter. Erbbl. Hals- usw. Arzt **1943**. — Zur Erblichkeit der Shrapnelleinsenkung. Arch. Ohren- usw. Hk. **145**, 165. — Zur Lehre von den Schleimhauttypen. Hals- usw. Arzt **1943**. — Der Erbfaktor bei der Pneumatisation des Warzenfortsatzes. Erbarzt **4**, 59. — Tonsillen, Beurteilung und Behandlung. Jkurse ärztl. Fortbild. Nov. 1935. — SHRAPNELL: London med. Gaz. April 1832. — SIEBECK: Münch. med. Wschr. **79**, 1263. — SIEBENMANN: Corrosionsanatomie. BARDELEBENS Handbuch, Bd. 4. Jena: G. Fischer. — Die ersten Anlagen der Mittelohrräume. Arch. Anat. u. Physiol. **3**, 355. — SIEGMUND: Retikuloendothel und aktives Mesenchym. Beih. Med. Klin. **1927**. — Klin. Wschr. **1922**, 2566; Münch. med. Wschr. **1932**, 1. Beitrag zur fötalen und postfötalen Entwicklung des Mittelohrraumes. Z. Hals- usw. Hk. **32**. — SIEMENS: Vererbungs- und Konstitutionspathologie des Ohres usw. Z. Hals- usw. Hk. **29**, 1. — SINGER: Morphologische Studien über entzündliche Erkrankungen der Mittelohrräume. Ges. Morphol. u. Physiol. München **40**, 34; Zbl. Hals- usw. Hk. **18**, 719.— SJOSTRAUD: Die Funktion der Flimmerapparate in den oberen Luftwegen. Nord. med. (Stockh.) **1941**, 2023; Zbl. Hals- usw. Hk. **35**, 676. — SKRAMLIK, v.: Handbuch der Physiologie von BETHE, Bd. 2, S. 134. — STANDENATH: Erg. Path. **22**, Abt. 2, 1928. — STARZ: Zusammenhänge zwischen den chronischen Entzündungen der Gaumenmandeln und dem Körperbau. Inaug.-Diss. Tübingen 1937. — STEIN: Gehörorgan und Konstitution. Mschr. Ohrenhk. **76**. — STEURER: Das Röntgenbild des Warzenfortsatzes und seine klinische Bewertung. Z. Hals- usw. Hk. **12**. — Anatomische Studien über den Aufbau der Mittelohrschleimhaut usw. Z. Hals- usw. Hk. **15**, 261. — Zur Pathogenese der Mittelohrcholesteatome. Z. Hals- usw. Hk. **24**. — Zur Frage der Pneumatisation des Warzenfortsatzes. Z. Hals- usw. Hk. **29**, 113. — Cholesteatomeiterung und Antrotomie. Z. Hals- usw. Hk. **34**, 316. — Über das Cholesteatom des Ohres. Niederschr. Hals- usw. Ärzte, Rostock 1936; Z. Hals- usw. Hk. **40**, 583. — STILLER: Grundzüge der Asthenie. Stuttgart 1916. — STIX: Passow-Schaefers Beitr. **31**, 474. — STORM V. LEEUWEN: Allergie. Naunyn-Schmiedebergs Arch. **157**, 55. — STUTE: Inaug.-Diss. Tübingen 1935.

TANAKA: Otorhinologie und Vererbungslehre. Zbl. Hals- usw. Hk. **37**, 135. — TANNENBERG: Über die Entwicklungspotenzen der Fibroblasten in der Gewebskultur. Z. Zellforsch. **12**. — THADDEA: Allergie und vegetatives System. Zbl. inn. Med. **1939**, 146. — THOMSON: Handbuch der pathologischen Mikroorganismen von KOLLE u. WASSERMANN, Bd. 6, S. 366. — THOST: Der einfache Schleimhautkatarrh der oberen Luftwege. Berlin: Julius Springer 1937. TONNDORF: Die Mastoiditis des schlecht pneumatisierten Warzenfortsatzes. Zbl. Hals- usw. Hk. **32**, 59. — TOYTA u. KURYANA: Adenoide Vegetationen und Konstitution. Zbl. Hals- usw. Hk. **28**, 188. — TREER: Wien klin. Wschr. **44**, 640. — Über die Beziehungen der Nasenpolypen zur protrahierten Nebenhöhlenentzündung. Mschr. Ohrenhk. **67**, 1065.

UFFENORDE, H.: Über die ursächlichen Bedingungen der sog. Agranulocytose usw. Inaug.-Diss. Marburg 1932. — UFFENORDE, W.: Die verschiedenen Entzündungsformen der Nasennebenhöhlenschleimhaut. Z. Ohren- usw. Hk. **72**. — Über die katarrhalische Nebenhöhlenentzündung. Mschr. Ohrenhk. **35**. — Z. Laryng. **21**, 308. — ULRICH: Beiträge zur Genese des Mittelohrcholesteatoms. Z. Ohren- usw. Hk. **75**, 159. — UNDRITZ: Über die Bedeutung der Erbfaktoren bei verschiedenen oto-laryngologischen Erkrankungen. Arch. Ohren- usw. Hk. **119**, 270. — UNTERBERGER: Experimentelles über die Funktion der Nasenmuscheln. Z. Hals- usw. Hk. **31**. — URBACH: Über den derzeitigen Stand der Allergieforschung. Zbl. Hals- usw. Hk. **30**, 664. — Therapie der allergischen Rhinopathien usw. Med. Klin. **1934 I**, 391.

VERSCHUER, v.: Die vererbungsbiologische Zwillingsforschung. Erg. inn. Med. **31**. — VERSCHUER u. DIEHL: Zwillingstuberkulose. Jena: G. Fischer 1933. — VOGEL, K.: Rhinitis chronica simplex usw. Handbuch der Hals-Nasen-Ohren-Heilkunde von DENKER u. KAHLER, Bd. 2, S. 551. — Münch. med. Wschr. **60**, 851. — VOSS: Zur Physiologie der Tonsillen. Arch. Ohren- usw. Hk. **121**. — Die sog. chronische Tonsillitis. Med. Welt **1936**, 1724.

WAGENER: Z. Hals- usw. Hk. **6**; Zbl. Hals- usw. Hk. **19**. — WEITZ: Studien an eineiigen Zwillingen. Z. klin. Med. **101**, 115. — Die Vererbung innerer Krankheiten. Stuttgart: Ferdinand Encke 1936. — WENDT: Arch. Ohren- usw. Hk. **2**, **9** u. **41**. — WERTHEMANN:

Die Abwehrkräfte des menschlichen Körpers. Leipzig: Kabitsch Verlag. — WIETHE: Polyposis nasi auf allergischer Basis. Mschr. Ohrenhk. **66**, 1378. — WITTMAACK: Über die normale und pathologische Pneumatisation des Schläfenbeines. Jena: G. Fischer 1918. — Die entzündlichen Erkrankungen des Gehörorganes. Handbuch der speziellen pathologischen Anatomie usw. von HENKE-LUBARSCH, Bd. 12. Berlin: Julius Springer. — Trommelfellbild und Pneumatisation. Passow-Schaefers Beitr. **9**, 115. — Cholesteatombildung, Pneumatisation und Pneumatisationslehre. Arch. Ohren- usw. Hk. **125**, 225. — Zur Frage der Bedeutung der Mittelohrentzündung des frühen Kindesalters. Arch. Ohren- usw. Hk. **129**, 207. — Schleimhautkonstitution und Pneumatisation. Arch. Ohren- usw. Hk. **132**, 261. — Wie entsteht ein Cholesteatom? Arch. Ohren- usw. Hk. **137**, 306. — Über die Entstehung der Schleimhautkonstitution des Mittelohres. Acta oto-laryng. (Stockh.) **25**, 414. WOJATACHEK: Rev. Laryng. etc. (Fr.) **46** — WÜSTHOFF: Ein Beitrag zur Genese der Stimmlippenpolypen. Z. Hals usw. Hk. **50**, 271. — WÜSTMANN: Zur Frage der Pneumatisation des Warzenfortsatzes beim Cholesteatom usw. Z. Hals- usw. Hk. **32**, 406.

ZÄH: Die Funktion des lymphatischen Rachenrings. Z. Hals- usw. Hk. **27**, 223. — ZANGE: Mschr. Ohrenhk. **59**. — ZINSSER, H.: Ozaenaschleimhaut und Körperbau. Inaug.-Diss. Tübingen 1936. — ZÖLLNER: Z. Hals- usw. Hk. **34**, 301. — Anat. Physiol. Pathologie der Ohrtrompete. Berlin: Julius Springer 1942. — ZUCKERKANDL: Handbuch der Ohrenheilkunde von SCHWARTZE. — ZWAARDEMAAKER: Handbuch der Hals-Nasen-Ohren-Heilkunde von DENKER u. KAHLER, Bd. 1, S. 439.

Nachtrag: KALBFLEISCH, H. H.: Allergie als relationspathologisches Problem. Ärztl. Forsch., **2**, 169. — GOTTSCHEWSKY, G. H. H.: Genwirkstoffe. Ärztl. Forsch., **2**, 370. — SPERANSKY, A.: A basis for the theory of medicine. Moskau 1935.

MIX
Papier aus verantwortungsvollen Quellen
Paper from responsible sources
FSC® C105338

If you have any concerns about our products,
you can contact us on
ProductSafety@springernature.com

In case Publisher is established outside the EU,
the EU authorized representative is:
Springer Nature Customer Service Center GmbH
Europaplatz 3, 69115 Heidelberg, Germany

Printed by Libri Plureos GmbH
in Hamburg, Germany